永磁同步电机自抗扰控制技术

杨　凯　姜　峰　罗　成　等著

科　学　出　版　社

北　京

内 容 简 介

永磁同步电机具备一系列技术优势，应用前景广阔。针对永磁同步电机扰动抑制难题，自抗扰控制技术融合经典与现代控制理论精髓，采用"集中扰动估计＋前馈补偿"结构，在应对扰动时具备天然优势。然而，随着应用场景多元化和扰动类型复杂化日益加剧，人们对自抗扰控制技术抗扰性能提出了更高要求。本书聚焦永磁同步电机系统在有/无位置传感器控制模式下，应对负载、谐波、参数等多类型扰动，从多维度构建永磁同步电机扰动抑制研究体系，满足超高稳定、广域调速、抗多型扰动的应用需求，奠定理论与实用基础。

本书适合电气工程、自动控制专业的学生和相关行业科研工作者参考。

图书在版编目（CIP）数据

永磁同步电机自抗扰控制技术 / 杨凯等著. —北京：科学出版社，2022.10

ISBN 978-7-03-071990-4

Ⅰ. ①永… Ⅱ. ①杨… Ⅲ. ①永磁同步电机－自动控制 Ⅳ. ①TM351.012

中国版本图书馆 CIP 数据核字（2022）第 050740 号

责任编辑：吉正霞 / 责任校对：高 嵘
责任印制：彭 超 / 封面设计：苏 波

科 学 出 版 社 出版
北京东黄城根北街 16 号
邮政编码：100717
http://www.sciencep.com
武汉市首壹印务有限公司印刷
科学出版社发行 各地新华书店经销
*
开本：720 × 1000 1/16
2022 年 10 月第 一 版 印张：12 1/2
2022 年 10 月第一次印刷 字数：249 000

定价：88.00 元

（如有印装质量问题，我社负责调换）

前　言

20 世纪以来，永磁同步电机逐渐成为应用领域的宠儿，应用领域从发电厂、变电站等电气行业，到冶金轧钢、矿物勘探、高端机床、轨道交通等工业领域，乃至航空航天、战机战舰等国防领域。在永磁同步电机驱动系统的各项性能指标中，抗扰能力备受关注，是永磁同步电机控制研究领域的重点，亦是难点。究其原因，在于扰动来源多样、频谱丰富以及时刻随机，因而，剖析扰动生成机理和特性，寻求抗扰能力提升新思路新方法，完善永磁同步电机扰动抑制技术理论和应用体系，尤为迫切。在此方面，自抗扰控制结合现代与经典控制理论，针对实际工程中大量非线性、强耦合及扰动不确定等问题，提出新思路：采用串联积分标准型构造被控对象模型，利用扩张状态观测器对集中扰动进行估计并对控制量实施补偿，以抵消扰动影响，提升系统抗干扰能力。

本书内容基于笔者多年的研究成果和项目经验，共分 6 章。第 1 章介绍永磁同步电机的发展简史，在介绍其应用场景、现存问题、控制方案的基础上，引出自抗扰控制技术；第 2 章推导永磁同步电机数学模型，引入矢量控制方法，对比介绍两种自抗扰控制器；第 3 章系统展示永磁同步电机自抗扰控制系统的建模与仿真；第 4 章提出电机参数自适应自抗扰控制器；第 5 章介绍基于复系数自抗扰控制器的谐波扰动抑制策略；第 6 章阐述兼顾稳态精度的自抗扰永磁同步电机无位置传感器控制系统的设计。综上，本书第 1～3 章主要针对自抗扰控制技术在永磁同步电机控制系统中的应用进行详细介绍，并给出完整建模过程，以供广大读者学习仿真建模方法并验证自抗扰控制技术的优良性能；第 4～6 章深入讨论电机参数自适应、复系数自抗扰控制器、无位置传感器等更为进阶的内容，供有需求的读者进一步探索与实践。

多年来，笔者在电动车用高功率密度永磁电机、高精度伺服电机、永磁直驱风力发电机等新型永磁电机设计与控制方向方面，潜心研究，砥砺传承，深感永磁同步电机与自抗扰技术结合多有可言道之处，思量再三，不敢妄称文笔峰高，却也算是惠泉源远，因而将胸中千言万语付诸笔端。

本书成稿离不开同事与朋友的帮助与鼓励，感谢科学出版社在本书出版过程中不遗余力的帮助。撰写过程中，笔者的学生也承担了大量的工作。其中，罗成博士负责全书的结构设计与校对工作；第 1 章由硕士研究生李孺涵、杨帆辅助整理；第 2 章由硕士研究生黄煜昊辅助整理；第 3 章由硕士研究生徐智杰辅助整理；第 4 章和第 6 章由博士研究生姜峰辅助整理，第 5 章由硕士研究生杨帆辅助整理。

书成惴惴，恐有纰漏，然百密一疏，金无足赤，望广大同仁不吝批评，拨冗斧正，笔者感激不尽。

杨　凯

2021 年 11 月 30 日于武汉

目 录

第1章

绪　　论

1.1 研究背景和意义

1.1.1 永磁同步电机发展简史

20 世纪以来，随着交流电机迅速发展的需要与业界对永磁材料构成和制造技术研究的不断深入，永磁材料的最大磁能积上限不断提高，永磁同步电机（permanent magnet synchronous machine，PMSM）逐渐成为电机应用领域的宠儿。相较于普通同步电机，永磁同步电机摒弃了利用三相对称交流电产生空间旋转磁场的励磁方式，使用稀土钴永磁、钕铁硼永磁等稀土永磁材料进行励磁，称为“永磁”。结构方面，永磁同步电机和普通同步电机差别不大，前者转子部分采用永磁体进行励磁，不再使用励磁绕组、电刷、滑环等部件，使电机结构得到了简化。

进入 20 世纪下半叶，永磁同步电机的设计和理论研究均迎来一个新的发展时期，有关永磁同步电机的电磁暂态过程、材料利用分析、本体冷却技术等理论不断完善，单机容量、功率密度等理化指标明显提高，新型和特种永磁同步电机发展迅速。时至今日，永磁同步电机从发电厂、变电站等电气一次行业，到机器制造、冶金轧钢、矿物勘探、铁路运输等重要国民经济生产领域，乃至航空航天、战机战舰、高功率电磁发射等国防科工领域，均有重要应用。

永磁同步电机是许多高新技术产业的基础，与电力电子学科结合，加之精准的控制技术，其发展前景十分光明。现代化机械装备大多要求机电一体化、高效节能化，永磁同步电机由于具有永磁材料的天然优势，在需要高转速、高精度、高可靠性电机的诸如移动电站、自动化备用伺服系统、数控机床、机器人等场合的应用方兴未艾。未来永磁同步电机如果想在单机容量、系统效率、功率密度等指标上取得更大的提升，一些前沿技术，如高温超导技术，将是永磁同步电机设计取得重大突破的希望所在。1000 kV·A 高温超导变压器的研制已经实现，高温超导永磁同步电机也都处于紧锣密鼓的设计之中。与此同时，使用新原理、采取新结构、加入新工艺的各类新型和特种永磁同步电机的发展仍方兴未艾，应用于各种极端场景的电机也不断出现。过去的几十年间，世界各国涌现出大量融合电力电子技术和计算机辅助设计的永磁同步电机驱动策略和控制算法，智能化电机和智能化电力传动的理念也逐渐深入到永磁同步电机设计和控制工作中。一言以蔽之，新时代的科技发展必然是多学科融合的结果，任何领域的突破都离不开不同学科交叉耦合的作用。随着学术界和工业界交流的不断深入，传统工科和基础学科前沿理论的不断融合，永磁同步电机的设计和控制在 21 世纪踏上了全新的台阶。

1.1.2 永磁同步电机应用场景

1. 电动汽车领域

电动汽车和新能源技术的发展对“碳达峰碳中和”伟大目标的实现具有重要意义。在电动汽车中，驱动电机的负载性能及控制系统的完善程度将直接影响整车的安全可靠性与驾驶体验。永磁同步电机的控制技术是电动汽车的核心技术之一。永磁同步电机的设计理论和制造技术已经相对成熟，而有关其在电动汽车应用中的控制方法与系统仍然是当下热门的研究方向之一。电动汽车对驱动电机系统的性能要求主要包括：①输出特性优良，如拥有低速大转矩和高速恒功率的输出特性；②高效率的能量回收，即在电动汽车制动时将动能回收，为蓄电池充电，转换为电能；③减小运行噪声、适应恶劣环境等一系列传统设计理念。传统的同步电机或异步电机很难同时满足电动汽车对驱动电机的各项要求，而永磁同步电机由于其具有高工作效率、高功率因数、高可靠性、冷却系统结构简单、噪声小、后期维护成本低等显著优点，被大多数车企所采用。

此外，为解决传统电动汽车单电机驱动效率低下的问题，有关电动汽车的新型轮毂电机驱动系统得以问世。在该系统中，将永磁同步电机安放在车轮内，即使用车轮所载电机为整车提供动力，避免了传统汽车复杂的机械传动系统。电动汽车的永磁同步电机轮毂驱动技术实现了对车轮的点对点控制，不仅可以使汽车动力得到合理分配，还将控制系统简单化，使系统响应更加迅速，降低了无谓的动力损耗，同时为汽车整体空间的设计提供了更多可能。

2. 轨道交通领域

目前，由于永磁同步电机具有功效高、节能效果显著、噪声小等优点，轨道交通领域的先进机车多采用永磁同步电机做牵引系统。2018 年 1 月 23 日，中车永济电机有限公司与西安地下铁道有限责任公司联合开发的永磁同步牵引系统成功装车，预计每年可节省电费 2100 万元左右，经济效益非常可观。中车永济相关负责人接受采访称，永磁牵引系统具有更加高效节能、更加轻量化和更低的全寿命周期成本等特点，其产品具有体积小、效率高、转速平稳、可靠性高等优势，更适用于城市轨道交通工具。与装配异步牵引系统的列车相比，装配永磁牵引系统的列车综合节能率达 30%。因此，研究开发永磁同步牵引系统，具有良好的社会效益和经济效益。

3. 船舶推进领域

船舶电力推进系统主要由原动机、电能储存分配系统以及推进组件三大子系统构成，其中推进组件包括推进电机和变频调速装置，是船舶电力推进电机系统中的关键子系统。变频调速装置控制调节推进电机的转速，进而控制船速，推进电机带动螺旋桨，为船舶提供动力。船舶动力装置突出的特点是需要在较大的负荷范围内稳定工作，不仅螺旋桨转速变化大，而且船舶的载荷变化也较大，还有风浪流、污底等随机因素的影响，另外还需要考虑节能减排和动力输出的平顺稳定，因此推进电机的变频驱动控制系统不仅需要快速的动态响应，还需要良好的稳态性能。当前船舶的推进系统中，推进电机多数为异步电机和永磁同步电机。

随着稀土永磁材料的设计制造技术不断成熟，永磁同步电机凭借其结构简单、能量损失小、工作效率高等优点逐渐成为船舶电力推进电机的首选。

4. 国防科工领域

植入了稀土永磁材料的永磁同步电机拥有更大的输出转矩，并且拥有高可靠性和很好的容错性能，因此在航空航天领域有重要应用。此外，永磁同步电机应用于军用通信设备，如激光测距仪、雷达和战车制造及军用弹道计算机等，还应用于武器制造，如火炮、导弹、坦克、舰艇及火箭等。永磁电机由于具备寿命长、高速、高效及耐冲击等特性，未来在国防科工领域将得到更为广泛的应用。

5. 工业伺服领域

高精度伺服控制系统（如数控机床、工业机器人、纺织机械）的伺服电机在工业自动化领域的运行控制中扮演十分重要的角色，应用场合的不同对伺服电机的控制性能要求也不尽相同。实际应用中，伺服电机有各种不同的控制方式，如转矩控制、电流控制、速度控制、位置控制等。伺服电机系统也经历了直流伺服系统、交流伺服系统、步进电机驱动系统等不同阶段，直到永磁电机交流伺服系统的出现。近年来，各类自动化设备、自动加工装置和机器人等绝大多数工业伺服系统均采用了永磁同步电机的交流伺服系统。伺服系统的一个基本性能要求是：有足够大的调速范围及足够强的低速带载性能。永磁同步电机恰是这一要求下最理想的伺服电机。在中小容量高精度的电力传动领域，业界广泛采用以在转子上加永磁体的方法来产生磁场的永磁同步伺服电机，其主要优点在于电机结构简单和可在使用中节约电能。

6. 电力装备领域

传统的风力发电机组中，经常使用齿轮箱连接风力机和发电机。其原因在于，发电机转速较高，而风力机一般转速较低，因此两者需要使用齿轮箱相连接，使得能量从风力机的低速旋转状态转移到发电机的高速旋转状态。但使用齿轮箱主要有两方面的缺陷：①齿轮箱中的齿轮在旋转时不可避免地会产生一定的机械摩擦，造成无谓的能量损耗；②风电机组多安装在深谷、荒滩、海上等人迹罕至的偏远地区，带有齿轮箱的风电机组不得不安排人手定时维护保养，对后期维修成本和人力资源的要求都比较高。因此，可省去齿轮箱的永磁同步电机风力发电机组受到人们的青睐。永磁同步电机采用永磁体结构，无需外部励磁，省去了电刷和滑环，简化了系统结构，提高了可靠性和发电效率。而且永磁结构比电励磁结构更适合作多极低速结构，极矩小，电机体积和质量也相对较小，所以永磁同步电机在风力发电机组中的应用成为当下的热门研究和应用方向。

7. 农业生产领域

在世界各国的农业生产生活中，传统的水泵、脱粒机及农副产品加工机械中常用异步电机，原因是异步电机硬件成本比较低，且控制方式较为简单。但是，当异步电机运行在非额定状态时，其系统效率明显变低，且能耗较高。因而可用永磁同步电机代替传统的异步电机，降低其系统功率损耗。如此，在宽速范围内调速时，永磁同步电机可以实现节能减排，符合我国双碳目标的要求，进而抵消采用永磁材料后造成的电机成本提高。

必须指出，并非所有的永磁同步电机都必须使用稀土永磁材料，应用在上述农业生产领域中时，所采用的永磁同步电机可以使用低成本的铁氧体永磁材料。

8. 家用电器领域

在普通家庭中，以电机为主要部件的家用电器消耗了大部分家庭用电的电能。传统大型家用电器如冰箱、洗衣机、空调等常用单相异步电机。单相异步电机结构简单，技术成熟，噪声较小，制造成本较低。但是单相异步电机启动时有较大的冲击电流，并且系统效率较为低下，通常只有 50%～60%，会造成一定的能源浪费。与同功率的异步电机相比，永磁同步电机体积小、重量轻、效率和功率因数较高，加上变频调速技术，可以实现软启动、无级变速等调速方式，有效降低家电噪声，延长使用寿命。此外，使用永磁同步电机，为家用电器实现一些高级功能提供了可能，如空调、冰箱的快速制冷制热，洗衣机的直驱和智能洗涤。

1.1.3 永磁同步电机应用现存问题

经过数十年的发展，永磁同步电机的本体设计和控制策略的研究较为广泛，永磁同步电机的设计与应用日趋成熟。但不论是设计过程中不得不面对的技术痛点，还是在控制方案优化时对成本与系统性能问题的综合考量，都存在一些亟待解决的问题，整理如下。

1. 设计问题

1）转矩脉动抑制

由于具有结构简单、效率高、功率密度高、起动转矩大、发热低、动态响应快等优点，永磁同步电机多应用在对功率密度、精度、动态响应要求较高的场合。转矩脉动通常会增加电机的电磁噪声，当振动频率与电机固有频率相同时还会发生共振现象，从而增大对电机轴承的磨损，甚至损坏电机，电机的转矩脉动同样会对负载产生波动转矩，使得控制系统的精度下降，这些问题都限制了永磁同步电机在高精度伺服场合的应用。所以，对永磁同步电机的转矩脉动抑制是在设计永磁同步电机时必须考虑的重要问题。

电机结构的不完全对称光滑会导致永磁同步电机气隙磁场的畸变，进而出现可能导致脉动转矩的反电势和齿槽转矩问题。反电势的谐波含量以及齿槽转矩对电机的稳定运行有很大影响。反电势的谐波含量直接影响电机在正常工作时的电磁转矩。永磁同步电机存在定子槽口，天生存在不均匀的齿槽转矩，即电枢铁心的齿槽与转子永磁体相互作用而产生的磁阻转矩。当电机旋转时，齿槽转矩表现为一种附加的脉动转矩，虽不会使电机的平均有效转矩增加或者减少，但会引起速度波动、电机振动和噪声，因此降低齿槽转矩通常是永磁电机设计的主要目标之一。抑制永磁电机齿槽转矩的方法主要包括采用分数槽绕组、定子斜槽和转子斜极、优化极弧系数以及定子齿冠开辅助槽等。有关各种具体抑制齿槽转矩方法的对比和改进，仍然是热门的研究方向。

2）转矩密度提高

转矩密度是指电机所能输出的极限转矩与电机质量的比值。随着电机材料与工艺的发展，电机的转矩密度作为衡量电机性能的重要依据也在不断提高。为了探究电机转矩密度的极限，人们开始使用新型结构及原理，对永磁同步电机进行深入研究。目前具有高转矩密度、高效率及高可靠性的永磁电机成为电机领域中一个重要的研究部分。

在电机设计优化方面，为提高永磁同步电机的转矩密度，国内外学者针对极槽配合、磁极结构开展相关研究，同时研究了基于裂比等重要参数的优化方法。极数与槽数是电机的重要参数，对电机的转矩密度等性能有很大的影响。在电机定子外径固定的情况下，随着极槽数的增大，电机的内径逐渐增加，铁心的轴向长度降低，整体的转矩密度可以得到提升；并且，如果所选的极槽比能够得到畸变程度小的气隙磁密波形，那么可以有效地降低电机的铁心损耗。磁极结构方面主要的研究方向是利用解析方法分析 Halbach 永磁体结构，并研发新型 Halbach 永磁体结构以提高转矩密度。

然而在提高永磁同步电机转矩密度的同时，也会使电机的电负荷与磁负荷处于高负荷的状态，从而带来一系列可靠性问题：电机输入电流过大，导致损耗增大，造成电机内部所受应力（热应力、电应力、交变磁场、机械应力等）大大增加，使得电机各部件加速退化直至失效。对高转矩密度永磁同步电机进行可靠性评估，为高转矩密度永磁同步电机在设计初期的可靠性评估提供帮助，具有非常重要的指导意义。

3）绕组设计优化

永磁同步电机的内部磁场主要是由永磁体激励产生，根据永磁体即磁钢所在位置的不同，永磁同步电机主要可以分为两类：表面式永磁同步电机和嵌入式永磁同步电机。前者一般多用在恒速运行的场合，后者由于速度调节范围宽，一般多用于需要经常变速的场合。对于嵌入式永磁同步电机而言，为提高其转矩密度和功率密度，使其具备更好的容错能力和更宽的速度调节范围，可以针对其绕组形式进行设计优化，如采用分数槽集中绕组。

分数槽集中绕组的概念涵盖两方面的内容：第一是分数槽，第二是集中式绕组。采用绕组集中布置，使得其端部比传统的分布式绕组要短，整个电枢绕组的长度减小，从而能够降低电机铜耗，提高电机效率；采用分数槽，削弱了电机的齿谐波和由于绕组集中布置而产生的波纹，可以起到改善电动势波形的作用；此外，由于电枢绕组在物理和电磁结构上的有效隔离，其互感可以省略不计，大大减少了相间故障发生的概率。若将分数槽集中绕组的定子和嵌入式结构的转子相结合，得到的分数槽集中绕组嵌入式永磁同步电机将在各方面均具有良好的性能。如何进一步利用绕组设计提高永磁同步电机的各项指标，值得更深入地研究。

4）轻量化设计

永磁同步电机的应用场合中，大多希望永磁同步电机拥有尽可能小的质量，如应用在电动汽车上的永磁同步电机。电机设计或者尺寸选择不合理，会使电机质量过大，造成整车过重，影响汽车的启动、制动和运行特性，同时会加大装配难度，极大地影响电动汽车的工作性能。因此，需要对永磁同步电机进行合理的轻量化设计。

永磁同步电机的轻量化设计主要在电机电磁部分（定转子、永磁体等）和机械部分（机壳、端盖等），若处理不当则会影响电机的输出性能与机械强度。所以，如何在保证电机功率密度、转矩密度和机械强度的基础上实现电机轻量化是一个亟待解决的问题。

5）温升与散热

近年来，出于应用场合的需求，永磁同步电机单机设计容量逐渐上升，内部损耗随之增加，致使电机内部温升不断增大，而过高的温升容易使电机出现老化现象，严重影响电机的安全可靠运行。因此，对于永磁同步电机温度场的分析计算及优化设计的研究是十分重要的。永磁同步电机内部温升主要会对其内部材料、金属元件属性、永磁体造成影响：首先，电机绕组所采用的绝缘材料受温度影响较大，高温会使其物理及电气性能发生变化，当温度升高到一定程度时，绝缘材料将发生本质的变化，并最终失去绝缘作用；其次，随着电机内部温度的升高，金属元件强度和硬度都会下降。电机中常见的铜、铝、合金铝、银铜和钎焊材料的强度、硬度受温度的影响都比较大，尤其是电解铜材料在温度超过 220℃时硬度会迅速下降，到 280℃时，硬度几乎只有原来的 1/2 左右；与此同时，电机内部温度升高时，永磁体的磁通会呈现下降趋势，永磁体剩磁大大降低，产生不可逆退磁，其主要原因是高温使永磁体表面发生了氧化。

在电机的设计过程中，电机温度的分布对电机各零部件的材料属性有很大的影响，直接影响电机的寿命和可靠运行，因此，只有做好电机温度场的分析计算，才能协调好电机的性能指标、技术要求及材料属性分配等一系列问题，使电机设计方案更加合理，避免造成研发的失败，从而增加电机的研发成本。

散热优化方面，为了提高电机散热能力，传统做法是对冷却风道、水道和散热翅片的优化设计等强化对流传热的方法，较为前卫的思路是将高性能的导热元件和材料应用到电机散热系统中，但引入高性能的导热元件将会在电机热模型中增加新的变量，从而提高电机分析和设计的复杂程度。

设计、工艺、材料和环境条件等都是影响电机温升的重要因素，从设计角度出发，根据电机本身所需达到的性能要求，计算电机主要结构尺寸、电机电磁参数和电机各部分材料属性，并根据温度场计算方法，得到电机的温度场分布情况，可以此确定或修改电磁设计参数。在电机研发设计过程中，温度场的计算是一个较为薄弱的环节，尤其是带有复杂冷却系统结构的电机温度场计算。因此，在电机研发设计过程中，如何优化电磁设计、结构设计、冷却系统结构设计，是一个重要的问题。

2. 控制问题

控制策略对永磁同步电机的实际性能有着决定性的影响。据统计，因控制技术的落后，我国电机驱动系统整体运行效率较国际先进水平存在 10%～20%的差距。造成该现状的原因有两点：一方面，我国变频调速行业发展较晚，相关电机控制技术与国际先进水平尚存在一定的差距；另一方面，日本、欧美通过专利壁垒巩固先发优势，造成很多关键技术被垄断。当前，国产变频器在中低端领域已拥有相当大的市场占有率，而具备高附加值的高端变频器市场却仍被国外厂商长期垄断。因此，大力发展先进永磁同步电机驱动控制技术，对巩固高端制造业竞争力，提升企业经济效益，促进我国完成从工业大国向工业强国的战略转型，具备重要意义。目前永磁同步电机控制技术领域存在的问题主要有以下几方面。

1）参数辨识

准确获得永磁同步电机的电磁参数在诸多领域都有重要的意义，如控制系统设计、在线故障诊断以及转子/定子状态监测等。对于离线辨识算法来说，可以采用附加的仪器来测量包括电阻、磁链和电感等电机参数。离线辨识结果以表格形式储存在程序中，当系统正常运行时，控制器通过查表插值的方式来实时获得所需的电机参数。但离线算法增加了系统的复杂性、安装调试时间，并使系统需要预先在空载条件下运行辨识程序以测量所需要的电机参数。此外，由于电机参数会随时间和温度等条件变化，离线辨识结果仍然会有一定误差。为了克服离线辨识的缺点，学者们提出了多种在线参数辨识算法，包括模型参考自适应系统、自回归最小二乘算法以及卡尔曼（Kalman）滤波器等。在线参数辨识算法的问题在于，它并不能完美地实现对所有电机参数的在线辨识。换言之，进行永磁同步电机的在线参数辨识时，有些电机参数需要使用离线辨识的结果。如何更加准确地辨识更多的电机参数，是当前学者们青睐的研究方向。

2）扰动抑制

永磁同步电机运行时存在各种扰动，一般可分为谐波扰动和负载扰动，如何抑制这两种扰动是永磁同步电机控制过程中的重点问题。

谐波扰动又称周期性扰动，一般是由电机本体结构或电机驱动器的非理想特性造成的，具备很强的规律性。例如，永磁体设计缺陷、磁路饱和、齿槽效应、绕组非正弦分布等因素会引起反电势谐波[1-5]；电机绕组阻抗不对称[6-8]或三相传输线阻抗不对称[9-11]会导致电压、电流叠加负序分量；逆变器上下桥臂开关管死区时间、开通关断时间、导通压降等非线性因素会导致输出电压谐波[12-14]；电流采样放大电路存在直流偏置，传感器个体间频率特性存在差异（如通道放大倍数不同、相位滞后不同）会导致三相电流采样值不对称，在旋转坐标系下引起电流谐波[15-18]。无论哪种形式的谐波扰动，最终都会作用到电机中，造成转速、转矩波动以及附加的谐波损耗，影响运行性能。当前，谐波扰动的抑制方法主要分为基于控制器的方法和基于扰动前馈的方法。基于控制器的各类谐波扰动抑制方法在稳态下对谐波扰动有较好的抑制效果，但动态下的抑制效果均有不同程度的下降。基于扰动前馈的抑制方法利用观测器观测谐波扰动，并前馈至控制器输出，以实现扰动抑制。受采样噪声和延迟影响，观测器带宽存在上限，于是，当转速大于一定值后，谐波扰动频率将大大超出观测器的带宽，扰动无法被准确估计。因此，如何提高观测器对谐波信号的估计精度便成为了该类方法的研究重点。

负载扰动指电机运行过程中负载转矩出现的波动。该扰动具备随机性强、变化范围宽、变化速率快的特点，最极端的类型便是负载突增或突减。此类扰动的抑制措施可分为三种：其一，利用控制器的强鲁棒性抑制负载扰动；其二，通过观测器实时估计负载扰动，并前馈补偿至控制器输出，使得输出跟随负载扰动变化；其三，结合前两类方法的复合控制方法。利用控制器的强鲁棒性抑制负载扰动的方法中，常用比例积分（proportional integral，PI）控制，包括模糊 PI 控制，自适应 PI 控制，基于智能算法如神经网络、遗传算法、粒子群算法的 PI 控制等。这些方法虽具备一定的效果，但却增加了系统结构的复杂度和待整定参数的数量，且参数整定方法烦琐，实际应用价值并不高。基于扰动前馈的抑制方法的基本思路是：利用电压、电流、转速等已知信息，通过状态重构对负载扰动进行估计，再将估计结果前馈补偿至控制器输出，以此实现扰动抑制。如何准确估计扰动是该类方法的研究核心。复合控制方法是前两类方法的结合，继承两者的优点，赋予系统更强的抗扰性能，但系统复杂度有所增加。除上述方法外，自抗扰控制（active disturbance rejection control，ADRC）也是一种典型的复合控制方法，其理论基础扎实，自成体系，工程应用价值高，因而在控制领域有较大影响力，得到了诸多学者的关注和研究。自抗扰控制是本书的研究核心，相关内容放在 1.2 节单独介绍。

3）*弱磁控制*

永磁同步电机的矢量控制按速度大小可分为基速以下和基速以上的控制。

基速以下为恒转矩控制一般采用最大转矩电流比控制，基速以上控制就需要采用弱磁控制，这样才能获得恒定功率。当电机在基速以下运行时，直流侧提供的电压超过定子压降总和以及反电动势，为了提高速度，电压逐步增加，直至达到电压的额定值。此时，电机达到额定速度，电机速度无法继续增加。要超过此速度，需要减小磁链大小，即进行弱磁控制，具体方法是减小气隙合成磁场，让直轴电流负向增大，“弱磁”之名由此而来。

永磁同步电机弱磁控制策略电压反馈控制使用较多，电压反馈控制又分为负直轴电流直接补偿法弱磁控制和电流超前角控制。电压反馈控制方法容易实现，鲁棒性好，在工程中应用广泛。传统电流超前角弱磁控制策略在由恒转矩区域运行到弱磁区域时不能实现平滑过渡，电流不稳定产生电流振荡等问题，而负直轴电流直接补偿法可以较好地实现这两种模式的平滑过渡。但对于永磁同步电机在突加负载时，定子电流交轴分量不易调节，从而影响系统稳定性的问题方面，仍有一定的设计改进空间。

4）低速大转矩控制

低速大转矩电机直驱系统通常是指转矩大于 500 N·m、转速低于 500 r/min 的一种传动系统，目前广泛应用在皮带传输机、大型机床、石油钻井、磨球机、大型望远镜和大型离心机等科学研究和工业制造领域。传统低速大转矩电机传动系统通常采用“大转矩异步电动机 + 减速机”的传动形式，但是低速大转矩异步电机功率因数和效率较低，和减速机同轴相连这种复杂的机械式结构又会进一步增加系统损耗，运行效率会大打折扣，同时随着系统出现联结件磨损、腐锈、老化等现象，还存在运行稳定性和可靠性问题，因此，其不适用于低速大转矩直驱系统。近年来，永磁同步电机以其高功率密度、高传动效率、高转矩密度的特点以及在调速性能和控制精度方面具有的优势得到了广泛关注，低速大转矩永磁同步电机直驱系统渐渐代替传统“大转矩异步电动机 + 减速机”的传动系统成为主流。

低速大转矩永磁同步电机在应用过程中需要着重注意转矩脉动抑制问题。其转矩脉动可分为非周期性脉动和周期性脉动。对于非周期性转矩脉动的抑制策略，一般从永磁同步电机的本体设计角度出发，本书前面已经作出阐述。

对于周期性转矩脉动的抑制策略，一般从永磁同步电机控制策略角度出发，对控制系统进行优化设计，改善电机定子电流波形，抑制由于电流谐波引起的转矩脉动。从控制角度来说，转矩脉动控制策略主要分为前馈控制法和反馈控制法。前馈控制法主要包括电流规划法和谐波电流注入法等，反馈控制法主要包括转矩、磁链观测器法和周期控制器法等。近年来，一些先进控制方法，如模型预测控制、模糊控制和神经网络算法等，在永磁同步电机抑制转矩脉动的控制方案中的应用，是一个热门的研究方向。

5）无传感器控制

转子位置信息是永磁同步电机控制中最为重要的物理信息。但是，位置传感器与永磁同步电机的配合往往不尽如人意。位置传感器价格昂贵，可靠性低，无法在较为恶劣的环境（如多尘/泥沼等工作环境）下使用，后期维护成本高。而永磁同步电机无位置传感器控制具有价格低廉、可靠性高、尺寸小巧、易于维护等优点，应用广泛，许多学者在此领域展开了丰富的研究，取得了许多卓有成效的建设性成果。

永磁同步电机的无位置传感器控制主要有磁链观测器法、模型参考自适应法、滑膜观测器法、扩展 Kalman 滤波法、高频注入法等方法，不同的方法适用场合不同。为了实现全速范围内的永磁同步电机无位置传感器控制，可以将适用于零速和低速阶段的高频注入法与适用于中高速的算法结合起来，在零速和低速时采用高频注入法，在中高速时采用磁链观测器法、滑模观测器法等其他方法，并设计适当的切换策略，使得电机在全速范围内都能实现较好性能的无位置传感器控制。在这类方案中，如何在两种观测算法中实现平滑切换是研究的重点及难点。

此外，在实际应用中，无位置传感器控制系统同样会面临各类扰动。事实上，在应对负载扰动、谐波扰动、参数扰动等问题时，一些针对有感系统的相关方法也适用于无感系统。然而，方法的直接移植并不能从根本上解决无感系统动态性能差的痛点。即便具备相同结构的转速/电流控制器和相同的控制参数，无感系统的动态性能也始终落后于有感系统，这进一步导致其抗扰性能（尤其是抗负载扰动性能）的全面落后。究其原因，无感系统的转速和位置信息是估算得到的，而电流采样噪声、逆变器非线性及负载扰动不确定性等因素将给估算环节带来干扰。选取较低的观测器和锁相环增益，保障位置/转速估算的平滑性是应对该问题的一种普遍思路，但这必然会牺牲系统动态响应速度，从而阻碍无感系统向中高端应用领域的推广。如何同步提升动态性能和稳态性能，进而强化系统抗扰能力，是无位置传感器控制领域亟待解决的难题。

1.1.4 永磁同步电机控制方案

控制方案在交流伺服系统中有着举足轻重的地位，控制技术与算法选取合适与否将直接影响交流伺服控制系统的性能优劣。以永磁同步电机为代表的交流伺服电机模型是强耦合、时变的非线性系统，其控制技术大多比较复杂。下面根据不同技术的提出时间顺序，对几种常见的永磁同步电机控制技术进行简单介绍。

1. 永磁同步电机控制策略

1）恒压频比控制

恒压频比控制又称为恒磁通控制，是一种较为简单的开环控制方法。恒压频比控制方法的基本思想是：利用电磁感应定律中反电势和磁通的关系式对电机进行控制，以获得较为理想的电机转速和电磁转矩。该方法的优点是实现成本低，控制算法简单。同时，该方法的缺点也很明显——无法对误差信号进行矫正，实现伺服调速系统的高精度控制，也无法解决系统中 dq 轴感应电动势的交叉影响等问题。

2）矢量控制

1968 年，TU Darmstadt 大学的 K. Hass 首次提出了矢量控制，也称为磁场定向控制，该控制方法在 20 世纪 80 年代由微处理器进行实现后开始发展使用。矢量控制方法是一种利用变频器控制三相交流电机的技术，该方法通过调整变频器的输出频率、输出电压的大小及角度，以达到控制电机转速的目的。

矢量控制的基本原理是：利用坐标变换（Clark 变换和 Park 变换），将三相对称定子电流变换为两相旋转的励磁分量 i_d 和转矩分量 i_q，实现对励磁磁场和电磁转矩的解耦控制，进而仿照直流电机的控制思想即可完成对交流电机的控制。

矢量控制技术调速范围广、可靠性高、电能利用率高，但因为其算法实现过程中需进行复杂的坐标变换和数据计算，而早期计算机的运算速度低下、价格昂贵，所以未获得广泛应用。近年来，随着高性能微处理器的发展，矢量控制技术的实用性及控制性能大为提升，向电力电子和电机驱动领域注入了新的活力，是永磁同步电机控制策略的更优选择。

3）直接转矩控制

1985 年，德国 M. Depenbrock 教授首次提出了六边形直接转矩控制策略[19]，并应用在异步电机的调速系统中。1986 年，日本高桥熏教授提出了另外一种圆形直接转矩控制策略[20]。直接转矩控制无需复杂的解耦变换，对于电机的输出转矩能直接控制，实现了定子磁链定向控制。该控制方法的基本操作是：将磁链转矩参考值与磁链转矩实际值的误差传给滞环比较器，并经过离线运算开关表获得合适的电机空间矢量，从而实现电机的调速控制。由于电机无需解耦，直接转矩控制可实现快速响应且不受转子参数的影响。但借助离散的两点式所产生脉冲宽度调制（pulse width modulation，PWM）对逆变器开关状态进行的控制，开关频率抖动大，转矩脉动也比较大。同时低速时定子电阻压降大且磁链计算误差大，从而使得直接转矩控制方法的调速范围较窄。由此，电流波动、转矩脉动大、调速范围窄等缺点使该方法不适用高性能永磁同步电机交流调速系统的控制策略。

2. 永磁同步电机控制算法

1）比例积分微分控制

比例积分微分（proportional，integral and differential，PID）控制算法是最经典、应用最广泛的控制算法，在工业界已有接近百年的发展历史。PID 控制算法结合比例、积分和微分三种环节于一体，结构简单、对模型参数依赖性小，在工业中得到了广泛应用。传统 PID 控制的不足之处主要体现在，仅由比例、积分、微分加权得到的控制规律太过朴素，整体效率较低，在面对实际系统的各种扰动时效果较差。

2）滑模变结构控制

滑模变结构控制的基本理论和设计方法是在 20 世纪六七十年代奠定和发展起来的，其基础是继电控制。它的基本思想可以表述为：给定状态空间的若干切换面，每个切换面的不同侧施以不同的控制规律。当运动在切换面不同侧时，系统的相轨迹拓扑就不同。如果这样的控制能使得切换面或其他部分都是可能的相轨迹的终止点，就称该控制为变结构控制。变结构控制与普通控制方法的根本区别在于，控制规律和闭环系统的结构在滑模面上具有不连续性，即一种系统结构随时变化的开关特性。通过适当的设计把不同结构下的相轨迹拓扑的优点结合起来，可以实现预期设计的控制性能。由于滑模面一般都是固定的，而且滑模运动的特性是预先设计的，系统对参数变化和外部扰动不敏感，该方法是一种鲁棒性很强的控制方法。

3）自适应控制

自适应控制主要有模型参考自适应和自适应观测器等类型，在交流电机参数辨识、速度控制和位置观测等领域有着广泛应用。

模型参考自适应系统的主要思想是将不含有未知参数的方程作为参考模型，而将含有待估计参数的方程作为可调模型，两个模型具有相同物理意义的输出量，利用两个模型输出量的误差，选取适当的自适应率来实时调节可调模型的参数，以达到控制对象的输出跟踪参考模型的目的。基于模型参考自适应算法的速度辨识算法具有较好的鲁棒性，受电机参数影响较小，实用性强。

自适应全阶观测器可以认为是一种特殊的模型参考自适应系统，即将电机自身作为参考模型，以自适应全阶观测器作为可调模型，通过比较电流估计值和实际值之间的差值调整自适应率，得到转速的估计值。其优点是避免了积分饱和与直流偏移的问题，保证了参考模型的稳定性，并且实现较为简单，综合性能好。

4）模糊控制

模糊控制利用模糊数学的基本思想和理论，基于模糊推理，模仿人的思维方式，对难以建立精确数学模型的对象实施的一种控制策略，是模糊数学与控制理论相结合的产物。

设计模糊控制系统时，不要求知道被控对象精确的数学模型。模糊控制系统的鲁棒性强，适于解决常规控制难以解决的非线性和时变系统的控制问题。永磁同步电机具有非线性、强耦合、多变量等特点，用模糊控制算法控制永磁同步电机，或将模糊控制与其他控制算法（如 PID 控制）相结合，得到了广泛应用。

5）神经网络控制

神经网络的原理是根据训练得到的结果与预想结果进行误差分析，进而修改权值和阈值，通过迭代得到能输出和预想结果一致的模型。它由输入层节点、输出层节点以及一层或多层隐含层节点构成，对于输入信息，要先前向传播到隐藏层，再经过单元节点的激活函数运算后，把激活后的信息传递到各输出节点得到输出结果。

神经网络在处理自学习、自组织、自联想及容错方面都有很强的能力，能够快速并行计算，受参数变化的影响小。因此，神经网络能够克服交流调速系统中存在的非线性因素的影响，提高调速系统的性能。但神经网络具有不可知性，其在控制电机时训练出的神经网络可能与实际电机的数学模型有天壤之别。

3. 永磁同步电机抗扰动控制算法

永磁同步电机主要用于自动化和工业机械等高生产率的应用场合，即要求速度控制器不仅要具有良好的性能，高质量，而且还要在执行中具有灵活性和高效率。但是永磁交流伺服系统在实际工业应用中，由于运行工况的变化，变频器死区效应和非线性效应以及永磁同步电机本体等因素，系统存在着许多扰动，包括母线电压波动、负载转矩的外部扰动和电机参数变化、齿槽转矩、磁通谐波转矩、电流谐波和反电势等内部扰动。这些扰动不仅会带来电机转速和转矩的周期性波动，使电机损耗增加，运行效率降低，产生噪声，在严重的情况下甚至会影响电机运行的稳定性，因此，采用合适的方法快速有效地抑制各种扰动是十分重要的。目前，国内外通常采取以下两种解决方法抑制扰动。

1）通过反馈控制方法被动抑制扰动

在使用反馈控制抑制扰动的方法中最常用的控制方法就是 PID 控制。经典的 PID 控制算法比较简便，具有参数较少、调试方便的优点，可以达到大部分场合的要求。但是传统 PID 控制同时也有不少缺点，它不能使系统的快速性和超调同时达到最优；而且经典的微分器对噪声信号有放大作用，导致微分信号失真而无法使用；由比例、积分、微分线性加权而形成的控制律过于简单，效率较低；另外，积分控制无法很好地对系统内的时变扰动进行抑制，易导致系统振荡和控制量饱和。因此，为优化永磁同步电机伺服系统的控制性能，使其快速性和可靠性得以提升，国内外大量学者对电机控制相关领域进行了深入的研究和探索，把一些智能控制算法和现代控制理论运用到矢量控制中，开发了大量先进的控制方法，如滑模变结构控制、模型参考自适应控制、鲁棒控制等。

（1）滑模变结构控制。滑模变结构控制是一种非线性、强鲁棒控制方法，它根据某个时刻的系统运行状态和工况，通过切换控制量来改变系统的结构，使状态变量运动到滑模函数的切换面上。由于滑模变结构控制无须了解系统确切的数学模型，具有对参数变量不敏感、抑制外部扰动和快速动态响应等优点，被广泛应用于永磁同步电机驱动器的位置和速度控制。目前，基于滑模控制的交流伺服系统的研究主要集中在系统抖动的抑制、滑模面和控制律的设计优化和物理实现几个方面。为解决运行过程对参数变化、外部扰动和摩擦力等不确定因素敏感而影响控制性能的问题，沈阳工业大学赵希梅和金鸿雁提出一种动态边界层全局互补滑模控制方法，以实现边界层的动态变化，削弱了抖振，提高了系统的鲁棒性[21]。Tabriz 大学的 S. M. Kazraji 和 M. B. B. Sharifian 为了避免使用基于反电动势的低通滤波器（low pass filter，LPF）和相位补偿器，提出了一种采用 S 形函数的改进滑模观测器[22]，通过使用 Sigmoid 函数代替不连续的符号函数，有效地减少了不良的抖振现象，省略了在所提出的观察器中由于低通滤波器的存在而导致的延迟时间，且无须补偿估计位置中的相位故障。

（2）模型参考自适应控制。模型参考自适应控制方法采用参考模型来生成参考输出，借助 Lyapunov 稳定性理论得出的自适应定律可修改控制器的参数，而无需系统的精确数学模型，该方法的关键在于如何设计兼顾系统稳定性和较小误差信号的自适应参数调整率。模型参考自适应控制的优点主要表现为容易实现和自适应速度快，但仍存在数学模型和运算烦琐导致控制系统变得复杂等问题。为了提高控制器的抗干扰能力，东南大学李世华等设计了基于 Lyapunov 稳定性理论的模型参考自适应控制器，提出了一种将模型参考自适应方法与扩张状态观测器（extended state observer，ESO）相结合的复合控制器，引入了 ESO 来估计总扰动，具有较快的瞬态响应和较好的抗干扰能力；中国科学技术大学王永等提出了一种基于模型参考自适应系统的自适应全阶观测器，该方法通过引入校正项将估计方程和校准链接结合起来，形成闭环估计。

（3）鲁棒控制。鲁棒控制的提出是用来解决模型的不确定性问题的，在一定的扰动下控制系统的某个性能或某个指标基本保持不变（或不敏感）是鲁棒控制的研究重点。其研究目标是设计一个固定的控制器，使其具有不确定性的被控对象（包括建模误差、参数和特性的时变、工作状态变化和外部干扰等）满足控制品质。H∞ 控制是其中较为成熟的方法之一，在电机控制中广泛使用，它将传递函数 H∞ 范数作为优化调节器的最优设计指标。利用该控制算法设计的一种电流鲁棒线性参数可变控制器，可在较大转速范围内运行，有良好的跟踪性能。

2）使用前馈补偿或扰动观测技术主动抑制扰动

使用前馈补偿或扰动观测技术主动抑制扰动通常包括自抗扰控制和其他控制器与观测器组合的复合控制策略。其中的代表就是自抗扰控制，其他控制器辅以观测器的复合控制策略仍然是从自抗扰控制派生而来的，由此可以看出自抗扰控制影响深远。

1.2 永磁同步电机自抗扰控制

1.2.1 自抗扰基本理论

自抗扰控制理论[23]的提出源自中国科学院韩京清研究员对控制理论中一些经典问题的总结和思考，韩京清还出版了相应的专著[24]。ADRC 包含跟踪微分器（tracking differentiator，TD）、ESO 和状态误差反馈（state error feedback，SEF）三大工具，基本结构如图 1.1 所示。

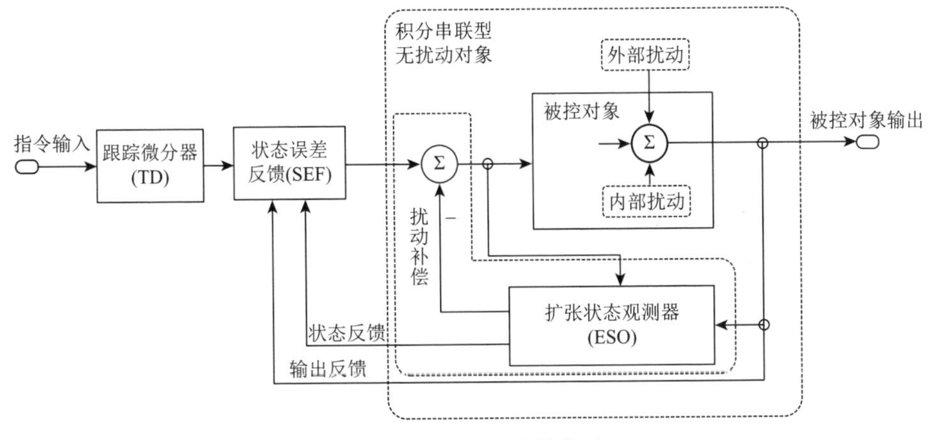

图 1.1　ADRC 基本结构图

经典的控制理论和现代控制理论在 ADRC 面世之后得到了有效结合。ADRC 的优点在于，可以使用串联积分标准型构造被控对象的模型，并利用 ESO 对扰动进行估计，对控制量进行补偿。如此一来，既使控制系统的复杂度得到合理降低，又使得系统对扰动的抵抗能力大幅提升，没有偏废。将 ADRC 的主要原理与构成详述如下。

1. 跟踪微分器

TD 作为自抗扰控制理论的重要组成部分，旨在为输入指令信号创建和安排过渡过程，以防止输入信号变化率超出系统跟踪能力，造成跟踪误差过大和引发超调。在求取输入信号的微分时，TD 采取最速跟踪思想，通过构建最速跟踪微分方程组，将求取输入信号微分的过程转变为求取方程的积分，从而克服了传统 Euler 法求微运算引入的噪声放大问题，并在一定程度上缓解了微分运算“快速性”和“平滑性”的矛盾。总而言之，TD 可以从变化迅速且含有随机噪声的原始输入信号中准确获取平滑的微分信号。进一步，通过 TD 的微分输出与最速综合函数，可以安排闭环系统的过渡过程，在基本无超调的前提下实现指令的快速跟踪，从而解决超调与快速性之间的矛盾。

除此之外，在工程中，TD 还有配置系统零点、求函数极值、求函数的根等其他用处。

TD 的一般形式如下：

$$\begin{cases}\dot{v}_1 = v_2 \\ \dot{v}_2 = -r_0\mathrm{sign}\left(v_1 - u + \dfrac{v_2|v_2|}{2r_0}\right)\end{cases} \tag{1.1}$$

式中：u 为原始输入；v_1、v_2 分别为 u 的跟踪值及其微分；$\mathrm{sign}(\cdot)$ 为符号函数，称 $-r\mathrm{sign}(v_1 - u + v_2|v_2|/2r_0)$ 为 TD 的最速控制综合函数。式（1.1）表示 v_1 是在 $|\ddot{v}_1| \leqslant r_0$ 的条件下对原始输入 u 的时间最优跟踪（即最速跟踪）[25]。

TD 实现时间最优跟踪的本质在于符号函数的 bang-bang 控制特性，理论上可在频域上获得最大带宽，时域上实现最高跟踪精度和最短调节时间。然而，实际工程采用离散时间系统，故跟踪速度有限；同时，输入信号不可避免包含噪声，受符号函数影响，离散域下的 TD 在跟踪输入信号时无法在有限步长内到达平衡点，而是在平衡点附近高频抖振。对此，韩京清和袁露林设计了一种离散时间最优控制律[26]，克服了该问题。基于该控制律的离散 TD 表示如下：

$$\begin{cases}v_1[k+1] = v_1[k] + hv_2[k] \\ v_2[k+1] = v_2[k] + hf_{\mathrm{han}}(v_1[k] - u[k], v_2[k], r_0, h_0)\end{cases} \tag{1.2}$$

式中：h 为步长；$f_{\mathrm{han}}(\cdot)$ 为离散最速控制综合函数，定义为

$$f_{\mathrm{han}} = -r_0\left[\frac{a}{d} - \mathrm{sign}(a)\right]s_a - r_0\mathrm{sign}(a) \tag{1.3}$$

其中

$$\begin{cases}d = h_0^2 r_0 \\ a = (a_0 + y - a_2)s_y + a_2 \\ s_a = [\mathrm{sign}(a+d) - \mathrm{sign}(a-d)]/2\end{cases} \tag{1.4a}$$

其中

$$\begin{cases}a_0 = h_0 v_2[k] \\ y = v_1[k] + a_0 \\ a_1 = \sqrt{d(d+8|y|)} \\ a_2 = a_0 + \mathrm{sign}(y)(a_1 - d)/2 \\ s_y = [\mathrm{sign}(y+d) - \mathrm{sign}(y-d)]/2\end{cases} \tag{1.4b}$$

$f_{han}(\cdot)$有两个可调参数r_0和h_0：r_0称为“速度因子”，决定 TD 的跟踪速度；h_0称为“滤波因子”，起噪声抑制作用。实际应用中，可分别调节这两个参数以满足系统对跟踪速度和噪声水平的要求。

2. 扩张状态观测器

ESO 根据其反馈形式可以分为线性扩张状态观测器（linear ESO，LESO）和非线性扩张状态观测器（nonlinear ESO，NLESO），LESO 因其参数调节更为简便而被广泛使用，尽管 NLESO 的参数调节较为烦琐，但其工程应用前景更为广阔。

以式（1.5）描述的一阶单输入单输出系统为例，介绍 ADRC 的原理和设计步骤。

$$\begin{cases}\dot{x}(t)=d(t)+b_0u(t)\\ y(t)=x(t)\\ d(t)=f_0(t)+f_1(t)\end{cases}\tag{1.5}$$

式中：$u(t)$、$x(t)$、$y(t)$分别为系统输入、系统状态、系统输出；b_0为系统的输入增益，也称为特性增益；$f_0(t)$、$f_1(t)$、$d(t)$分别为已知扰动、未知扰动和集中扰动。

式（1.5）中，集中扰动表示为已知扰动和未知扰动之和。理论上，只需知道被控对象阶数即可设计 ADRC，无需模型信息。不过，ESO 可以将部分已知参数视为已知的扰动输入 ESO，充分利用已知信息对系统进行控制。

ESO 将所有未建模部分和各种不确定性因素组合在一起统称为集中扰动，并扩张为一个独立状态，建立状态观测器对其进行观测。事实上，对于式（1.6）所描述的单输入单输出系统，由于一部分扰动是已知的，只需对未知扰动进行观测，以降低 ESO 负担。于是，可将未知扰动$f_1(t)$视为一个新状态，令$x_1(t)=x(t)$，$x_2(t)=f_1(t)$，$\dot{f}_1(t)=h(t)$，则该一阶系统可扩张为如下二阶系统：

$$\begin{cases}\dot{x}_1(t)=x_2(t)+b_0u(t)\\ \dot{x}_2(t)=h(t)\\ y(t)=x_1(t)\end{cases}\tag{1.6}$$

注意，$h(t)$ 定义为未知扰动 $f_1(t)$ 的导数，对于实际系统，$h(t)$ 是未知但有界的，不妨定义 h_0 为 $|h(t)|$ 的上界，即 $|h(t)| \leqslant h_0$。

针对系统（1.6），建立如下二阶 ESO：

$$\begin{cases} e = z_1 - y \\ \dot{z}_1 = z_2 + b_0 u - \beta_1 \mathrm{fal}(e, \alpha_1, \delta) \\ \dot{z}_2 = -\beta_2 \mathrm{fal}(e, \alpha_2, \delta) \\ y = x_1 \end{cases} \tag{1.7}$$

式中：z_1、z_2 分别为状态变量 x_1、x_2 的观测值；β_1、β_2 分别为 ESO 的增益系数；e 为观测误差；fal 为误差反馈函数，定义如下：

$$\mathrm{fal}(e, \alpha, \delta) = |e|^{\alpha} \operatorname{sign}(e) \tag{1.8}$$

函数 fal 的特性由其幂次 α 决定。当 $\alpha > 1$ 时，fal 具备“小误差小增益，大误差大增益”的特性；当 $\alpha = 1$ 时，fal 转变为线性函数；当 $0 < \alpha < 1$ 时，fal 函数具备“小误差大增益，大误差小增益”的特性；而当 $\alpha = 0$ 时，fal 变为符号函数，非线性特性最强。

3. 状态误差反馈

SEF 将 ESO 的各阶状态变量之间的误差和 TD 输出进行组合，与估计的集中扰动一同生成控制器的实际控制信息。与 ESO 类似，SEF 既可以组合成类似 PID 控制的线性组合，也可以组合成非线性控制组合，如利用函数 fal 或最速控制综合函数 fhan 构造非线性控制器。函数 fal 或 fhan 实际上是“小误差大增益，大误差小增益”工程实践经验的数学拟合，并且具有快速收敛的特性，因此这种非线性组合不仅易于实现，而且具有良好的鲁棒性和适应性。SEF 表示如下：

$$\begin{cases} \varepsilon_1 = v_1 - z_1 \\ \varepsilon_2 = v_2 - z_2 \\ u_0 = k_1 \mathrm{fal}(\varepsilon_1, \alpha_1, \delta) + k_2 \mathrm{fal}(\varepsilon_2, \alpha_2, \delta) \\ u = u_0 - (z_3 + f_0) / b_0 \end{cases} \tag{1.9}$$

式中：u 为控制器控制量；k_1、k_2 为比例增益。

因为 z_3 仅表示未知扰动 f_1 的观测值，所以控制器的控制量输出 u 还应当包含已知扰动 f_0。当 $\alpha_1 = \alpha_2 = 1$ 时，控制律变为线性形式，此时控制量可表示为

$$u = k_1(v_1 - z_1) + k_2(v_2 - z_2) - \frac{z_3 + f_0}{b_0} \tag{1.10}$$

式（1.10）类似于一个带前馈补偿的比例微分（proportional plus derivative，PD）控制器。和传统 PID 控制器相比，前馈补偿可消除系统静差，故无须引入积分环节，避免了积分带来的振荡与超调。

1.2.2 自抗扰理论的产生和发展

自 1983 年扰动观测器提出以来，以观测器为首的众多融合现代控制理论思想的方法在电机驱动系统中得到了飞速的发展和应用。然而，传统状态观测器在设计时高度依赖于被控对象的数学模型。建模不准确、采样不准确、参数扰动、计算延迟等因素都将导致观测器模型偏离实际系统。若模型参数未知，观测器甚至难以设计。经典的控制理论中，一些控制环节的设计必然取之于理想化之后的系统的数学模型。该处理方法最突出的缺点是，无法有效保证控制系统对扰动的鲁棒性。基于此，中科院韩京清研究员探索如何使用一些经典模块的组合来实现系统控制，并于 1995 年首创性地提出 ESO 的概念[27]。ESO 与全阶状态观测器最大的区别是，ESO 将串联积分模型作为标准模型，被控对象中的其他部分都视为扰动。所以从理论上而言，只要搞清楚被控对象的阶数即可实现 ESO 的设计。ESO 甚至可以将部分已知参数视为已知的扰动输入 ESO，充分利用已知信息对系统进行控制。

ADRC 包含 TD、NLSEF 和 ESO 三大工具。经典的控制理论和现代控制理论在 ADRC 面世之后得到了有效结合。ADRC 的优点在于，可以使用串联积分标准型构造被控对象的模型，并利用 ESO 对扰动进行估计，对控制量进行补偿。

在诞生之初，ADRC 的控制律和观测器均采用非线性误差反馈，又称非

线性自抗扰控制器（nonlinear ADRC，NLADRC），具备调节自由度高、收敛速度快等优势，但计算量过大，参数整定烦琐，且稳定性分析难度大，因而不利于工程应用。为此，Cleveland State University 高志强教授引入经典控制中的带宽概念来整定 ADRC 的参数，并提出了一套频域稳定性分析方法。至此，简单实用的线性自抗扰控制器（linear ADRC，LADRC）进入了人们的视野，随之推动了自抗扰控制理论高速发展。可以证明，在系统模型未知的情形下，只需满足特定条件，则基于 LADRC 的闭环系统是输入输出稳定的。2009 年，高志强教授将已故研究员韩京清的成果翻译转载至电气和电子工程师协会（IEEE）工业电子期刊，至此，ADRC 得到了世界各地学者的广泛关注，迅速成为研究热点，相关文献数量亦呈现井喷之势。

1.2.3 永磁同步电机自抗扰控制的应用

近些年，ADRC 在电力电子和电力传动领域展现出了十分强悍的竞争力，如商业化运动控制解决方案、电动汽车纯电驱动、工业伺服、磁悬浮列车推进、机械硬盘驱动等领域。历经二十余年的发展，从理论到实际，ADRC 将扰动补偿思想发扬光大，得到了大量应用，有望在本世纪撼动统治工业界近百年的 PID 控制的地位。

1. 商业化运动控制解决方案

2008 年，高志强教授依托 Cleveland State University 先进控制技术中心（CACT）创立了 LineStream Technologies，推出了基于 ADRC 的 SpinTAC 运动控制解决方案，并于 2009 年通过了运动控制的工业评估，开启了 ADRC 的商业化进程。

之后，一些微控制器芯片设计公司也相继发布了自家的 ADRC 参考方案。德州仪器于 2013 年率先发布基于 ADRC 的 InstaSPIN-MOTION 商业化运动控制解决方案，以卓越的抗扰性能和高稳定性作为其核心竞争优势，算法直接集成到 Piccolo 系列 DSP 的只读存储器中，大幅提升了执行效率。恩智浦半导体也发布了基于 ARM 内核的 Kinetis 系列电机控制 MCU，其开发工具库 Kinetis Motor Suite 集成了 ADRC 代码库。

2. 电动汽车纯电驱动

传统的 PID 控制对参数变化敏感，在扰动变化时对系统的控制作用较差。而基于自抗扰控制的永磁同步电机控制方法，在应用于电动汽车纯电驱动时，通过对电动汽车动力学特性和驾驶人员对汽车纵向加速度要求的综合分析，可以有效解决纵向加速过猛（超调量大）和响应快速性之间的矛盾[27]。

此外，在电动汽车相关研究[28]中，使用 ADRC 对永磁同步电机控制体系中的速度环进行处理，可以提高“速度-转矩”的响应速度，并有效减小超调量。同时该方法温度和电机参数不敏感，意味着引入 ADRC 的电动汽车永磁同步电机驱动方案可以对一些恶劣和极端行车情况有更高的可靠性，并且在起步、减速等存在加速度环节保证行车的平稳性。

3. 工业伺服

永磁同步电机可以很好地满足伺服系统的基本性能要求。相关研究表明，基于 ADRC 的永磁同步电机位置伺服系统不依赖于被控对象模型，转动惯量和定子电阻的变化以及其他一些未知的扰动由 ADRC 位置控制器测出来并加以补偿，使得系统对参数变化和外部扰动具有较强的鲁棒性；同时，ADRC 位置控制器还为给定位置信号安排过渡过程，使得系统响应快且没有超调。通过非线性状态误差反馈律的作用，系统实现了“小误差大增益，大误差小增益”的非线性控制[29]。

此外，文献[30]根据 ADRC 机理提出了位置电流双环的自抗扰控制结构，给出了位置的二阶非线性自抗扰控制器和 q 轴电流的一阶线性自抗扰控制器的设计方法。该方法利用二阶非线性 ADRC 实现位置、速度的复合控制，从控制结构上将传统位置、速度、电流三环串级控制变为位置电流双环控制，可简化伺服系统的调试过程和提高动态响应速度。

4. 磁悬浮列车推进

在本书 1.1.2 小节已经提到，轨道交通领域的先进机车多采用永磁同步电机做牵引系统。在磁悬浮列车推进这一应用场景中，对永磁同步电机的抗扰动能力提出了很高的要求。与此同时，同时包含速度观测器和控制器的无传感器算法的复杂度也必须纳入实际应用时的考量。理想的无传感器算法不仅要保持良好的速度估计和控制性能，而且要承担较少的计算负担和参数调整工作。

使用 ADRC 的永磁同步电机驱动控制系统中，需要整定的参数较少，可以给驱动系统的参数设置和调整带来极大的方便。文献[31]指出，使用 ADRC 的永磁同步电机驱动控制系统有很好的速度跟踪能力和负载干扰抑制能力，通过引入负载扰动的前馈补偿方案，有效地提高了速度跟踪能力和抗扰动性能，为该方法在磁悬浮列车推进中的实际应用做出了贡献。

5. 机械硬盘驱动

在高性能运动控制系统，如计算机硬盘驱动器定位控制领域中，对永磁同步电机的高性能、高可靠性、高速运行的要求非常苛刻。简单来说，人们总希望以更快的读写速度将更多的数据压缩到一个更小的磁盘中。为了存储更多的数据，存储轨道变得越来越窄，这反过来要求读写磁头定位更加精准。但为了实现更快地访问数据，硬盘驱动器组件需要更快地移动，这往往会刺激驱动器和硬盘组件共振，从而导致读写磁头振荡。此外，其他因素如偏置力矩、摩擦、偏差、位置重复跳动和各种噪声也会降低其中永磁同步电机的控制性能。文献[32]将 ADRC 引入机械硬盘驱动的永磁同步电机控制中，实验证明，该方法在跟踪模式下寻迹时间短，具有良好的位置和抗转矩干扰能力，可以很好地处理寻迹和跟随模式。

1.2.4 永磁同步电机自抗扰控制研究现状

针对永磁同步电机扰动抑制难题，ADRC 立刻展现出与生俱来的优势。

ADRC 的主动抗扰特性和对模型的低依赖性使得其十分适用于永磁同步电机控制领域。然而，如前面所述，电机控制系统的实际运行工况复杂多变，扰动形式纷繁多样，这无疑给 ADRC 的应用带来了挑战，但同时，也激励着学者们对其做进一步的探究和改进。如何提升抗扰性能，是 ADRC 的核心研究问题，也是本书的研究主线。当前，诸多文献在不同维度进行了大量的探索，基本总结为以下三类。

1. 优化误差反馈函数形式和参数整定法则

误差反馈函数的形式和参数设计对 ADRC 性能有决定性影响。传统 NLADRC 采用非线性函数作为误差反馈函数，虽具备很高的收敛效率，但参数物理意义不明确，整定过程较为盲目，且实际效果与调参者经验关系很大，使用门槛高。针对该问题，主要有两条改进路线。

第一类，提出新的参数整定方法。在过去的 20 年中，相关学者从 fal 函数参数的数学特性、可以辅助修正 ADRC 参数的机器学习算法等出发点进行探索，在保证系统性能、统筹兼顾算法收敛性和优化效率的前提下，在参数选取等方面的研究取得了丰硕的成果。此外，现有研究还将反向传播神经网络（back propagation neural network，BPNN）嵌入 ESO，动态整定参数，提高了对扰动的适应能力。目前，学界主流将多目标优化算法应用于 ADRC，在快速性、平稳性、准确性三个维度建立了多级评价体系，提供了更多的参数配置规则，从而有针对性地提升了系统的特定性能。

第二类，改进误差反馈函数形式。高志强教授提出的 LADRC 将反馈函数线性化，是最典型的一种改进方式。LADRC 的参数可通过极点配置法快速整定，且参数具备物理意义，稳定性分析也可借用经典控制理论的频域分析法。例如，利用双曲正切函数的参数自适应 LADRC 可根据误差大小自动调整增益参数。然而，线性误差反馈的效率一般不如非线性反馈，因此仍有诸多研究对 NLADRC 进行研究改进。若采用模糊推理规则的改进型 ADRC，根据误差绝对值大小自适应调整反馈函数的参数，便可有效优化控制效果。西北工业大学刘春强等[33]针对 fal 函数在应对高阶负载扰动无法在有限时间收敛至平衡点的问题，提出了一种新型有限时间收敛非线性反馈函数，并在此基础上设计了一种多阶扰动 ADRC，显著提升了系统抗负载扰动能力。必须指出，若使用线性/非线性切换反馈函数配置的 ADRC，将使调参和稳定性分析步骤十分烦琐，且方法不能确保切换过程的平滑，实用性不足。

2. 提升抗谐波扰动性能

在应对超出一定频率的谐波扰动时，ADRC 所表现的抗扰性能差强人意。Bharati Vidyapeeth University 的 A. A. Godbole 提出了一种高阶广义扩张状态观测器（generalized ESO，GESO）。GESO 设计了 m 个扩张状态，当集中扰动的 m 阶导数为零时，GESO 可确保渐进收敛。然而，正弦形式的谐波扰动是无限可微的，因此 GESO 观测误差无法收敛至零。虽然可增加 GESO 的阶数来提高谐波扰动估计精度，但高阶观测器结构复杂，对噪声敏感，稳定性差，因此并不实用。对此，诸多学者们提出了更多的改进思路，大致分为以下两类。

第一类，改进控制器，即在闭环控制系统的前向通道插入谐波抑制环节。例如，将比例谐振控制器与转速环 ADRC 结合，可有效抑制稳态下的转速波动。合肥工业大学赵吉文等将矢量谐振控制器（vector resonant，VR）与 ADRC 在电流环中并联，提出了 VR-ADRC，以抑制永磁同步直线电机系统的六次和十二次谐波扰动[34]。华中科技大学柳岸明[35]将迭代自学习控制和电流环 ADRC 结合，通过迭代寻优优化控制参数，有效抑制了轴向磁通永磁同步电机的转矩脉动。

第二类，改进观测器，即改造 ESO 结构以提高其对谐波扰动的观测精度，如比例积分谐振扩张状态观测器（proportional integral resonant ESO，PIR-ESO）。该方法通过结构改造，使得 PIR-ESO 等效传递函数的幅频响应曲线在谐振频率处出现零分贝谐振峰，从而实现了对该频率谐波扰动的精确估计。针对并网逆变器中由电压采样不准确以及逆变器死区效应引起的谐波扰动，可使用基于广义积分器（generalized integrator，GI）的新型 GI-ESO。该方法将 ESO 的扩张状态改造为直流状态加谐波状态的组合，利用常规积分器处理直流状态，GI

处理谐波状态，以实现对谐波扰动的准确估计。文献[36]将 GI-ESO 应用于并网逆变器锁相环，有效抑制了相位估计值的谐波脉动，且对电网频率突变和相位突变具备较强的鲁棒性。文献[37]将自适应线性神经元（adaptive linear neuron，ADALINE）和传统 ESO 进行综合，得到了 ADALINE-ESO。该方法利用 ADALINE 的自适应算法对权重系数进行自调节，使其对指定频率具备理想通带特性，进而保证对该频率谐波的精确估计。文献[34]将 ADALINE-ADRC 应用于非正弦电流驱动的永磁同步电机电流环和转速环，有效降低了电机的转矩脉动和转速波动。

3. 提升对模型参数不准确的鲁棒性

实际应用中，为降低 ESO 的观测负担，提高收敛速度，通常会选择将系统已知扰动从集中扰动中分离，以保证 ESO 只对未知扰动进行观测。精确的模型参数是准确计算系统已知扰动的前提，若模型参数存在偏差，其偏差部分将转变为未知扰动，造成 ESO 观测负担变大，ADRC 综合性能下降。ADRC 的模型参数包括特性增益和状态系数：对于转速环 ADRC，特性增益和状态系数分别指代转动惯量的倒数和阻尼黏滞系数；对于电流环 ADRC，则分别指代电感的倒数和电阻。江苏大学左月飞博士通过理论和仿真分析，指出特性增益不准确将对系统的指令跟踪性能和抗扰性能构成显著影响。为此，有必要获取准确的模型参数。国内外学者将正交性原理、积分辨识法、Landau 离散递推法等转动惯量辨识方法应用于 ADRC，可有效提高 ADRC 的参数鲁棒性。此外，左月飞博士另辟蹊径，在 ESO 中对转动惯量和阻尼黏滞系数的不确定部分进行了建模，并基于此，利用 Lyapunov 稳定性定理设计了自适应律，在保证 ESO 稳定的前提下推导出了转动惯量、阻尼黏滞系数、负载转矩三个参数的估计方程，进而实现了 ADRC 对模型参数的自适应。

在优化误差反馈函数形式和参数整定法则来改进 ADRC 的研究中，即便针对 NLADRC 的研究已具备一定的规模，但理论分析和应用体系的完备程度还远不如 LADRC。因此，LADRC 仍是实际工程应用的首选。然而，电机控制系统实际运行环境复杂多变，线性反馈的收敛速度和跟踪精度往往存在一定的局限性。如何发挥非线性反馈的效率优势，同时克服其调参和理论分析难题，以提高工程实用价值，也是亟待攻关的课题。

在提升 ADRC 抗谐波扰动性能的研究中，改进控制器的方法设计思路较为简单，一般是将某种谐波抑制算法置入 ADRC 的前向通道，无须过多改动。而改进观测器的方法通常需要在时域和频域改造 ESO 结构，无论是设计还是分析都更为复杂。也因此，前者的文献数量远多于后者。后者的优势在于，提升系统抗扰性能的同时并不会影响其指令跟踪性能，二者是解耦的。

在提升 ADRC 对模型参数不准确的鲁棒性的研究中，纵览当前公开的文献，提升 ADRC 对模型参数鲁棒性的主流思路是将外部参数辨识方法和 ADRC 结合，结构复杂，冗余度高，而利用 ESO 自身的扰动观测能力来估计模型参数的文献并不多见，有待进一步研究。

参考文献

[1] 李景灿，廖勇. 考虑饱和及转子磁场谐波的永磁同步电机模型[J]. 中国电机工程学报，2011，31（3）：60-66.

[2] NAM K T，KIM H，LEE S J，et al. Observer-based rejection of cogging torque disturbance for permanent magnet motors[J]. Applied Sciences，2017，7（9）：867-877.

[3] JAHNS T M，SOONG W L. Pulsating torque minimization techniques for permanent magnet AC motor drives-a review[J]. IEEE Transactions on Industrial Electronics，1996，43（2）：321-330.

[4] ZHU Z Q，LEONG J H，LIU X. Control of stator torsional vibration in PM brushless AC drives due to non-sinusoidal back-EMF and cogging torque by improved direct torque control[C]//2011 International Conference on Electrical Machines and Systems. Beijing：IEEE，2011.

[5] LIN T C，ZHU Z Q，LIU J M. Improved rotor position estimation in sensorless-controlled permanent-magnet synchronous machines having asymmetric-EMF with harmonic compensation[J]. IEEE Transactions on Industrial Electronics，2015，62（10）：6131-6139.

[6] XU Y，PARSPOUR N，VOLLMER U. Torque ripple minimization using online estimation of the stator resistances with consideration of magnetic saturation[J]. IEEE Transactions on Industrial Electronics，2013，61（9）：5105-5114.

[7] ABOSH A H，ZHU Z Q，REN Y. Reduction of torque and flux ripples in space vector modulation-based direct torque control of asymmetric permanent magnet synchronous machine[J]. IEEE Transactions on Power Electronics，2016，32（4）：2976-2986.

[8] TOLIYAT H A，NANDI S，CHOI S，et al. Electric machines：Modeling，condition monitoring，and fault diagnosis[M]. Boca Raton：The Chemical Rubber Company Press，2012.

[9] BOLLEN M H J. Voltage recovery after unbalanced and balanced voltage dips in three-phase systems[J]. IEEE Transactions on Power Delivery，2003，18（4）：1376-1381.

[10] ZOU X H，HUANG S H，QIN Z Q，et al. A control method for permanent-magnet synchronous motor with unbalanced cable resistor[C]//2015 6th International Conference on Power Electronics Systems and Applications（PESA）- Advancement in Electric Transportation-Automotive，Vessel & Aircraft. Hong Kong：IEEE，2015.

[11] 阚光强，陈蒙，邹训昊，等. 不平衡传输线阻抗下的永磁同步电机矢量控制策略[J]. 微电机，2017，50（3）：22-26.

[12] HWANG S H，KIM J M. Dead time compensation method for voltage-fed PWM inverter[J]. IEEE Transactions on Energy Conversion，2009，25（1）：1-10.

[13] 刘军锋，李叶松. 死区对电压型逆变器输出误差的影响及其补偿[J]. 电工技术学报，2007，22（5）：117-122.

[14] LIANG D，LI J，QU R，et al. Adaptive second-order sliding-mode observer for PMSM sensorless control considering VSI nonlinearity[J]. IEEE Transactions on Power Electronics，2017，33（10）：8994-9004.

[15] YOO M S，PARK S W，LEE H J，et al. Offline compensation method for current scaling gains in AC motor drive systems with three-phase current sensors[J]. IEEE Transactions on Industrial Electronics，2020，68（6）：4760-4768.

[16] HAN J，KIM B H，SUL S. Effect of current measurement error in angle estimation of permanent magnet AC motor sensorless control[C]//2017 IEEE 3rd International Future Energy Electronics Conference and ECCE Asia（IFEEC 2017-ECCE Asia）. Kaohsiung：IEEE，2017：2171-2176.

[17] CHEN S，NAMUDURI C，MIR S. Controller-induced parasitic torque ripples in a PM synchronous motor[J]. IEEE Transactions on Industry Applications，2002，38（5）：1273-1281.

[18] XIA C L，JI B N，YAN Y. Smooth speed control for low-speed high-torque permanent-magnet synchronous motor using proportional-integral-resonant controller[J]. IEEE Transactions on Industrial Electronics，2014，62（4）：2123-2134.

[19] DEPENBROCK M. Direct self-control（DSC）of inverter-fed induction machine[J]. IEEE Transactions on Power Electronics，1988，3（4）：420-429.

[20] TAKAHASHI I，NOGUCHI T. A new quick-response and high-efficiency control strategy of an induction motor[J]. IEEE Transactions on Industry Applications，1986，22（5）：820-827.

[21] 赵希梅，金鸿雁. 基于 Elman 神经网络的永磁直线同步电机互补滑模控制[J]. 电工技术学报，2018，33（5）：973-979.

[22] KAZRAJI S M，SHARIFIAN M B B. Model predictive control of linear induction motor drive[C]//IECON 2017-43rd Annual Conference of the IEEE Industrial Electronics Society. Beijing：IEEE，2017：3736-3739.

[23] 韩京清. 自抗扰控制器及其应用[J]. 控制与决策，1998，13（1）：19-23.

[24] 韩京清. 自抗扰控制技术：估计补偿不确定因素的控制技术[M]. 北京：国防工业出版社，2008.

[25] GAO Z. On discrete time optimal control：A closed-form solution[C]//Proceedings of the 2004 American Control Conference. IEEE，2004，1：52-58.

[26] 韩京清，袁露林. 跟踪-微分器的离散形式[J]. 系统科学与数学，1999，19（3）：268-273.

[27] 郑宏. 纯电动汽车驱动控制技术研究[D]. 成都：电子科技大学，2015.

[28] QIU C，XIE F，WANG Q，et al. The optimal “speed-torque” control of asynchronous motors in the field-weakening region based on ADRC and ELM[C]//2019 22nd International Conference on Electrical Machines and Systems（ICEMS）. Harbin：IEEE，2019：1-6.

[29] 孙凯，许镇琳，盖廓，等. 基于自抗扰控制器的永磁同步电机位置伺服系统[J]. 中国电机工程学报，2007，27（15）：43-46.

[30] 刘春强，骆光照，涂文聪，等. 基于自抗扰控制的双环伺服系统[J]. 中国电机工程学报，2017，37（23）：7032-7039.

[31] DIAN R J，XU W，HU D，et al. An improved speed sensorless control strategy for linear induction machines based on extended state observer for linear metro drives[J]. IEEE Transactions on Vehicular Technology，2018，67（10）：9198-9210.

[32] HU S H，GAO Z Q. A discrete time optimal control solution for hard disk drives servo design[C]//2007 IEEE 22nd International Symposium on Intelligent Control. Singapore：IEEE，2007：289-295.

[33] 刘春强，骆光照，涂文聪，等. 基于自抗扰控制的双环伺服系统[J]. 中国电机工程学报，2017，37（23）：7032-7039.

[34] 张晓虎，赵文吉，王立俊，等. 基于自适应互联扩展卡尔曼观测器的永磁同步电机高精度抗干扰在线多参数辨识[J]. 中国电机工程学报，2022，42（12）：4571-4581.

[35] 柳岸明. 轴向磁通电机驱动系统的自抗扰控制研究[D]. 武汉：华中科技大学，2021.

[36] GUO B，BACHA S，ALAMIR M，et al. Generalized integrator-extended state observer with applications to grid-connected converters in the presence of disturbances[J]. IEEE Transactions on Control Systems Technology，2020，29（2）：744-755.

[37] 李志雄. 无刷直流电机优化电流控制技术研究[D]. 武汉：华中科技大学，2021.

第 2 章

永磁同步电机自抗扰控制器设计

随着人类社会不断向前进步，如今，电机作为最主要的机电能量转换装置，已经成为电力的最大消费者之一。据统计，我国电机总产量和总容量均居世界首位，消费了社会总用电量的六成，细分到工业领域的话，则高达总用电量的四分之三[1]。作为应用最广泛的电机，永磁同步电机具备转矩密度高、效率高、调速性能好等优点，因此，永磁同步电机如今在对灵活调速能力和能量利用效率存在较高需求的应用领域，如数字控制机床、电力驱动牵引甚至国防安全等领域，在众多种类的电动机中独占鳌头。

在电机驱动系统的各项性能指标中，永磁同步电机的抗扰性能备受关注。抗扰性能好，意味着电机输出的转矩、转速能够在扰动的负面影响下维持较高的稳定性。针对抗扰性能的研究和改进，是电机控制领域的重点，亦是难点。究其原因，在于扰动来源的多样性、扰动频谱的丰富性以及扰动出现时机的随机性为控制器设计带来了巨大挑战。针对永磁同步电机扰动抑制难题，ADRC自诞生起即展现出与生俱来的优势，其主动抗扰特性和对模型的低依赖性使得其十分适用于永磁同步电机控制领域[2]。

2.1 永磁同步电机数学模型

2.1.1 永磁同步电机的基本数学模型

永磁同步电机的整体结构与一般同步电机的结构非常类似，其定子的形状与普通电机定子一样，其名字中的“永磁”就体现在其转子部分，这也是永磁同步电机的主要特点。永磁同步电机在转子中按一定形式嵌入永磁体，永磁体可以代替用以产生磁场的电励磁线圈，从而产生转子磁场，因此相较于电励磁同步电机，永磁同步电机大大减少了电机的体积和质量，节省了电机本身的占用空间。同时也消除了电刷和滑环的摩擦损耗和接触电阻损耗，提升了电机的性能。

永磁同步电机整体来说，是一种比较复杂的交流电机，在实际应用中需要的控制技术的一般表达形式都很复杂，同时其本身的数学模型具有多变量、强耦合、非线性等特点。为了能够更好地设计先进的永磁同步电机控制算法，建立适用于分析永磁同步电机的数学模型和坐标变换就成为了我们工作的第一步。

当三相永磁同步电机的转子磁路的结构，即永磁体分布的方式不同时，电机的运行性能、控制方式和使用场景也会有所区别。就目前而言，主流的永磁同步电机转子结构大致有三种，分别为表贴式、嵌入式以及内置式，如图 2.1 所示。本书只简要介绍各结构的优劣。

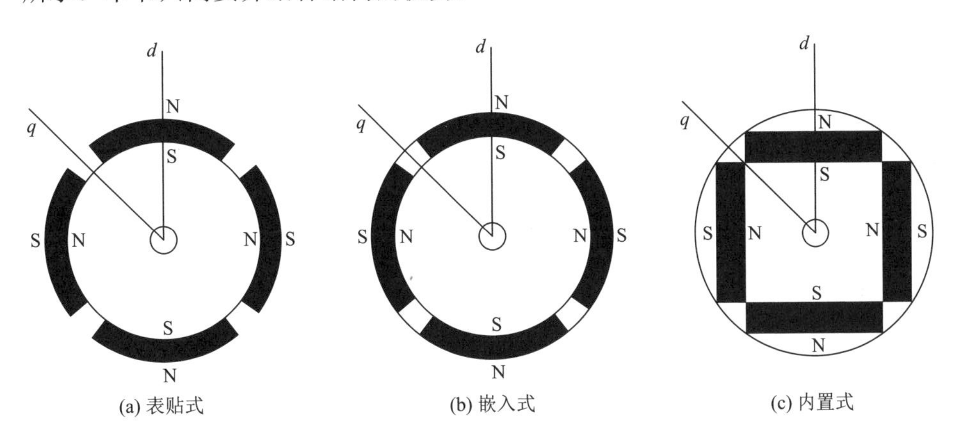

图 2.1　三相永磁同步电机的主流转子结构

表贴式转子结构简单，制造成本低，同时因为比较对称，所以转动惯量较小，主要应用于恒功率运行范围不宽的三相永磁同步电机。其永磁磁极的最优设计也比较简单，能使电机的气隙磁密波形非常接近于标准的正弦波分布，进而提高电机的运行性能。嵌入式结构兼有表贴式结构和内置式结构的一些优点，同时让转子更为坚固可靠，不过相应地也增加了制造成本。内置式转子结构可以充分利用转子磁路不对称所导致的磁阻转矩提高永磁同步电机的功率密度，也可以利用不对称的特性在控制方法上做一些文章，不过漏磁系数和制造成本相对来说较大[3]。

由于现实中的永磁同步电机是一个高阶非线性系统，为了简化分析，一般在控制方法的研究中假设三相永磁同步电机为一台理想的电机，从而更加方便地进行数学模拟。理想的永磁同步电机一般满足以下几个假设条件。

（1）三相绕组对称，空间互差120°电角度，其产生的磁场在气息中均呈正弦分布；

（2）忽略电机铁心的磁饱和效应；

（3）理想电机的磁滞损耗和涡流损耗均不存在；

（4）电机中的电流为完全对称的三相正弦波电流；

（5）转子无阻尼绕组。

完成这几个假设之后，在自然坐标系下的永磁同步电机的三相电压以及磁链方程可以表示为

$$u_{abc} = R_s i_{abc} + p\psi_{abc} \tag{2.1}$$

$$\psi_{abc} = L_{abc} i_{abc} + \psi_f F_{abc}(\theta_e) \tag{2.2}$$

式中：p 为微分算子（后同）；ψ_{abc} 为三相绕组的磁链；u_{abc}、R_s、i_{abc} 分别为三相绕组的相电压、定子电阻以及定子电流；L_{abc} 为三相定子绕组的电感；ψ_f 为永磁体磁链；$F_{abc}(\theta_e)$ 为三相绕组的磁链，且满足

$$u_{abc} = \begin{bmatrix} u_a \\ u_b \\ u_c \end{bmatrix}, \quad i_{abc} = \begin{bmatrix} i_a \\ i_b \\ i_c \end{bmatrix}, \quad \psi_{abc} = \begin{bmatrix} \psi_a \\ \psi_b \\ \psi_c \end{bmatrix} \tag{2.3}$$

$$F_{abc}(\theta_e) = \begin{bmatrix} \sin\theta_e \\ \sin(\theta_e - 2\pi/3) \\ \sin(\theta_e + 2\pi/3) \end{bmatrix} \tag{2.4}$$

$$L_{abc} = L_{m3}\begin{bmatrix} 1 & \cos 2\pi/3 & \cos 4\pi/3 \\ \cos 2\pi/3 & 1 & \cos 2\pi/3 \\ \cos 4\pi/3 & \cos 2\pi/3 & 1 \end{bmatrix} + L_{l3}\begin{bmatrix} 1 & 0 & 0 \\ 0 & 1 & 0 \\ 0 & 0 & 1 \end{bmatrix} \tag{2.5}$$

式中：L_{m3} 为定子互感；L_{l3} 为定子自感。

永磁同步电机的电磁转矩是通过电磁感应原理产生的，根据机电能量转换的方式，电磁转矩 T_e 等于磁场储能对机械角位移的偏导，本书直接给出永磁同

步电机电磁转矩T_e的表达式，式子中的 p_n 指的是电机的极对数，在国外的教材和专著中，转矩表达式往往包含的是电机极数而不是极对数，希望读者在阅读时注意区分。

$$T_e = \frac{1}{2} p_n \frac{\partial}{\partial \theta_m} (i_{abc}^{s\mathrm{T}} \cdot \psi_{abc}^{s}) \tag{2.6}$$

此外，电机的机械运动方程如下：

$$J \frac{\mathrm{d}\omega_m}{\mathrm{d}t} = T_e - T_L - B\omega_m \tag{2.7}$$

式中：θ_m 为转子机械角速度；ω_m 为电机机械角速度；J 为转动惯量；B 为阻尼系数；T_L 为负载转矩。

显然，三相永磁同步电机的数学模型是一个比较复杂且强耦合的多变量系统，如定子磁链是转子位置角的函数，电磁转矩中设计的量交叉耦合，计算困难。可以说，三相坐标系下的数学模型十分复杂，给控制器的研究与设计造成了比较麻烦的阻碍，因此实际应用中必须寻找一个合适的坐标变换方法对永磁同步电机的数学模型进行简化、降解与解耦。所幸相关的数学工具已经非常成熟了，下面本书将介绍两个非常实用，且广泛用于各类电机分析中的坐标变换。

2.1.2 永磁同步电机研究中常用的坐标变换

对永磁同步电机进行研究时一般采用的简化方式包括：将自然坐标系下的三相永磁同步电机数学模型变换到两相静止坐标下（被称为 Clark 变换），进一步变换到两相同步旋转坐标系下（称为 Park 变换）。这两个坐标系与 abc 三相坐标系之间的几何关系如图 2.2 所示。

在此进一步说明，本书之后若无特别标识，则与上图规定一致，abc 即表示自然坐标系，$\alpha\beta$ 为两相静止坐标系，dq 为同步旋转坐标系，本书之后所有探讨的永磁同步电机的建模方法或控制方法都是基于图 2.2 所示的坐标系。如果有意进行仿真分析的读者需要特别注意，MATLAB 等仿真软件自带的坐标变换模块中的 $\alpha\beta$、dq 轴坐标规定与本书规定不同，本书规定 α 轴与自然坐

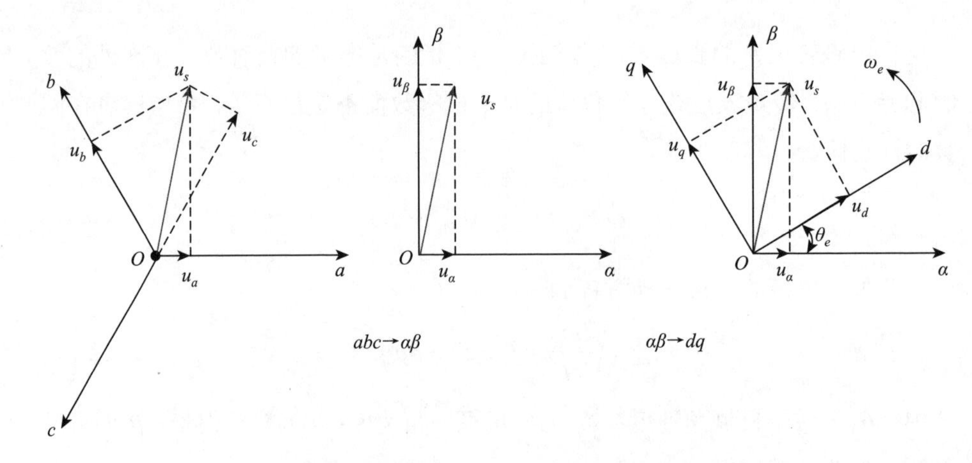

图 2.2　各坐标系之间的关系和坐标变换方式

标系的 a 轴重叠，而仿真软件默认的两相坐标系 $α$ 轴则落后于 a 轴 90°，读者在应用时应进行区分，统一坐标表示方式，混用可能导致仿真模型报错或不能正常运行。

1. Clark 变换

$αβ$ 坐标系其实全称为 $αβ0$ 坐标系，但是在分析三相系统时一般会忽略零序分量，在这个前提下，将 abc 坐标系变换到 $αβ$ 坐标系的 Clark 变换可以表示为一个坐标变换公式：

$$[f_\alpha\ f_\beta]^{\mathrm{T}}=\boldsymbol{T}_{3\mathrm{s}/2\mathrm{s}}[f_a\ f_b\ f_c]^{\mathrm{T}} \tag{2.8}$$

式中：f 可以表示不同轴上电机的电压电流或磁链等各种变量；$\boldsymbol{T}_{3s/2s}$ 为一个变换矩阵，本章节中使用恒幅值变换，表示如下：

$$\boldsymbol{T}_{3\mathrm{s}/2\mathrm{s}}=\frac{2}{3}\begin{bmatrix}1 & -\frac{1}{2} & -\frac{1}{2}\\ 0 & \frac{\sqrt{3}}{2} & \frac{\sqrt{3}}{2}\end{bmatrix} \tag{2.9}$$

在不同的应用场合，矩阵前的常数会有所不同。

如果需要将两相静止坐标系 $αβ$ 变换回自然坐标系 abc，那么可以使用反 Clark 变换，变换矩阵记为 $\boldsymbol{T}_{2\mathrm{s}/3\mathrm{s}}$，反 Clark 变换可以记为

$$[f_a\ f_b\ f_c]^{\mathrm{T}} = \boldsymbol{T}_{2\mathrm{s}/3\mathrm{s}}[f_\alpha\ f_\beta]^{\mathrm{T}} \tag{2.10}$$

式中：

$$\boldsymbol{T}_{2\mathrm{s}/3\mathrm{s}} = \boldsymbol{T}_{3\mathrm{s}/2\mathrm{s}}^{-1} = \begin{bmatrix} 1 & 0 \\ -\dfrac{1}{2} & \dfrac{\sqrt{3}}{2} \\ -\dfrac{1}{2} & -\dfrac{\sqrt{3}}{2} \end{bmatrix} \tag{2.11}$$

以上简单分析了自然坐标系 abc 与两相静止坐标系 $\alpha\beta$ 的变量之间所使用的变换关系，在之后的章节中将仔细探讨如何将这些变换用于电机研究中。

2. Park 变换

将电机方程从 $\alpha\beta$ 坐标系转换到 dq 坐标系的变换就是 Park 变换，本书中定义 d 轴为转子永磁体合成磁场 N 极所对应的方向，根据图 2.2 所给出的坐标系之间的关系，给出二者之间的变换关系和变换矩阵：

$$[f_d\ f_q]^{\mathrm{T}} = \boldsymbol{T}_{2\mathrm{s}/2\mathrm{r}}[f_\alpha\ f_\beta]^{\mathrm{T}} \tag{2.12}$$

式中

$$\boldsymbol{T}_{2\mathrm{s}/2\mathrm{r}} = \begin{bmatrix} \cos\theta_e & \sin\theta_e \\ -\sin\theta_e & \cos\theta_e \end{bmatrix} \tag{2.13}$$

同样地，将 dq 坐标系下的变量反过来变回 $\alpha\beta$ 坐标系的变换就是反 Park 变换，其表达式为

$$[f_\alpha\ f_\beta]^{\mathrm{T}} = \boldsymbol{T}_{2\mathrm{r}/2\mathrm{s}}[f_d\ f_q]^{\mathrm{T}} \tag{2.14}$$

式中

$$\boldsymbol{T}_{2\mathrm{r}/2\mathrm{s}} = \boldsymbol{T}_{2\mathrm{s}/2\mathrm{r}}^{-1} = \begin{bmatrix} \cos\theta_e & -\sin\theta_e \\ \sin\theta_e & \cos\theta_e \end{bmatrix} \tag{2.15}$$

dq 坐标系可以说是永磁同步电机分析中用得最多的一种坐标系，为了方便读者使用这种坐标变换，下面给出将自然坐标系下的量变换至 dq 坐标系的变换矩阵：

$$[f_d\ f_q]^{\mathrm{T}} = \boldsymbol{T}_{3\mathrm{s}/2\mathrm{r}}[f_a\ f_b\ f_c]^{\mathrm{T}} \tag{2.16}$$

式中

$$\boldsymbol{T}_{3\mathrm{s}/2\mathrm{r}} = \boldsymbol{T}_{3\mathrm{s}/2\mathrm{s}} \cdot \boldsymbol{T}_{2\mathrm{s}/2\mathrm{r}} = \frac{2}{3}\begin{bmatrix} \cos\theta_e & \cos(\theta_e - 2\pi/3) & \cos(\theta_e + 2\pi/3) \\ -\sin\theta_e & -\sin(\theta_e - 2\pi/3) & -\sin(\theta_e + 2\pi/3) \end{bmatrix} \tag{2.17}$$

结合图 2.3，以上简单展示了三种坐标系之间的变换关系，有了这些数学工具，就可以进一步来研究在这些坐标系中的永磁同步电机数学模型了，在后面的章节中，读者可以充分体会到坐标变换的必要性和变换后进行分析的便利性。

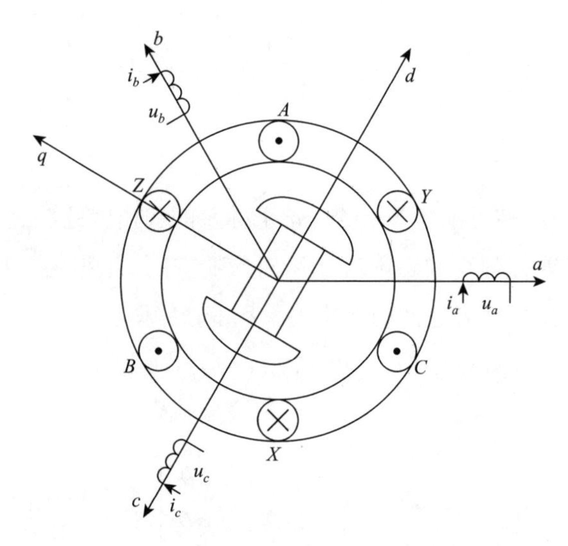

图 2.3　永磁同步电机结构及坐标系间的关系

2.1.3　dq 坐标系下的永磁同步电机数学模型

利用 3s/2r 变换，将式（2.1）与式（2.2）变换到 dq 坐标系，可以得到 dq 坐标系下的永磁同步电机的定子和磁链表达式：

$$\begin{cases} u_d = R_s i_d + p\psi_d - \omega_e \psi_q \\ u_q = R_s i_q + p\psi_q + \omega_e \psi_d \end{cases} \tag{2.18}$$

$$\begin{cases} \psi_d = L_d i_d + \psi_f \\ \psi_q = L_q i_q \end{cases} \tag{2.19}$$

更进一步地，将式（2.18）代入式（2.17），同时将各式写成方便进行软件仿真分析的矩阵形式，可以得到定子电压方程与磁链方程分别为

$$\begin{bmatrix} u_d \\ u_q \end{bmatrix} = \begin{bmatrix} R_s + L_d p & -\omega_e L_q \\ \omega_e L_d & R_s + L_q p \end{bmatrix} \begin{bmatrix} i_d \\ i_q \end{bmatrix} + \begin{bmatrix} 0 \\ \omega_e \psi_f \end{bmatrix} \tag{2.20}$$

$$\begin{bmatrix} \psi_d \\ \psi_q \end{bmatrix} = \begin{bmatrix} L_d & 0 \\ 0 & L_q \end{bmatrix} \begin{bmatrix} i_d \\ i_q \end{bmatrix} + \begin{bmatrix} \psi_f \\ 0 \end{bmatrix} \tag{2.21}$$

式中：u_d、u_q 分别为定子电压在 dq 坐标系下的两个轴上的分量，可以理解为合成旋转电压矢量在两个轴上的分解；i_d、i_q 为 dq 轴上的定子电流分量；ψ_d、ψ_q 为 dq 轴上的定子磁链分量；L_d、L_q 为 dq 轴上所对应的电感分量；ψ_f 为永磁体磁链，磁场方向与 d 轴重合。经过变换之后的数学模型事实上可以理解为 dq 轴上的两个直流电机。如图 2.4 所示，从图中可以明显看出三相永磁同步电机的数学模型已经大大简化并实现了解耦。

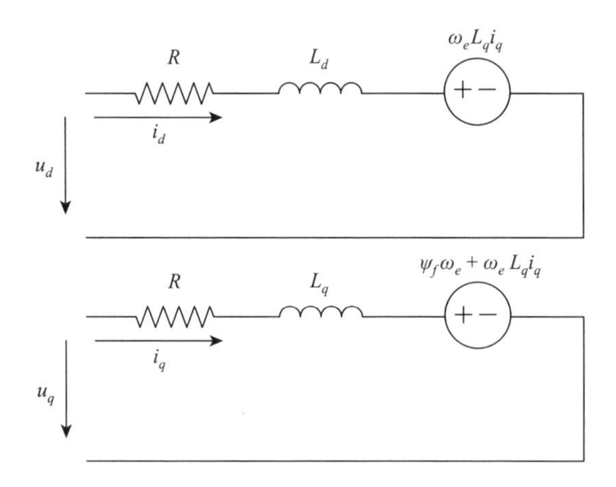

图 2.4　三相永磁同步电机的电压等效电路

此时，永磁同步电机的电磁转矩方程可以改写为

$$T_e = \frac{3}{2} p_n \psi_f i_q + \frac{3}{2} p_n i_d i_q (L_d - L_q) \tag{2.22}$$

电机的运动方程也可以改写为

$$J \frac{\mathrm{d}\omega_m}{\mathrm{d}t} = \frac{3}{2} p_n \psi_f i_q + \frac{3}{2} p_n i_d i_q (L_d - L_q) - T_L - B\omega_m \tag{2.23}$$

电磁转矩多项式中后一项是由永磁同步电机磁路不对称产生的磁阻转矩，在内置式永磁同步电机中其大小相对第一项比较小；而对于表贴式永磁同步电机而言，由于磁路对称，$L_d = L_q$，所以此项为 0，表贴式的数学模型也因此相对简单很多。值得一提的是，在与永磁同步电机数学模型非常相似的同步磁阻电机中，磁阻转矩是转矩的主要甚至唯一来源。

经过以上变换之后，永磁同步电机电压方程和磁链方程不再包含时变参数，模型得以大大简化，变得更加清晰明了，这是为什么要进行这些变换的主要原因，这些工作也许有些繁杂，但是为了方便后续控制器的设计，坐标变换是非常必要的基础工作。另外，在学习本书后续章节的仿真建模时，需要注意各个量的下标以及各自之间的对应关系，下面先给出几个比较重要的关系式。

$$\begin{cases} \omega_e = p_n \omega_m \\ N_r = \dfrac{30}{\pi}\omega_m \\ \theta_e = \int \omega_e \mathrm{d}t \end{cases} \tag{2.24}$$

式中：ω_e 为电机的电角度，而 ω_m 为转子的机械角速度，二者之间有一个极对数的倍数关系；N_r 为电机的机械转速，单位为 r/min，做调速控制时一般使用此单位，而不是转子角速度的单位 rad/s，在建立和使用数学模型进行仿真分析时一定要注意区分。

2.2 永磁同步电机矢量控制方法

2.2.1 永磁同步电机的矢量控制策略

矢量控制的思想最早是由德国科学家 Blaschke 提出的，起初并不是为永磁同步电机开发，而是主要用于异步电机上。随着技术进步与换代，用于同步电机的矢量控制方法被陆续开发出来，到了现代矢量控制已经成为目前主流的永磁同步电机控制方法之一。矢量控制可以得到精确的速度控制，良好的转矩响应，进而获得类似于直流电机的工作特性。但矢量控制需要进行较复杂的旋转坐标变换，磁链和转矩解耦控制依赖于对转子磁链的准确观测，在实际中控制效果随电机参数的变化而变化。因此矢量控制的实现需要选用较高性能的数字信号处理器、高精度的光电码盘转速传感器和适当的参数变化补偿算法。应用前一节中所阐述的坐标变换方式，使永磁同步电机的电压、磁链、电流等在 *abc* 自然坐标系下交变的量，合成后投影到 *dq* 坐标系上，这样它们就是直流量了。从 2.1 节的各个表达式中可以明显观察到，如果可以确定 L_d 和 L_q 的值（通常可以离线测量，或使用在线参数辨识等方法），那么通过控制 i_d 和 i_q，就能有效地调控电机的电磁转矩，进而也可以达到灵活调速的目标。

但矢量控制也不是随意的，对于各矢量的调整需要满足一些基本关系，如永磁同步电机的电压极限曲线和电流极限曲线等。在实际的驱动系统中，电机一般由逆变器输出的电压进行驱动，由于供应的最大电压和最大电流不可能是无限的，最大输出电压幅值受 DC-DA 供电侧电压源幅值与逆变器控制方式限制，最大输出电流幅值则受制于逆变器能承受的最大输出电流幅值。令逆变器所能得到的最大电压为 $U_{\max}$，输出电流的最大值为 $I_{\max}$，在稳态条件下忽略动态量（即微分项为零），可以得到

$$\begin{cases} u_s^2 = u_q^2 + u_d^2 = (R_s + \omega_e L_d i_d)^2 + (R_s - \omega_e L_q i_q)^2 \leqslant U_{\max}^2 \\ i_q^2 + i_d^2 \leqslant I_{\max}^2 \end{cases} \tag{2.25}$$

请注意，本书中默认使用恒幅值 3s/2r 变换，因此变换前后合成矢量幅值相等，如果读者使用其他的变换方式，那么需要根据对应的系数进行修正。如果电机运行在转子转速较高的工况，那么可以忽略电阻的影响，将公式进一步简化为

$$\begin{cases} u_s^2 = u_q^2 + u_d^2 = (\omega_e L_d i_d)^2 + (\omega_e L_q i_q)^2 \leqslant U_{\max}^2 \\ i_q^2 + i_d^2 \leqslant I_{\max}^2 \end{cases} \tag{2.26}$$

关于 $U_{\max}$ 的取值，主要取决于逆变器所使用的调制方式，比较常见的例如正弦波脉宽调制（sine wave pulse width modulation，SPWM），$U_{\max}$ 为直流电压幅值的一半，空间矢量脉宽调制（space vector pulse width modulation，

SVPWM）则为直流电压幅值的$1/\sqrt{3}$。其中 SVPWM 技术为矢量控制工程和研究中使用最多的调制方式，具体方法在下一小节中将具体阐述。

对于永磁同步电机，采用内置式转子时由于磁路不对称，凸极比大于 1，根据式（2.19）可以看出，若将 i_d 和 i_q 作为坐标轴建立一个坐标系，则电压极限方程将是一个中心在 d 轴负半轴上的椭圆，同时随着转速的上升这个椭圆会越来越小，电流极限方程是一个圆；对于磁路对称的表贴式永磁同步电机也是类似的规律，只是电压极限方程从椭圆变成圆形。在任意一个工况下，电机的电压、电流矢量不得超出极限曲线的范围，电压和电流的极限曲线制约着电机的运行，研究的矢量控制方法也需要在这个范围内进行。图 2.5 展示了这两个约束，两个极限曲线重叠的区域就是电机能够正常运行的区域。

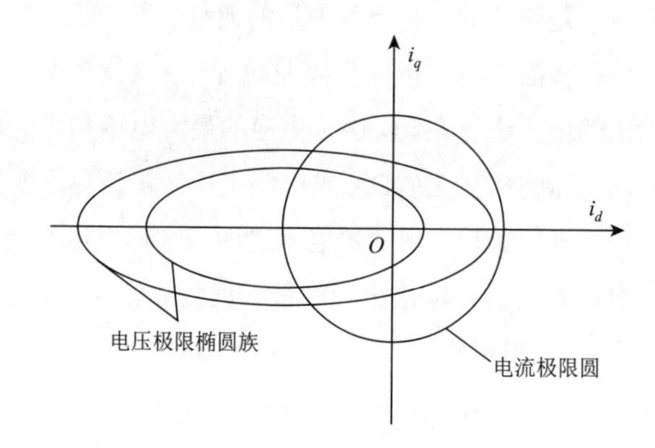

图 2.5　电压、电流极限曲线图

矢量控制研究至今已经产生了种类繁多的各式控制方法，下面将简要介绍几种比较常见且实用的矢量控制方式。

1. *d* 轴恒电流控制

这种方法非常直观明了，实现起来也很简单，也许一些读者在阅读前面章节，看到 dq 坐标系下的永磁同步电机运动方程的时候就产生过这种想法。对于永磁同步电机来说，一般保持 i_d 为零，这时候从转矩表达式里就能看出来，此时电机转矩大大简化，只与 q 轴电流成正比，需要改变转矩和调速时，只需

要控制 i_q 就可以做到。而且当 q 轴电流极性改变，转矩的方向也会随之改变，想要制动也非常简单，该方法的动态响应非常快，在转矩调节领域性能非常好。但是缺点也很明显，例如，从转矩表达式中可以看出，采用此方法时，转矩只剩下第一项永磁转矩，而第二项磁阻转矩为零，这显然会导致电流的利用率不高，系统的效率降低。

2. 单位功率因数控制（$\cos\varphi=1$）

对于永磁同步电机，$i_d=0$ 的矢量控制方式不能对磁阻转矩进行有效利用，而针对导致功率因数降低的问题，学者们提出了单位功率因数控制法，其基本思想为控制电机定子电压矢量与定子电流矢量同相位，即可保证系统只产生有功功率而不产生无功功率，该种控制方法原理上很简单，关键在于电压电流相位差的识别和修正。

3. 最大转矩电流比控制

最大转矩电流比（maximum torque per Ampere，MTPA）控制方式也称单位电流输出最大转矩的控制，即控制 i_d 以追求最大转矩，它是凸极永磁同步电机中用得较多的一种电流控制策略，在凸极率更高的同步磁阻电机中应用更广泛。这种控制方法的目标是电机输出的电磁转矩为一定值时，使得提供的驱动电流合成矢量幅值尽可能小。

该方法根据电机参数的不同，不同电机在不同工况下所取的最大转矩电流大小和矢量角度都不一样，需要根据具体的参数进行推导，本质就是在寻找最优解，但是该方法在反向求解的时候表达式很复杂，不容易在工程上进行计算。工程应用中采用的解决方法是描点法、查表法，事先测得电机各工况下不同的最大转矩电流，然后拟合一条近似曲线，在进行控制算法时调用这一条拟合曲线，在不同转矩下调用不同的 i_d 进行矢量控制。永磁同步电机的 MTPA 轨迹与电压、电流极限曲线之间的定性关系如图 2.6 所示。

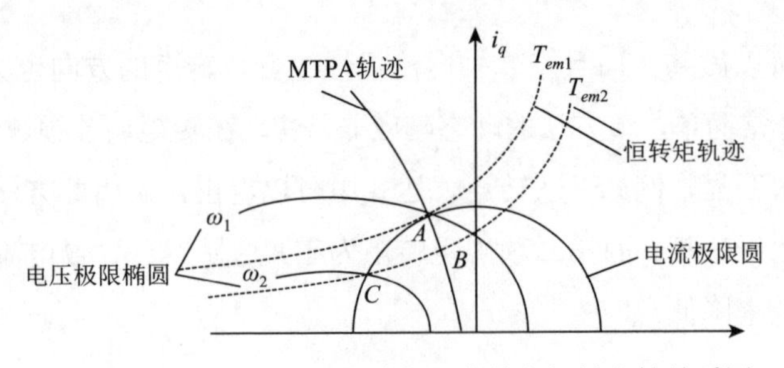

图 2.6 MTPA 与电压、电流极限曲线之间的定性关系图

MTPA 控制法的电流利用率很高，节能效果好，缺点在于电机的参数在电机运行时会随电机的温度以及转速产生波动，特别是长时间运行时查表法不一定准确，这将显著影响控制算法的精确程度；另外，在凸极率不高时，磁阻转矩较小，该方法的改善效果并不明显，如果是磁路对称的表贴式永磁同步电机则完全不能使用。事实上该方法用于同步磁阻电机等其他同步电机的效果要比用于永磁同步电机更好一些。

4. 弱磁控制

永磁同步电机弱磁的思想来源于他励直流电动机的调磁控制。当他励直流电动机的端电压达到最大值之后，无法再用调压调速来提高转速，只有通过降低电动机的励磁电流，从而降低励磁磁通，实现在保证电压平衡的条件下，电机速度提升到额定转速以上。这样才能达到跟他励直流电动机的弱磁等效。弱磁控制即将永磁同步电机类比直流电机，其实在经过坐标变换后，在控制上永磁同步电机确实可以视为直流电机。

其基本思路是：当永磁同步电机的运行状态已经达到电压极限曲线的边界时，由于永磁同步电机的励磁磁通是由永磁体提供的，这个磁通是恒定不变的，这个时候如果想降低磁通强度，就只能通过增大定子电流的去磁分量来削弱气隙磁通。定义超前角 γ 为两相旋转坐标系 dq 坐标系下，定子电流矢量超前 q 轴的电角度，如图 2.7 所示。当转速达到转折速度时，定子电压已经达到极限状态。如果此时通过电压反馈来调节超前角 γ 在达到额定转速后增大，直轴的去磁电流反向增大，交轴电流也随之减小，随着直轴去磁电流的增大，磁通减小。以此实现在不增加逆变器容量的情况下弱磁[4]。

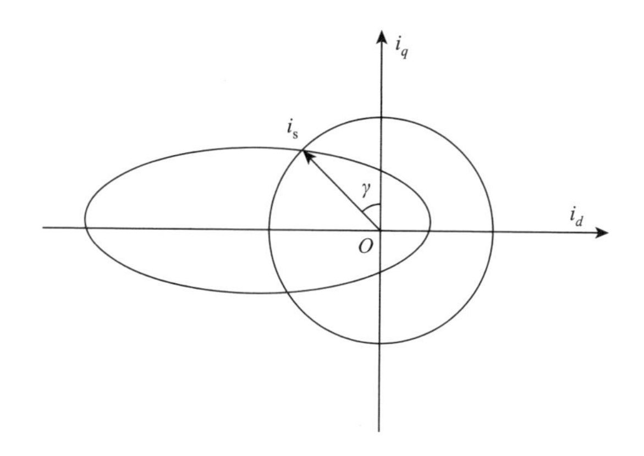

图 2.7 超前角简单示意图

2.2.2 空间矢量脉宽调制技术

SVPWM 算法很适合在数字系统中使用，有很高的直流电压利用率，而且可以有效降低电机的转矩脉振和噪声，主要应用于变频调速等应用场景，是一种相对来说比较新颖的调制方式。通过 SVPWM 后，逆变器会输出与三相对称正弦波的冲量等效的方波信号，但是由于永磁同步电机是一个阻感性负载，产生的电流响应还是对称的三相正弦电流波形，对应的磁链曲线仍然是椭圆形，这也是为什么这种调制技术在一些书本上被称为磁链轨迹调制技术。

为了理解 SVPWM 算法原理，先从逆变器说起。为了达到控制电机的目的，电机驱动系统要有能力给电机提供频率和幅值可以变化的电压。一般工程中使用的电压源，其输出电压的频率和幅值是固定的。以经典的两电平 SVPWM 为例，其逆变器拓扑如图 2.8 所示，首先可以将电压简化为一个理想直流电压源，也就是图 2.8 中的 V_{DC}，逆变器连接电机三个定子相绕组，该逆变器有三个桥臂 a、b、c，所以被称为三相逆变器。每个桥臂上有两个开关。例如，在 A 相有 V_{T1} 和 V_{T4} 两个开关，它们分别控制该相的上半桥臂和下半桥臂的导通和切断，图中的 N 点代表电机三相绕组的中性点。

SVPWM 算法实际上计算的是图 2.8 所示逆变器的六个开关何时导通、何

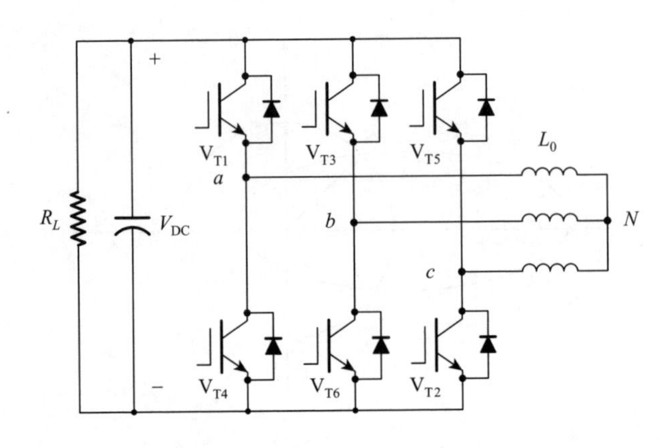

图 2.8　SVPWM 的逆变器示意图

时切断。在算法模拟中，图中的逆变器是虚拟的理想电路模型。在真实工况中，该逆变器是真实的元器件。通过控制这六个开关的导通和切断，配合左边的直流电压源 V_{DC}，该逆变器可以在右侧三个电机定子相上产生所需要的、与正弦电压等效的波形，这六个开关的开关状态是离散的，所以这也是为什么该算法很适合在数字控制系统中使用。由于桥臂上、下两个开关管不能同时导通，所以三相桥臂的六个开关管一共有 $2^3 = 8$ 种不同的导通情形，为了便于表述，定义一个开关函数 S_x，下标 x 可以是 a、b、c 分别代表不同相的开关组，$S_x = 1$ 表示上桥臂导通，$S_x = 0$ 表示下桥臂导通，例如，当 V_{T1}、V_{T6}、V_{T2} 导通，V_{T3}、V_{T4}、V_{T5} 关断时，$(S_a\ S_b\ S_c) = (100)$。

其他的七种状态可以通过同样的方式给出，分别为(000)、(001)、(010)、(011)、(101)、(110)、(111)，根据二进制转十进制的方式，将这八种状态输出的电压矢量分别记为 $\boldsymbol{U}_0$～$\boldsymbol{U}_7$，显然 $\boldsymbol{U}_0$ 和 $\boldsymbol{U}_7$ 的状态下逆变器输出电压为零，但这两种状态并不完全对等，合理选择零向量可以大大减少开关闭合的次数，读者在之后会体会到这一点。电机的三相绕组是在空间中相互间隔 120°放置的，那么在 a、b、c 三个电机相绕组上的相电压在空间中就合成了一个空间电压向量，每种开关状态代表着一种基本电压矢量，很好证明，六种有输出情况下的电压矢量之间相差 60°，在空间上把二维平面分为了六个部分，将其记为扇区 I～VI，如图 2.9 所示，图中矢量 $\boldsymbol{V}_4$ 对准静止 $\alpha\beta$ 坐标系的 α 轴。

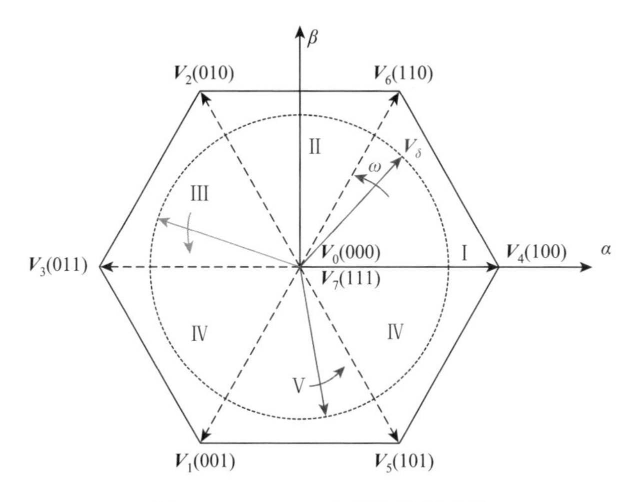

图 2.9　SVPWM 电压矢量示意图

在静止 $\alpha\beta$ 坐标系下，相电压与开关状态的关系如表 2.1 所示。

表 2.1　相电压与开关状态的关系

a	b	c	$\boldsymbol{U}_\alpha$	$\boldsymbol{U}_\beta$	矢量
0	0	0	0	0	$\boldsymbol{U}_0$
0	0	1	$-U_{DC}/3$	$-U_{DC}/\sqrt{3}$	$\boldsymbol{U}_1$
0	1	0	$-U_{DC}/3$	$U_{DC}/\sqrt{3}$	$\boldsymbol{U}_2$
0	1	1	$-2U_{DC}/3$	0	$\boldsymbol{U}_3$
1	0	0	$2U_{DC}/3$	0	$\boldsymbol{U}_4$
1	0	1	$U_{DC}/3$	$-U_{DC}/\sqrt{3}$	$\boldsymbol{U}_5$
1	1	0	$U_{DC}/3$	$U_{DC}/\sqrt{3}$	$\boldsymbol{U}_6$
1	1	1	0	0	$\boldsymbol{U}_7$

研究的目标是对于给定的参考输入信号，通过调制策略生成的 PWM 信号，驱动开关管的导通与关断，使得 a、b、c 三相的输出电压与参考输入相同。现在得到了六个空间上相差 60°的电压矢量和两个零矢量，但是永磁同步电机运行时的合成电压，如图 2.9 中的 $\boldsymbol{V}_\delta$ 矢量，轨迹应该是一个圆形才对，所以下面本书将阐述如何使用基本矢量合成空间上的任意方向、任意大小（但不能超过逆变器电压限制）的矢量，先引入伏秒平衡原理（电压时间积等效原理）：假

设 T_a、T_b、T_0 分别表示相邻的两个基本矢量 $\boldsymbol{U}_a$、$\boldsymbol{U}_b$ 以及零矢量的作用时间，任意矢量 $\boldsymbol{V}_\delta$ 表示某一时刻希望输出的电压，那么可以得到

$$\boldsymbol{V}_\delta \cdot T = \boldsymbol{U}_a \cdot T_a + \boldsymbol{U}_b \cdot T_b + \boldsymbol{U}_0 \cdot T_0 \tag{2.27}$$

式中：T 为采样周期；$\boldsymbol{U}_0$ 代表的零矢量可以是 $\boldsymbol{U}_0$ 也可以是 $\boldsymbol{U}_7$；基本矢量 $\boldsymbol{U}_a$、$\boldsymbol{U}_b$ 的选取取决于希望合成的矢量的空间位置所处的扇区，例如图 2.9 所示时刻的 $\boldsymbol{V}_\delta$ 处于扇区 I，则应选用基本电压矢量 $\boldsymbol{V}_4$ 和 $\boldsymbol{V}_6$，在仿真和工程应用中，这一步是靠扇区识别模块来实现的；在此基础上，只要正确计算出每个矢量作用的时间（这往往交给计算机轻松完成），对于终点落在图 2.9 中的六边形里的任意矢量都可以用这种方式合成；如果保持合成的电压矢量幅值不变，如图 2.10 所示，采样时间 T 越小，想要合成的旋转电压矢量的合成结果就越接近于在空间上匀速旋转，因此就可以在电机气隙中产生圆形匀速旋转的磁场。使用 SVPWM 方法也意味着可以任意控制电压矢量在任意时刻的大小和方向，进而也就调整了 i_d 和 i_q 的大小，从而达到了进行矢量控制的目标。在本书后续的章节中，将进一步详细介绍如何在仿真工具里搭建和使用 SVPWM 模块，从而达成矢量控制目标。

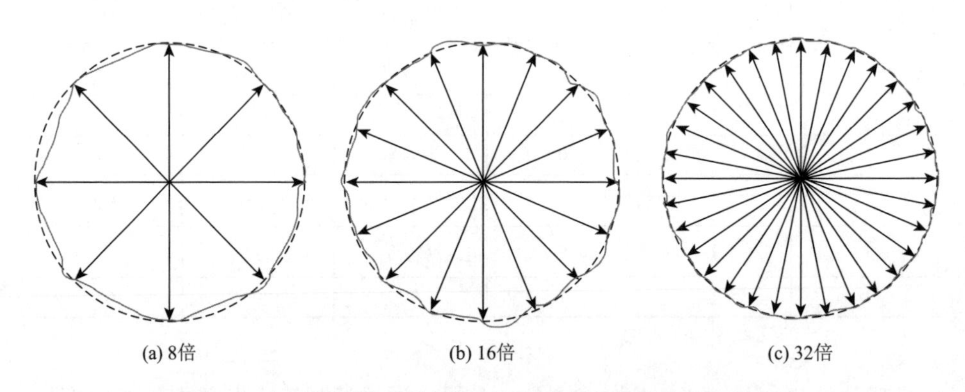

(a) 8倍　　(b) 16倍　　(c) 32倍

图 2.10　电压周期为采样周期不同倍数时的合成电压矢量轨迹

2.3　永磁同步电机中的自抗扰控制器

由前面讨论的永磁同步电机的数学模型可知，通过控制 dq 轴电流，即可

实现对电机转矩的控制，进而实现更加复杂的速度和位置控制。然而，实际永磁同步电机驱动系统是一个富含扰动和不确定性的非线性系统，前面建立的电机模型仅为理想化线性模型，无法对实际系统作出精确化描述。ADRC作为一种对被控对象模型依赖程度低，且具备扰动估计和补偿功能的新型控制方法，在电机控制领域具备显著的应用前景。LADRC 作为 ADRC 理论的一个分支，具备结构简单、理论基础丰富、调参容易等优势，已具备较为完善的应用体系。因此，本节将选用 LADRC，研究其在永磁同步电机调速系统中的应用。

本节讨论的永磁同步电机 ADRC 系统拓扑如图 2.11 所示。该框图展示了一种典型结构：转速和电流 ADRC 采用级联的内外双闭环形式，所有的误差反馈均采用线性形式，即观测器采用 LESO，控制律采用线性状态误差反馈（linear SEF，LSEF）。

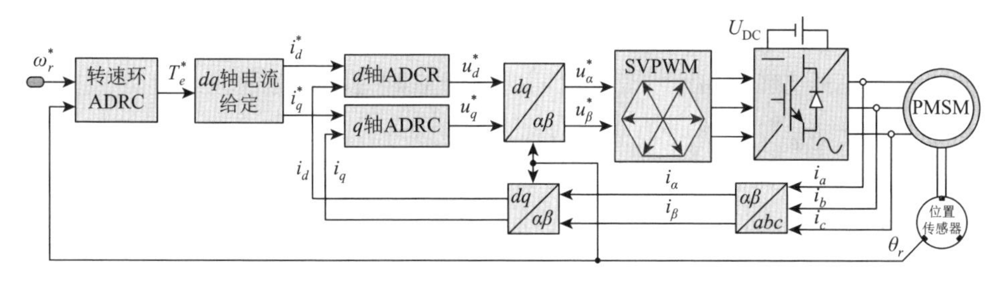

图 2.11　永磁同步电机 ADRC 系统拓扑

2.3.1　转速自抗扰控制器

根据电机的运动方程，即式（2.4），以 ω_{r} 和 θ_{r} 为状态变量，按照 1.3 节中的方法构建电机机械运动的状态方程如下，变量上方的“·”表示对时间 t 的微分：

$$
\begin{cases}
\dot{\theta}_{\mathrm{r}}=\omega_{\mathrm{r}} \\
\dot{\omega}_{\mathrm{r}}=f_{0n}+f_{1n}+b_nT_e^* \\
f_{0n}=b_n(T_e-T_e^*)-b_nB\hat{\omega}_{\mathrm{r}} \\
f_{1n}=-b_nT_L-b_nB(\omega_{\mathrm{r}}-\hat{\omega}_{\mathrm{r}})+n_n(t)
\end{cases}
\tag{2.28}
$$

式中：T_e^* 为电磁转矩给定值；b_n 为特性增益，$b_n = 1/J$；f_{0n}、f_{1n} 分别为电机系统中的已知扰动和未知扰动。

对于一般的永磁同步电动机，已知扰动 f_{0n} 包含转矩指令值 T_e^* 和转矩实际值 T_e 的不匹配项，以及转速计算值 $\hat{\omega}_{\mathrm{r}}$ 相关项，而未知扰动 f_{1n} 包含转速计算值 $\hat{\omega}_{\mathrm{r}}$ 和转速实际值 ω_{r} 的不匹配项，负载转矩项，以及诸如采样噪声、计算误差等其他未建模动态项 $n_n(t)$。

要区分转速计算值和转速实际值的原因是，实际应用中，虽然在电机轴端的位置安装传感器（如光电编码器、旋转变压器等）可以直接提供当前转子位置信息 θ_{r}，理论上对位置 θ_{r} 求微分便可得到实际转速 ω_{r}，但考虑到位置信号含有噪声，而微分运算会引起噪声放大，为保证转速信号平滑，需对计算结果进行滤波：

$$\hat{\omega}_{\mathrm{r}} = \mathrm{LPF}\left(\frac{\mathrm{d}\theta_{\mathrm{r}}}{\mathrm{d}t}\right) \tag{2.29}$$

式中：LPF[$f(x)$]表示使用 LPF 对信号进行处理。受 LPF 相位滞后影响，$\hat{\omega}_{\mathrm{r}}$ 无法精确跟随真实转速 ω_{r}，二者的不匹配程度在转速瞬态过程尤为明显。因此，在对未知扰动 f_{1n} 建模时，有必要将真实转速 ω_{r} 和计算转速 $\hat{\omega}_{\mathrm{r}}$ 的不匹配项纳入模型中。

LFP 虽能抑制转速信号的噪声，但却是以牺牲系统动态性能和相位裕度为代价的。若滤波参数选择不当，容易引发系统响应变慢，超调变大，乃至振荡。事实上，也可利用 ESO 直接观测转速信号，将电机的未知扰动 f_{1n} 扩张为新状态，将其微分定义为 h_n，则式（2.28）可重写为

$$\begin{cases} \dot{\theta}_{\mathrm{r}} = \omega_{\mathrm{r}} \\ \dot{\omega}_{\mathrm{r}} = f_{1n} + f_{0n} + b_n T_e^* \\ \dot{f}_{1n} = h_n \end{cases} \tag{2.30}$$

对式（2.30）建立如下三阶 LESO：

$$\begin{cases} e_{1n} = z_{1n} - \theta_{\mathrm{r}} \\ \dot{z}_{1n} = z_{2n} - \beta_{1n} e_{1n} \\ \dot{z}_{2n} = z_{3n} + \hat{f}_{0n} + \hat{b}_n T_e^* - \beta_{2n} e_{1n} \\ \dot{z}_{3n} = -\beta_{3n} e_{1n} \end{cases} \tag{2.31}$$

式中：z_{1n}、z_{2n}、z_{3n}分别为$\theta_{\rm r}$、$\omega_{\rm r}$、f_{1n}的估计值；β_{1n}、β_{2n}、β_{3n}分别为LESO的增益系数；$\hat{b}_n$、$\hat{f}_{0n}$分别为b_n、f_{0n}的估计值。

需要注意，$\hat{b}_n$、$\hat{f}_{0n}$均和电机参数有关。在设计观测器前，一般会给出电机参数的初步估计（也称为额定值），该值和真实值可能存在偏差。因此，在LESO的状态方程中，采用变量$\hat{b}_n$、$\hat{f}_{0n}$而非b_n、f_{0n}，二者偏差导致的影响会被归并至未知扰动中。

LESO收敛后，观测误差e_{1n}趋近于零。定义LSEF的前向通道误差为$e_{\rm LSEF}=\omega_{\rm r}^*-z_{2n}$，其状态方程表示为

$$\dot{e}_{\rm LSEF}=\dot{\omega}_{\rm r}^*-\dot{z}_{2n}=\dot{\omega}_{\rm r}^*-(z_{3n}+\hat{f}_{0n}+\hat{b}_nT_e^*) \tag{2.32}$$

注意，$e_{\rm LSEF}$为转速指令值与观测值的误差，而非转速控制误差（即指令值与实际值的误差）。设计误差$e_{\rm LSEF}$以指数形式收敛：

$$\dot{e}_{\rm LSEF}=-k_ne_{\rm LSEF} \tag{2.33}$$

根据式（2.32）和式（2.33），LSEF设计如下：

$$T_e^*=\frac{k_n(\omega_{\rm r}^*-z_{2n})+\alpha_{\rm r}^*-(z_{3n}+\hat{f}_{0n})}{\hat{b}_n} \tag{2.34}$$

式中：k_n为LSEF的比例系数；$\omega_{\rm r}^*$为电机的转速指令值；$\alpha_{\rm r}^*$为电机的角加速度指令值，即$\alpha_{\rm r}^*=\dot{\omega}_{\rm r}^*$。

转速环LADRC结构如图2.12所示。其中，角加速度指令$\alpha_{\rm r}^*$由转速指令$\omega_{\rm r}^*$

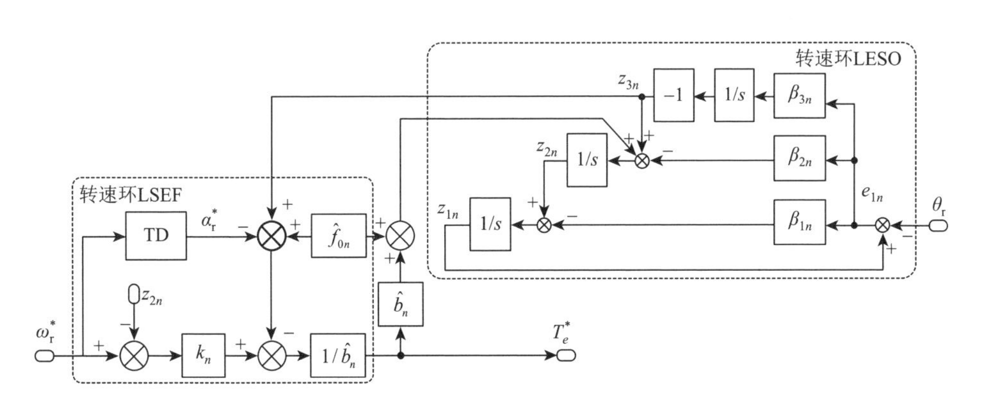

图2.12 转速环LADRC结构框图

通过跟踪微分器计算得到。利用加速度跟踪转速指令的变化率并进行前馈，可减小系统动态过程的振荡与超调，缩短调节时间。

细心的读者可能已经发现了，本节设计的控制律与第 1 章中所讨论的 ADRC 标准控制律有所不同。事实上，标准控制律是一种通用形式，可根据应用场景来设计，不必拘泥于形式。

2.3.2 电流自抗扰控制器

作为永磁同步电机 ADRC 系统的外环，转速环 LADRC 给出了系统所需的转矩指令 T_e^*。由转矩方程式（2.22）可知，控制转矩，本质是控制电机 dq 轴电流，根据控制方式的不同，有不同的电流矢量分配策略[5]。如 2.2 节中所讨论的，永磁同步电机的常见控制方式有单位功率因数控制、零直轴电流控制、MTPA 控制、弱磁控制等。电流矢量分配策略并非本节的研究重点，此处选用当前最具代表性的控制方式：针对表贴式永磁同步电机的零直轴电流控制和针对内置式永磁同步电机的 MTPA 控制。

对于表贴式永磁同步电机，dq 轴电流指令可直接表示为

$$\begin{cases} i_d^* = 0 \\ i_q^* = \dfrac{2T_e^*}{3n_p\psi_f} \end{cases} \tag{2.35}$$

对于内置式永磁同步电机，当工作于 MPTA 模式时，T_e^*、i_d^*、i_q^* 存在如下约束关系[6]：

$$\begin{cases} i_d^{*2} + i_q^{*2} = \dfrac{\psi_f i_d^*}{L_d - L_q} \\ T_e^* = \dfrac{3}{2}n_p[\psi_f + (L_d - L_q)i_d^*]\sqrt{\dfrac{\psi_f i_d^*}{L_d - L_q} + i_d^{*2}} \\ T_e^* = \dfrac{3}{4}n_p\left[\psi_f + \sqrt{\psi_f^2 + 4i_q^{*2}(L_d - L_q)^2}\right]i_q^* \end{cases} \tag{2.36}$$

对于任意转矩指令 T_e^*，由式（2.36）可唯一确定一组电流指令 i_d^*、i_q^*，以

使电流矢量的幅值 $\sqrt{i_d^{*2}+i_q^{*2}}$ 最小。然而遗憾的是，采用解析法寻找 i_d^*、i_q^* 和 T_e^* 间的数学关系涉及一元四次方程的求解，其结果包含高次根式，形式十分复杂，对微处理器运算性能要求苛刻。相较而言，查表法避免了实时运算，降低了硬件负担，因此也更为实用[7]。查表法通过离线扫描多个不同转矩下的 dq 轴电流，绘制查询表，再集成到存储器中供软件在线查询。实际应用中，为降低查询表的数据规模，减少存储空间占用，可对表的数据间隙进行分段插值拟合。此外，通过台架标定实验，还可将电感饱和及交叉耦合等非线性因素纳入表中，以实现更为准确的 MTPA 控制。

电流环作为矢量控制系统的内环，直接影响着电机的转矩控制性能。根据式（2.20）和式（2.21），以 dq 轴电流为状态变量，构建如下状态方程：

$$\begin{cases}\dot{i}_d = f_{0d} + f_{1d} + b_d u_d^* \\ f_{0d} = -R_s b_d i_d + \omega_e b_d i_q / b_q \\ f_{1d} = b_d(u_d - u_d^*) + n_d(t)\end{cases} \tag{2.37}$$

$$\begin{cases}\dot{i}_q = f_{0q} + f_{1q} + b_q u_q^* \\ f_{0q} = -R_s b_q i_q - \omega_e b_q(\psi_f + i_d / b_d) \\ f_{1q} = b_q(u_q - u_q^*) + n_q(t)\end{cases} \tag{3.38}$$

式中：u_d^*、u_q^* 为电压给定值；$b_d = 1/L_d$，$b_q = 1/L_q$；f_{0d}、f_{0q} 和 f_{1d}、f_{1q} 分别为 dq 轴已知扰动和未知扰动。

已知扰动 f_{0d}、f_{0q} 包含定子电阻压降项、磁链项以及交叉耦合项；未知扰动 f_{1d}、f_{1q} 包含给定电压和实际电压的不匹配项，以及诸如采样噪声、计算误差等其他未建模动态项 $n(t)$。注意，由于实际电机驱动器大多不配备相电压传感器，电压不匹配项被纳入了未知扰动中。

将未知扰动 f_{1d}、f_{1q} 扩张为新状态，参照式（2.31），设计 dq 轴二阶 LESO 为

$$\begin{cases}e_{1d} = z_{1d} - i_d \\ \dot{z}_{1d} = z_{2d} + \hat{f}_{0d} + \hat{b}_d u_d^* - \beta_{1d} e_{1d} \\ \dot{z}_{2d} = -\beta_{2d} e_{1d}\end{cases} \tag{2.39}$$

$$\begin{cases} e_{1q} = z_{1q} - i_q \\ \dot{z}_{1q} = z_{2q} + \hat{f}_{0q} + \hat{b}_q u_q^* - \beta_{1q} e_{1q} \\ \dot{z}_{2q} = -\beta_{2q} e_{1q} \end{cases} \tag{2.40}$$

式中：z_{1d}、z_{2d}分别为i_d、f_{1d}的估计值；z_{1q}、z_{2q}分别为i_q、f_{1q}的估计值；β_{1d}、β_{2d}、β_{1q}、β_{2q}分别为LESO的增益系数；$\hat{b}_d$、$\hat{b}_q$、$\hat{f}_{0d}$、$\hat{f}_{0q}$分别为b_d、b_q、f_{0d}、f_{0q}的估计值。

接下来设计 dq 轴的 LSEF 为

$$u_d^* = \frac{k_d(i_d^* - z_{1d}) + \dot{i}_d^* - (z_{2d} + \hat{f}_{0d})}{\hat{b}_d} \tag{2.41}$$

$$u_q^* = \frac{k_q(i_q^* - z_{1q}) + \dot{i}_q^* - (z_{2q} + \hat{f}_{0q})}{\hat{b}_q} \tag{2.42}$$

式中：k_d、k_q分别为 dq 轴 LSEF 的比例增益；i_d^*、i_q^*分别为 dq 轴电流指令值；$\dot{i}_d^*$、$\dot{i}_q^*$分别为 dq 轴电流指令值的微分。

电流环 LADRC 控制拓扑如图 2.13 所示。dq 轴之间的交叉耦合项被纳入

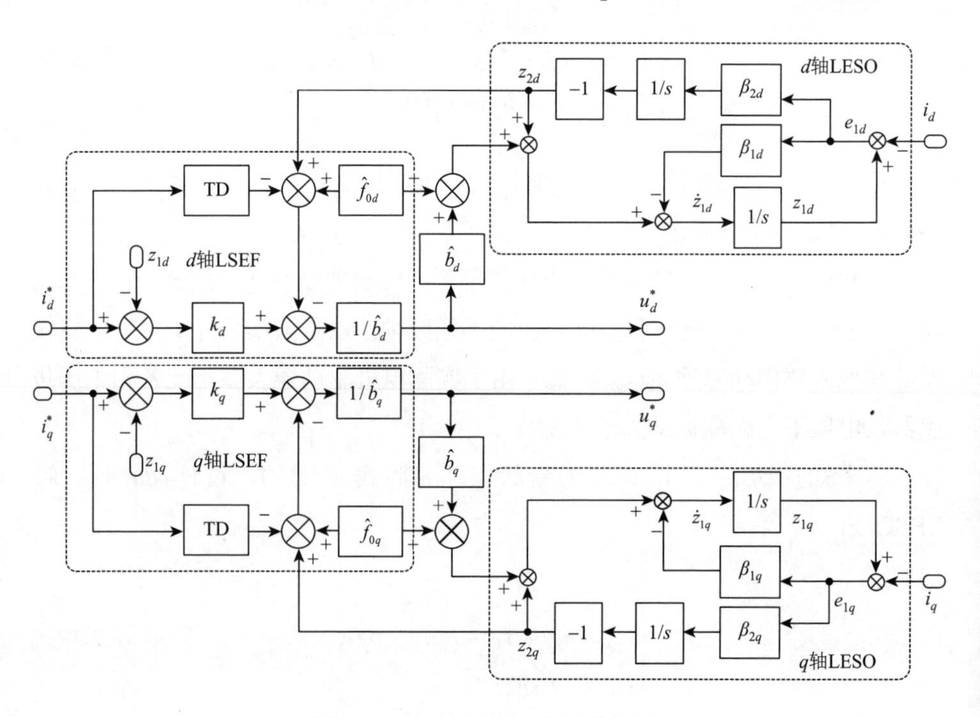

图 2.13　电流环 LADRC 结构框图

已知扰动中。通过扰动补偿，i_d^*、i_q^* 到 i_d、i_q 的动态过程被改造成只含实极点的一阶惯性环节，从而实现了 dq 轴之间的解耦。

2.3.3 稳定性分析

稳定性分析是“理论指导实践”的关键环节。通过分析，方可知晓 LADRC 的稳定条件，并得出参数整定规则，指导实际工程应用。上一章设计的永磁同步电机 ADRC 系统，其转速环和电流环控制器均采用 LADRC，考虑到转速环 LADRC 和电流环 LADRC 除阶数不同外，无本质区别，故本小节以二者中较复杂的转速环 LADRC 为例展开分析。

1. 线性扩张状态观测器稳定性分析

将式（2.31）描述的时域模型转换到频域，得 LESO 的传递函数如下：

$$\begin{cases} E_1(s)=\dfrac{-s^3\theta_{\mathrm{r}}(s)}{\lambda(s)}+\dfrac{s\hat{b}_nT_e^*(s)}{\lambda(s)}+\dfrac{s\hat{F}_{0n}(s)}{\lambda(s)} \\ Z_1(s)=\dfrac{(\beta_{1n}s^2+\beta_{2n}s+\beta_{3n})\theta_{\mathrm{r}}(s)}{\lambda(s)}+\dfrac{s\hat{b}_nT_e^*(s)}{\lambda(s)}+\dfrac{s\hat{F}_{0n}(s)}{\lambda(s)} \\ Z_2(s)=\dfrac{s(\beta_{3n}+\beta_{2n}s)\theta_{\mathrm{r}}(s)}{\lambda(s)}+\dfrac{s\hat{b}_n(\beta_{1n}+s)T_e^*(s)}{\lambda(s)}+\dfrac{s(\beta_{1n}+s)\hat{F}_{0n}(s)}{\lambda(s)} \\ Z_3(s)=\dfrac{\beta_{3n}s^2\theta_{\mathrm{r}}(s)}{\lambda(s)}-\dfrac{\hat{b}_n\beta_{3n}T_e^*(s)}{\lambda(s)}-\dfrac{\beta_{3n}\hat{F}_{0n}(s)}{\lambda(s)} \end{cases} \tag{2.43}$$

式中：$\lambda(s)=s^3+\beta_{1n}s^2+\beta_{2n}s+\beta_{3n}$，表示系统特征多项式。由 Hurwitz 判据可知，LESO 稳定的充要条件为

$$\begin{cases} \beta_{1n}>0,\beta_{2n}>0,\beta_{3n}>0 \\ \beta_{1n}\beta_{2n}>\beta_{3n} \end{cases} \tag{2.44}$$

增益系数 β_{1n}、β_{2n}、β_{3n} 直接决定了 LESO 的性能。针对 LESO 参数整定问题，高志强教授提出“带宽法”，极大简化了参数整定步骤[8]。该方法为 LESO 赋予了“带宽”概念，将参数的含义具象化，便于工程应用。带宽法建议将传递函数极点配置为实轴上的多重极点，适用于多数场合：

$$(s+\omega_0)^3 = s^3+\beta_{1n}s^2+\beta_{2n}s+\beta_{3n} \tag{2.45}$$

式中：ω_0 定义为 LESO 的带宽。于是，LESO 的增益系数可按下式整定：

$$\beta_{1n}=3\omega_0,\quad \beta_{2n}=3\omega_0^2,\quad \beta_{3n}=\omega_0^3 \tag{2.46}$$

带宽法同样给出了 ω_0 的选取建议。一般而言，ω_0 越大，LESO 动态性能越好，对扰动的估计也越迅速，系统抗扰性能也就越强，但同时对噪声也越敏感，若 ω_0 太大，容易引起观测器抖颤。并且，受数字控制系统的离散时延特性限制，ω_0 必须低于 $2/T_s$，以确保系统稳定。

2. 线性自抗扰控制器稳定性分析

前面分析了 LESO 的稳定性，为确保闭环控制系统的全局稳定性，也需要对 LADRC 进行分析。首先从误差方程展开分析。根据式（2.29）和式（2.30），进一步推得误差方程为

$$\dot{\boldsymbol{e}}=\boldsymbol{A}_e\boldsymbol{e}+\boldsymbol{D}_e \tag{2.47}$$

式中

$$\boldsymbol{e}=\begin{bmatrix}e_{1n}\\e_{2n}\\e_{3n}\end{bmatrix}=\begin{bmatrix}z_{1n}-\theta_r\\z_{2n}-\omega_r\\z_{3n}-f_{1n}\end{bmatrix},\quad \boldsymbol{A}_e=\begin{bmatrix}-\beta_{1n}&1&0\\-\beta_{2n}&0&1\\-\beta_{3n}&0&0\end{bmatrix},\quad \boldsymbol{D}_e=\begin{bmatrix}0\\\hat{f}_{0n}-f_{0n}+(\hat{b}_n-b_n)T_e^*\\-h_n\end{bmatrix}$$

其次，定义 LADRC 的控制误差为

$$\varepsilon=\omega_{\mathrm{r}}^*-\omega_{\mathrm{r}} \tag{2.48}$$

综合式（2.29）、式（2.33）和式（2.48），得控制误差的状态方程为

$$\begin{aligned}\dot{\varepsilon}&=\dot{\omega}_{\mathrm{r}}^*-\dot{\omega}_{\mathrm{r}}=\alpha_{\mathrm{r}}^*-f_{0n}-f_{1n}-b_nT_e^*\\&=\alpha_{\mathrm{r}}^*-f_{0n}-f_{1n}-\frac{b_n}{\hat{b}_n}[k_n(\omega_{\mathrm{r}}^*-z_{2n})+\alpha_{\mathrm{r}}^*-(z_{3n}+\hat{f}_{0n})]\\&=\alpha_{\mathrm{r}}^*-f_{0n}-f_{1n}-\frac{b_n}{\hat{b}_n}\{k_n[(\omega_{\mathrm{r}}^*-\omega_{\mathrm{r}})-(z_{2n}-\omega_{\mathrm{r}})]+\alpha_{\mathrm{r}}^*-(z_{3n}+\hat{f}_{0n})\}\\&=-\frac{b_n}{\hat{b}_n}k_n(\varepsilon-e_{2n})+\left(1-\frac{b_n}{\hat{b}_n}\right)\alpha_{\mathrm{r}}^*-\left(f_{0n}-\frac{b_n}{\hat{b}_n}\hat{f}_{0n}\right)-\left(f_{1n}-\frac{b_n}{\hat{b}_n}z_{3n}\right)\end{aligned} \tag{2.49}$$

若设 LADRC 所用的电机参数以及已知扰动信息是准确的，即 $\hat{b}_n = b_n$，$\hat{f}_{0n} = f_{0n}$，且 LESO 对未知扰动做出了精确估计，即 $z_3 = f_{1n}$，则式（2.49）可简化为

$$\dot{\varepsilon} = -k_n \varepsilon + k_n e_{2n} \tag{2.50}$$

综合式（2.47）和式（2.50），得 LADRC 的误差状态方程为

$$\begin{bmatrix} \dot{\boldsymbol{e}} \\ \dot{\varepsilon} \end{bmatrix} = \underbrace{\begin{bmatrix} \boldsymbol{A}_e & 0 \\ \boldsymbol{A}_\varepsilon & -k_n \end{bmatrix}}_{\boldsymbol{A}} \begin{bmatrix} \boldsymbol{e} \\ \varepsilon \end{bmatrix} + \begin{bmatrix} \boldsymbol{D}_e \\ 0 \end{bmatrix} \tag{2.51}$$

式中：$\boldsymbol{A}_\varepsilon = [0\ k_n\ 0]$；$\boldsymbol{A}$ 为状态矩阵。显然，若矩阵 $\boldsymbol{A}$ 为 Hurwitz 阵，即所有特征值的实部均为负，则误差渐进收敛，LADRC 稳定。矩阵 $\boldsymbol{A}$ 的特征方程为

$$|\lambda \boldsymbol{I} - \boldsymbol{A}| = 0 \tag{2.52}$$

即

$$\lambda^4 + (\beta_{1n} + k_n)\lambda^3 + (\beta_{2n} + \beta_{1n}k_n)\lambda^2 + (\beta_{3n} + \beta_{2n}k_n)\lambda + \beta_{3n}k_n = 0 \tag{2.53}$$

依照式（2.46）的参数整定规则，特征方程重写为如下形式：

$$\lambda^4 + (3\omega_0 + k_n)\lambda^3 + (3\omega_0^2 + 3\omega_0 k_n)\lambda^2 + (\omega_0^3 + 3\omega_0^2 k_n)\lambda + \omega_0^3 k_n = 0 \tag{2.54}$$

针对式（2.54），采用 Routh 判据进行判稳，列出四阶 Routh 表，并计算各个系数：

$$\begin{array}{c|ccc} \lambda^4 & l^1 & a_2 & a_4 \\ \lambda^3 & a_1 & a_3 & 0 \\ \lambda^2 & b_1 & b_2 & \\ \lambda^1 & c_1 & 0 & \\ \lambda^0 & d_1 & & \end{array} \tag{2.55}$$

式中：

$$a_1 = 3\omega_0 + k_n, \quad a_2 = 3\omega_0^2 + 3\omega_0 k_n, \quad a_3 = \omega_0^3 + 3\omega_0^2 k_n, \quad a_4 = \omega_0^3 k_n$$

$$b_1 = -\frac{1}{a_1}\begin{vmatrix} a_0 & a_2 \\ a_1 & a_3 \end{vmatrix} = \frac{\omega_0 m_0}{3\omega_0 + k_n}, \quad b_2 = -\frac{1}{a_1}\begin{vmatrix} a_0 & a_4 \\ a_1 & 0 \end{vmatrix} = \omega_0^3 k_n$$

$$c_1 = -\frac{1}{b_1}\begin{vmatrix} a_1 & a_3 \\ b_1 & b_2 \end{vmatrix} = \frac{8\omega_0^2(\omega_0 + k_n)^3}{m_0}, \quad d_1 = -\frac{1}{c_1}\begin{vmatrix} b_1 & b_2 \\ c_1 & 0 \end{vmatrix} = \frac{8\omega_0^5 k_n(\omega_0 + k_n)^3}{m_0}$$

$$m_0 = 8\omega_0^2 + 9\omega_0 k_n + 3k_n^2$$

显然，m_0 恒为正：

$$m_0 = \left(\omega_0 + \frac{9k_n}{16}\right)^2 + \frac{15}{256}k_n^2 > 0 \tag{2.56}$$

因此，当 ω_0 和 k_n 大于零时，Routh 表第一列元素均为正，即 $a_1, b_1, c_1, d_1 > 0$。从而得出结论即 LADRC 是稳定的。

3. 控制误差分析

首先，将式（2.47）描述的误差状态方程变换到频域，得转速观测误差的传递函数为

$$E_2(s) = -\frac{s(s+\beta_{1n})}{s^3+\beta_{1n}s^2+\beta_{2n}s+\beta_{3n}}F_{1n}(s) \tag{2.57}$$

其次，根据式（2.50），得转速控制误差和观测误差的传递函数如下：

$$\varepsilon(s) = \frac{k_n}{s+k_n}E_2(s) \tag{2.58}$$

由式（2.57）和式（2.58），得转速控制误差对未知扰动的传递函数为

$$\varepsilon(s) = -\frac{k_n}{s+k_n}\cdot\frac{s(s+\beta_{1n})}{s^3+\beta_{1n}s^2+\beta_{2n}s+\beta_{3n}}F_{1n}(s) \tag{2.59}$$

式（2.59）的负号表明转速控制误差的变化方向和未知扰动变化方向相反，这和现实认知一致，例如，负载转矩增大，转速会出现跌落。当系统面临幅值为 f 的阶跃未知扰动 $F_{1n}(s) = f/s$ 时，根据 Laplace 中值定理，LADRC 的稳态控制误差为

$$\varepsilon_{ss} = \lim_{s\to 0}\left[s\cdot\frac{-k_n}{s+k_n}\cdot\frac{s(s+\beta_{1n})}{s^3+\beta_{1n}s^2+\beta_{2n}s+\beta_{3n}}\cdot\frac{f}{s}\right] = 0 \tag{2.60}$$

而当系统面临斜率为 f 的斜坡扰动 $F_{1n}(s) = f/s^2$ 时，LADRC 的稳态控制误差为

$$\varepsilon_{ss} = \lim_{s\to 0}\left[s\cdot\frac{-k_n}{s+k_n}\cdot\frac{s(s+\beta_{1n})}{s^3+\beta_{1n}s^2+\beta_{2n}s+\beta_{3n}}\cdot\frac{f}{s^2}\right] = -\frac{\beta_{1n}f}{\beta_{3n}} = -\frac{3f}{\omega_0^2} \tag{2.61}$$

可见，在面临阶跃扰动时，LADRC 可实现对转速指令的无差跟踪；而面临斜坡扰动时，则存在与扰动斜率成正比的稳态误差。考虑到该误差与 LESO 带宽的平方成反比，因此，适当提高 LESO 带宽 ω_0，可降低斜坡扰动下的稳态误差，提升抗扰性能。

值得注意的是，式（2.61）中的转速控制误差仅与扰动 $F_{1n}(s)$ 有关，而与转速指令 $\omega_r^*(s)$ 无关，这意味着当系统不受扰动影响时，LADRC 可对任何形式的转速指令做到实时无差跟踪，即 $\omega_r(s)=\omega_r^*(s)$。该特性归因于 LSEF 表达式（2.28）中的指令微分前馈。观察控制误差的状态方程（2.49）可以发现，方程中构建的 $\dot{\omega}_r^*$ 恰好被 LSEF 包含的指令微分前馈 α_r^* 抵消，从而在式（2.50）中，控制误差与转速指令无关。

然而，上述无差跟踪特性仅在理论层面可行，现实应用中无法实现。原因有两点：其一，理想微分运算不可实现。实际场合的噪声是无法规避的，为抑制噪声，求微过程必然存在滞后，本书采用的 TD 亦如此。其二，式（2.49）到式（2.50）的简化存在前提，即电机参数准确、已知扰动建模准确、未知扰动估算准确。然而，实际系统存在诸多不理想因素，如计算误差、采样误差、建模不准确、控制时延，导致上述条件将无法满足。事实上，即便该无差跟踪特性不可实现，但在跟踪一些简单且变化速率有限的指令信号时，LADRC 依然能表现出优越的控制性能。

参考文献

[1] 董振斌，刘憬奇. 中国工业电机系统节能现状与展望[J]. 电力需求侧管理，2016（2）：1-4.

[2] 左月飞. 永磁同步电机伺服系统的转速控制策略研究[D]. 南京：南京航空航天大学，2016.

[3] 唐任远. 稀土永磁电机发展综述[J]. 电气技术，2005（4）：1-6.

[4] 张宇. 永磁同步电机矢量控制系统研究[D]. 大连：大连理工大学，2011.

[5] 丁强. 永磁同步电机矢量控制系统弱磁控制策略研究[D]. 长沙：中南大学，2010.

[6] 岳宝民. 电动汽车永磁同步电机控制策略研究[D]. 长春：长春工业大学，2021.

[7] 李峰，夏超英. 考虑磁路饱和的 IPMSM 电感辨识算法及变参数 MTPA 控制策略[J]. 电工技术学报，2017，32（11）：136-144.

[8] ZHUO S G，GAILLARD A，GUO L，et al. Active disturbance rejection voltage control of a floating interleaved DC-DC boost converter with switch fault consideration[J]. IEEE Transactions on Power Electronics，2019，34（12）：12396-12406.

第 3 章

自抗扰控制的建模与仿真

MATLAB：Simulink 是一种模块化仿真环境，具有简洁易懂，可修改性强的特点。ADRC 仿真的目的是验证 ADRC 策略的有效性及优越性，并以实际应用场景（永磁同步电机的矢量控制）进行 ADRC 的设计教学。

同时仿真可以方便地修改参数，节省了科研人员的时间，也为科学整定参数提供了一定的参考。本章在此基础上还提出一种更加贴合实际的电机控制模型建立方法。

3.1 永磁同步电机建模与仿真

在 Simulink 的模块库中，传递函数模块非常适合用来模拟微分方程也就是电机的数学表达式，从而实现一个多输入多输出的系统。由于电机从输入到输出的方程有多个环节，更可以利用 Simulink 的优势来进行分模块搭建。三相静止坐标系中电感之间存在耦合，因此通常将模型搭建在解耦的 dq 坐标系中。

3.1.1 abc/dq 变换模块

从三相静止坐标系变换到两相静止坐标系仅涉及简单的运算，故可以根据式（3.1）使用 Fcn 模块。如图 3.1 所示，使用 Bus 将输入的三相电压进行集中。u(1)代表 A 输入，u(2)代表 B 输入，u(3)代表 C 输入。

$$\boldsymbol{T}_{3\mathrm{s}/2\mathrm{s}} = \frac{2}{3}\begin{bmatrix} 1 & -\frac{1}{2} & -\frac{1}{2} \\ 0 & \frac{\sqrt{3}}{2} & \frac{\sqrt{3}}{2} \end{bmatrix}, \quad \boldsymbol{T}_{2\mathrm{s}/2\mathrm{r}} = \begin{bmatrix} \cos\theta_e & \sin\theta_e \\ -\sin\theta_e & \cos\theta_e \end{bmatrix} \tag{3.1}$$

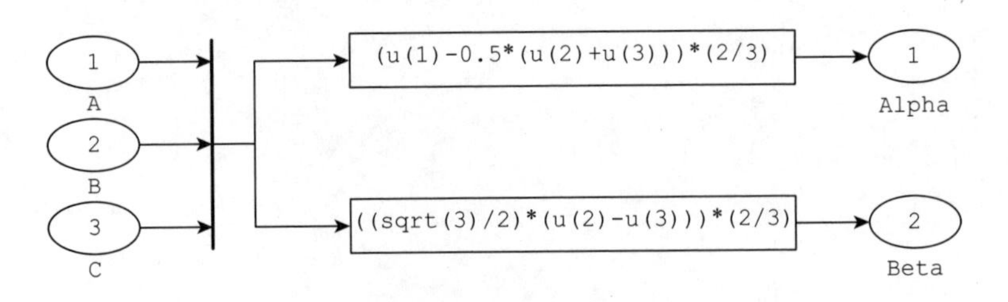

图 3.1　Clark 变换

同理，Park 变换也可以根据式（3.1）如此搭建，但需要注意 Park 变换用到了电角度信息，所以需留出此端口，用后续模块的输出接入此输入即可。Park 变换如图 3.2 所示，其中 The 表示 theta，需要注意此角度为运动方程输出机械角度乘以极对数得到的电角度。

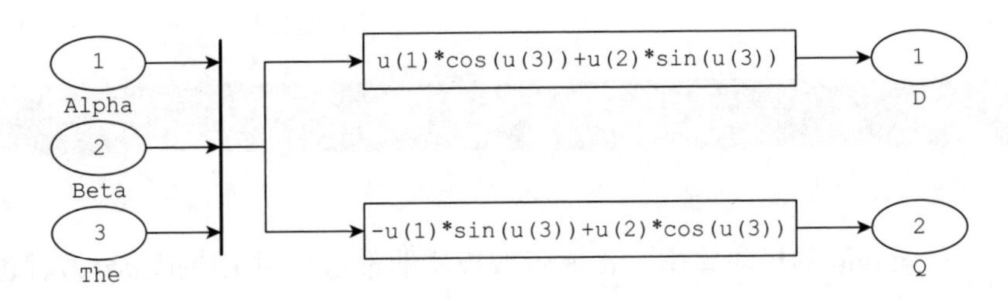

图 3.2　Park 变换

将变换模块进行连接后打包，如图 3.3 所示，得到一个 *abc*/*dq* 的转换模块。即当三相电压输入时，模型内部可以转换至 *dq* 同步参考系进行数据处理。

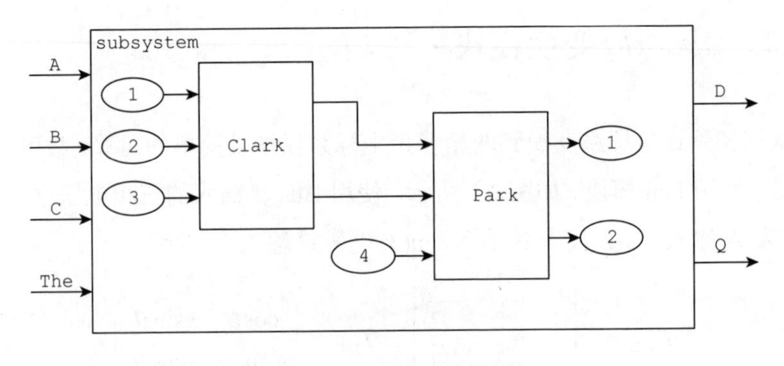

图 3.3　*abc*/*dq* 变换结构

3.1.2 永磁同步电机微分方程搭建

1. i_d计算模块

根据式（3.2）可以得出 i_d 的微分方程式：

$$\begin{bmatrix} u_d \\ u_q \end{bmatrix} = \begin{bmatrix} R_s + L_d p & -\omega_e L_q \\ \omega_e L_d & R_s + L_q p \end{bmatrix} \begin{bmatrix} i_d \\ i_q \end{bmatrix} + \begin{bmatrix} 0 \\ \omega_e \psi_f \end{bmatrix} \tag{3.2}$$

$$\frac{\mathrm{d}i_d}{\mathrm{d}t} = \frac{u_d}{L_d} + \frac{L_q}{L_d}\omega i_q - \frac{1}{L_d} R i_d \tag{3.3}$$

搭建思路：将等式右边进行四则运算得出 i_d 的导数，串联一个积分模块即可输出 i_d，图 3.4 为搭建的结构图。其中等式右边参数均使用 from 模块（如何使用 goto 输入参数见 3.1.3 小节）。

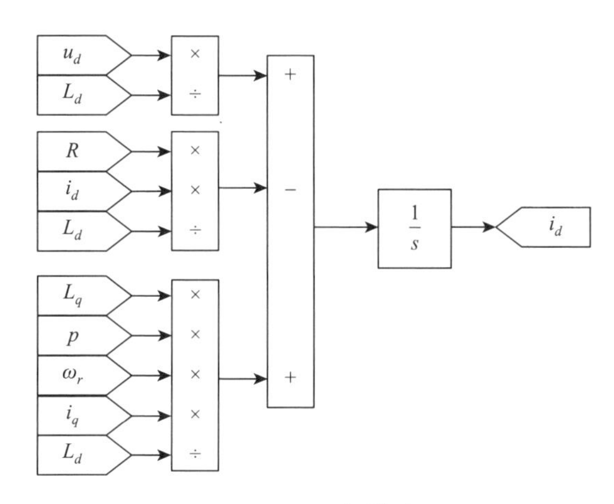

图 3.4　i_d 计算模块

2. i_q计算模块

根据式（3.2）可以得出 i_q 的微分方程式（3.4）。模型搭建如图 3.5 所示。

$$\frac{\mathrm{d}i_q}{\mathrm{d}t} = \frac{u_q}{L_q} - R\frac{i_q}{L_q} - L_d * p * \omega_r \frac{i_d}{L_q} - \mathrm{psi\_f} * p \frac{\omega_r}{L_q} \tag{3.4}$$

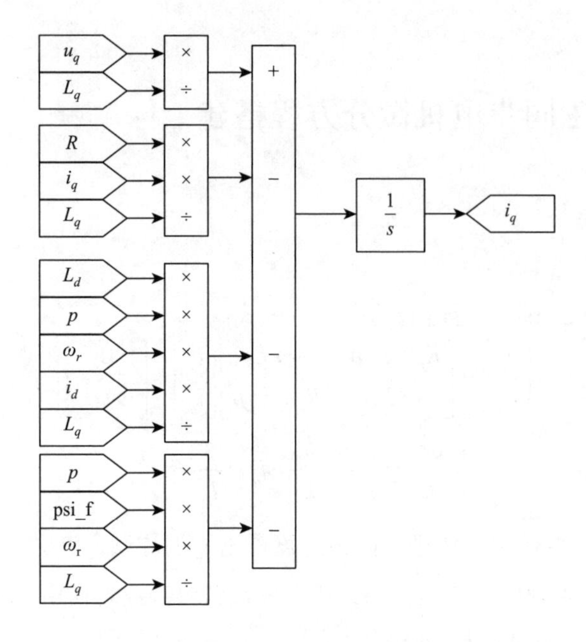

图 3.5　i_q 计算模块

图 3.5 中可以看到 ω_r 暂时是一个未知量，就如坐标变换模块中电角度也是未知量，但可以使用分立的模块先行假设已知进行表述，在后续的输出中进行数据量的回传，这样清晰的分块表述是使用 Simulink 搭建模型的优点。

3. T_e 计算模块

由于本书中坐标变换采用恒幅值变换，转矩输出需加入系数 1.5，转矩方程见式（3.5）。模型搭建如图 3.6 所示。

$$T_e = 1.5p[\text{psi\_f}i_q + (L_d - L_q)i_d i_q] \tag{3.5}$$

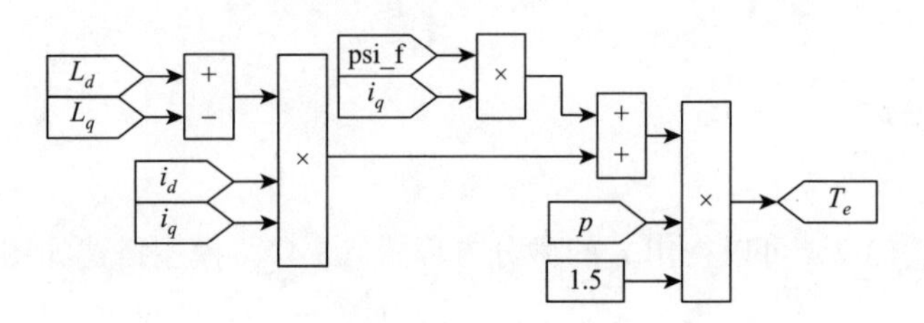

图 3.6　T_e 计算模块

4. ω_r 及角度计算模块

机械转速输出积分为机械角度，模型中需要使用电角度进行坐标变换，所以在角度计算中需要乘以极对数得到电角速度再进行积分，如图 3.7 所示。

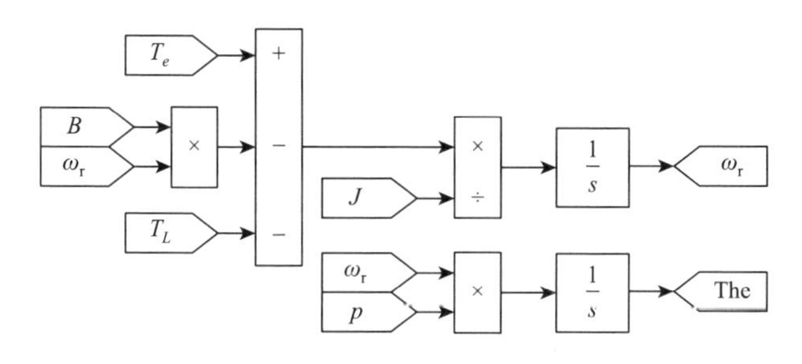

图 3.7　转速及角度计算模块

3.1.3　参数输入

Simulink 中最简单的参数数值定义方法可以使用 constant 等类似模块进行参数的输入，又或者是在模型中直接定义变量至工作区，无论是哪种定义方法，当模型参数发生变化且模型十分复杂时，难免需要从各个模块中找到需要改变的参数进行修改，这样十分不方便也非常容易出现错误。

本书推荐读者使用各类具有实际意义的字母在模块中定义变量，如图 3.8 所示。再在 MATLAB 界面中创建 m 文件，进行各物理量参数的赋值。L_d、L_q 分别

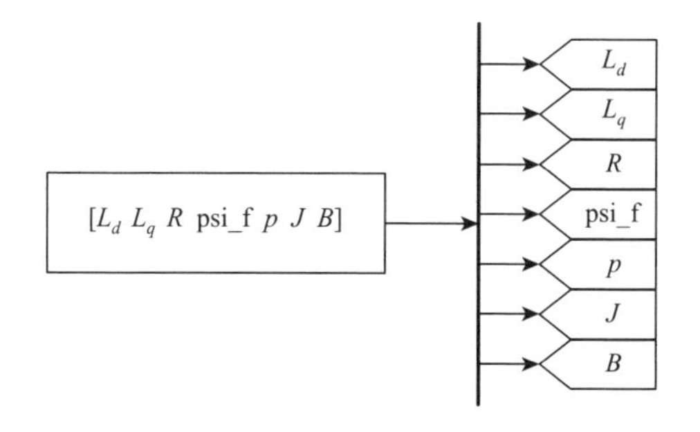

图 3.8　参数输入模块

为 d 轴和 q 轴电感；R 为定子电阻；psi_f 为永磁体磁链；p 为极对数；J 为转动惯量；B 为阻尼黏性系数。

在 MATLAB 环境下创立 m 文件，一个定义变量的举例如下：

```
R=1;
Ld=1;
Lq=1;
psi_f=0;
p=1;
J=1;
B=1;
```

点击运行，这些参数即可被加载到工作区中，在 Simulink 中无需再次定义即可直接使用。如果需要修改参数，直接在 m 文件中重新赋值点击运行即可。

3.1.4 永磁同步电机仿真

永磁同步电机计算部分总结构如图 3.9 所示。永磁同步电机总体结构如图 3.10 所示。

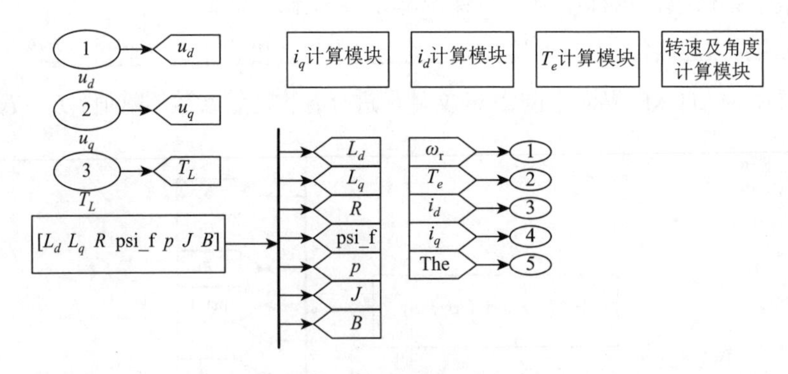

图 3.9 永磁同步电机计算部分总结构图

永磁同步电机三相正弦供电仿真模型如图 3.11 所示。

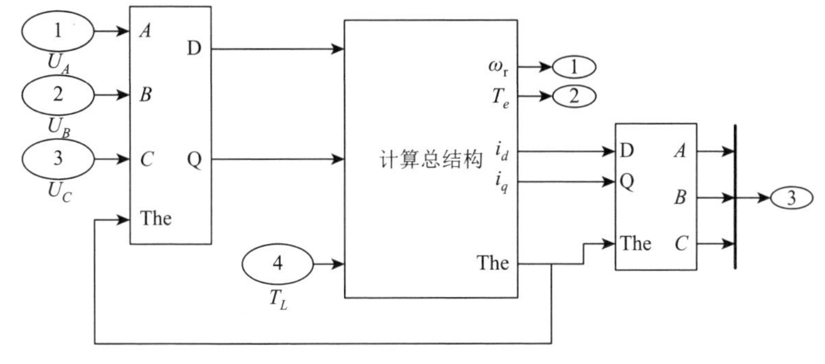

图 3.10 永磁同步电机总体结构图

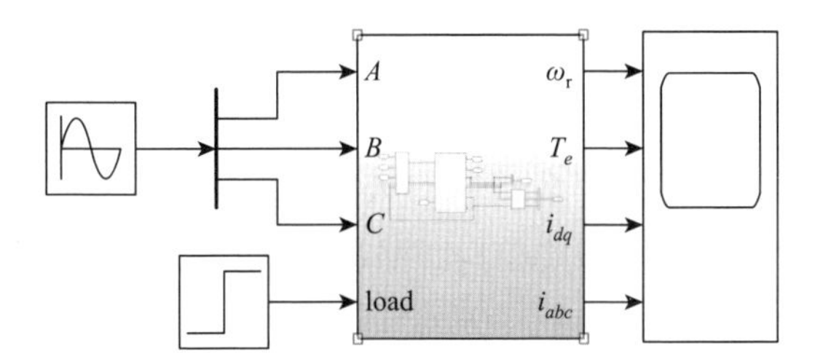

图 3.11 永磁同步电机三相正弦供电仿真模型

三相供电模块为 sine wave function，在 phase 栏中输入[0 –2*pi/3 2*pi/3]即可实现三相互差 120°输出。负载设置为 0.3 s 从 0 阶跃到 10。仿真波形如图 3.12 所示。

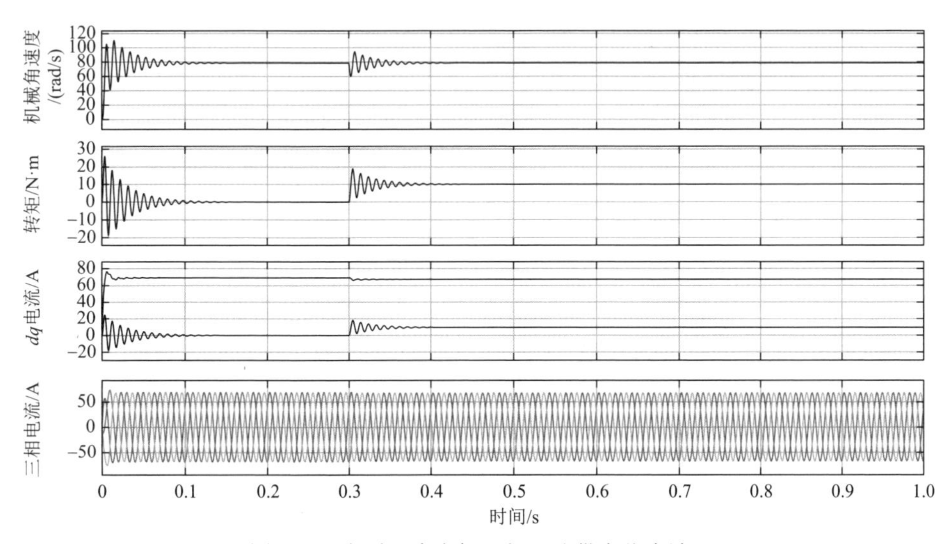

图 3.12 永磁同步电机三相正弦供电仿真波形

图 3.12 中从上至下分别为转速、转矩、dq 轴电流和三相电流的波形。启动后转速在 0.2 s 左右达到稳定，加入负载后转矩稳态值相应变大，q 轴电流也从 0 有一定幅度的增加。

此外对于同步电机的仿真还可以使用 Simulink 中自带的模型 Permanent Magnet Synchronous Machine，参数设置依然推荐使用 m 文件。

3.2 永磁同步电机矢量控制系统建模

如上节所述，一个永磁同步电机的搭建是不困难的，甚至可以使用 MATLAB 自带的模块直接进行使用，那么仿真的关键问题就在于如何考虑各种现实中的约束在仿真中加以实现。传统的各种双闭环仿真均为直接搭建的方法，也就是各个模块的仿真步长都是一致的，或许有些在积分器上考虑了积分步长，但在整体系统上无论是执行速度还是采样环节都设置得过于理想，造成理论控制效果过于优异。本节提出一种新的矢量控制系统建立方法，可解决诸多实际问题。

3.2.1 系统关键问题解决方法

1. 采样时间问题

在实际应用中，矢量控制一般包含了转速环和电流环，数字信号处理（digital signal processing，DSP）通过中断来进行各个环节的计算输出。但由于机械时间常数远大于电气时间常数，转速环并不需要极其快速的指令变化给定，举例说明：当逆变器开关频率为 10 kHz 时，电流环的执行频率为 10 kHz（每次输出都可以进行 SVPWM 调制），转速环执行频率可以取 1 kHz。也就是说根据此刻的转速环输出，电流环每 0.0001 s 就要进行一次输出调节，而根据转速反馈，转速环每 0.001 s 进行一次调节即可。

但是如果直接搭建仿真模型，无论是转速环还是电流环，执行频率一律都以仿真步长为准，且一般使用变步长模式（选择原因将在后续介绍），更加脱离实际，同时现实中不太可能做到1000 kHz（推荐仿真步长）的执行频率，这样仿真就有可能变成了仿伪。针对本问题，就如中断可以定期执行一样，Simulink 中function-call generator 模块可以定周期呼叫子系统执行，操作逻辑如图 3.13 所示。

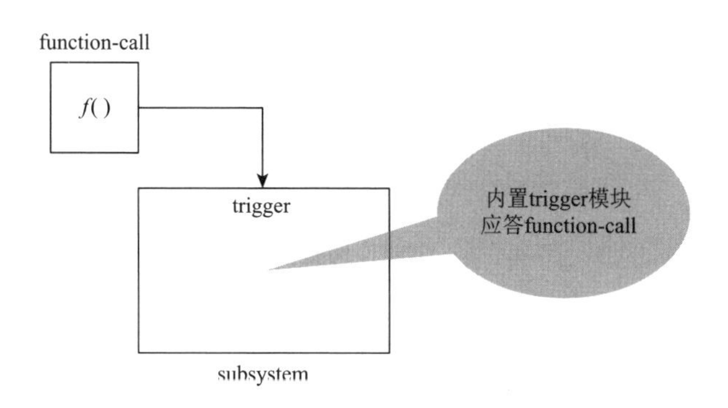

图 3.13　触发模块 Simulink 实现

function-call 和 trigger 的参数设置如图 3.14 所示。

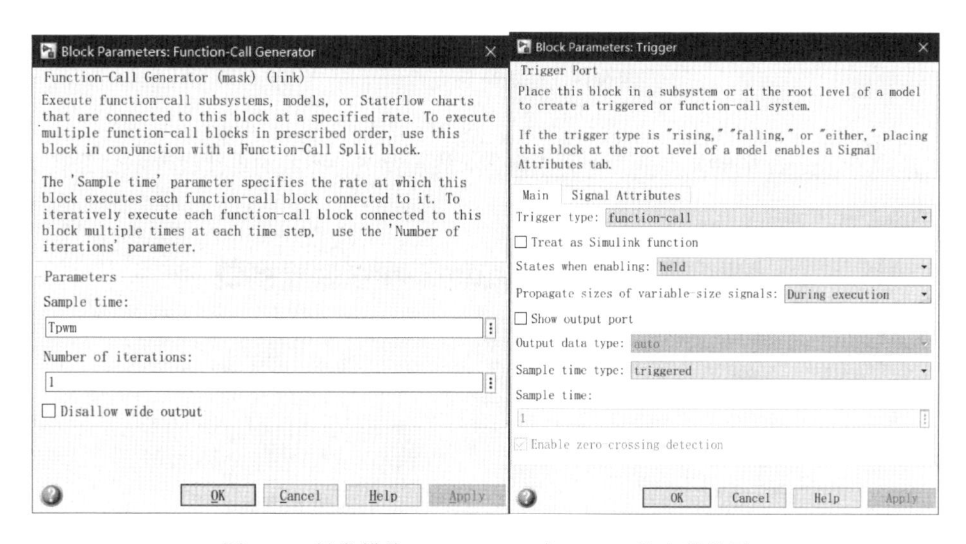

图 3.14　触发模块 function-call 和 trigger 的参数设置

至此已经解决了电流环仿真与实际对应的问题，但是转速环的执行频率为1 kHz，也就是电流环每执行 10 次才会执行 1 次转速环。既然每 0.0001 s 执行 1 次 subsystem 中的模块，可以在其中设置一个模块统计执行次数，再对 10 取余数，余数与 1 进行比较（与 1 比较的好处在于第一次执行电流环之时就会生成一个转速环触发信号）。转速环触发信号模型如图 3.15 所示，逻辑结构如图 3.16 所示。

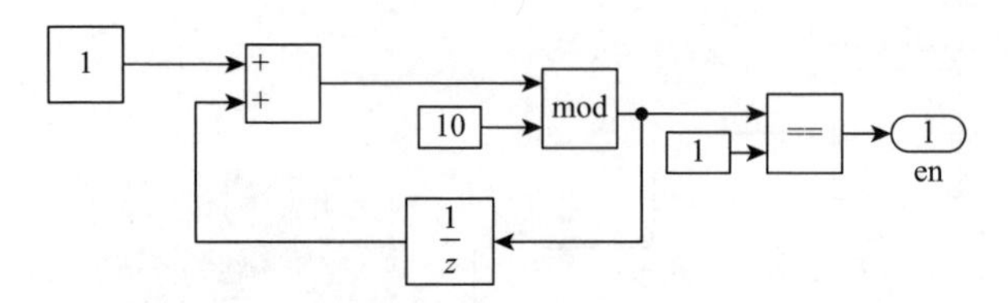

图 3.15　转速环触发信号模型

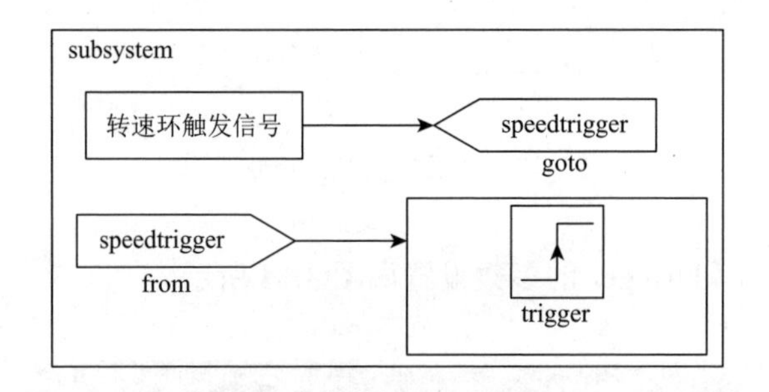

图 3.16　转速环触发逻辑结构

其中 trigger 的触发源变为上升沿触发，故需要进行参数的重新设置，如图 3.17 所示。

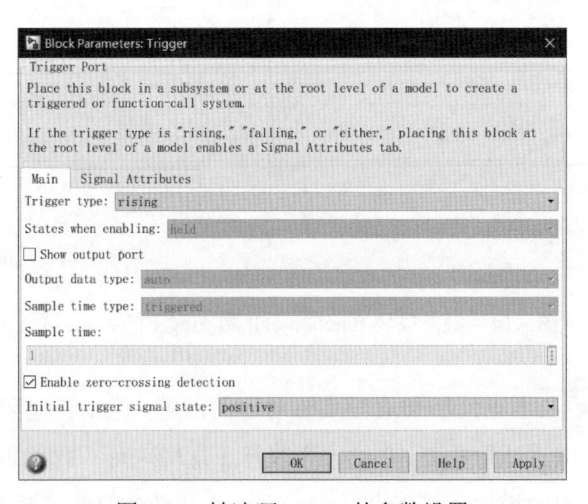

图 3.17　转速环 trigger 的参数设置

2. 求解器选择问题

由于存在逆变器等非线性模块，一般在 Simulink 中选取 ode23tb 求解器，变步长能有效地检测过零点，提升仿真效率，Max step size 为最大的步长，设为 1e-6 时表示每一步求解的时间都会比 1e-6 小，其值越小则仿真越精确，但同时要考虑计算机仿真所需的时间。图 3.18 为仿真求解参数设置。

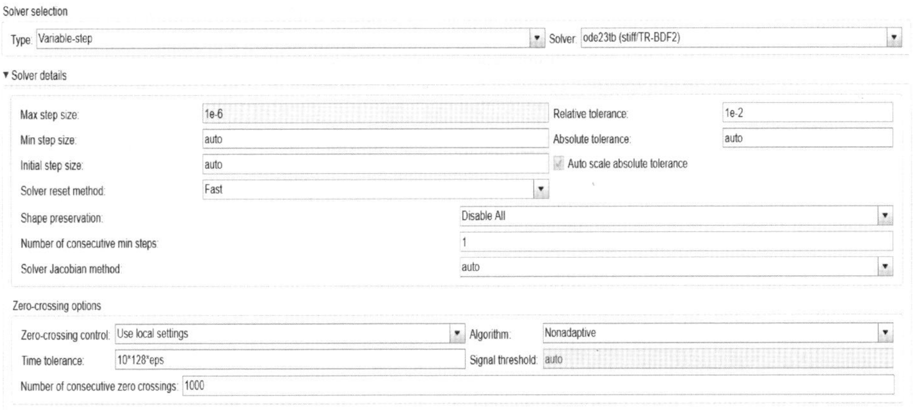

图 3.18　仿真求解参数设置

3.2.2　系统仿真结构

系统仿真结构如图 3.19 所示。其中 PWM_Interrupt 中包含电流环（10 kHz 执行频率）、转速环（1 kHz 执行频率）、采样滤波环节、SVPWM 参考信号生成模块（建议对照第 2 章原理使用 MATLAB function 中 m 语言进行编写，方便移植至 DSP 中）。PWM_Modulation 为 PWM 调制模块，是 T_{cm} 信号与三角波的比较环节，如图 3.20 所示。因为本仿真的步长与转速环、电流环步长均不一致，也可以理解为转速环对于输入数据的需求是每 0.001 s 一次，而仿真得到的电机电流等数据更新速度与仿真步长一致，故需要使用 RateTransition 模块匹配二者速率。在永磁同步电机输出部分 noise 模块的作用为在反馈通道上加入与实际环境相仿的噪声，具体噪声设置见仿真波形部分。故在仿真中需要设置与实际相仿的滤波环节进行各物理量的采样，滤波环节置于 PWM_Interrupt 中。

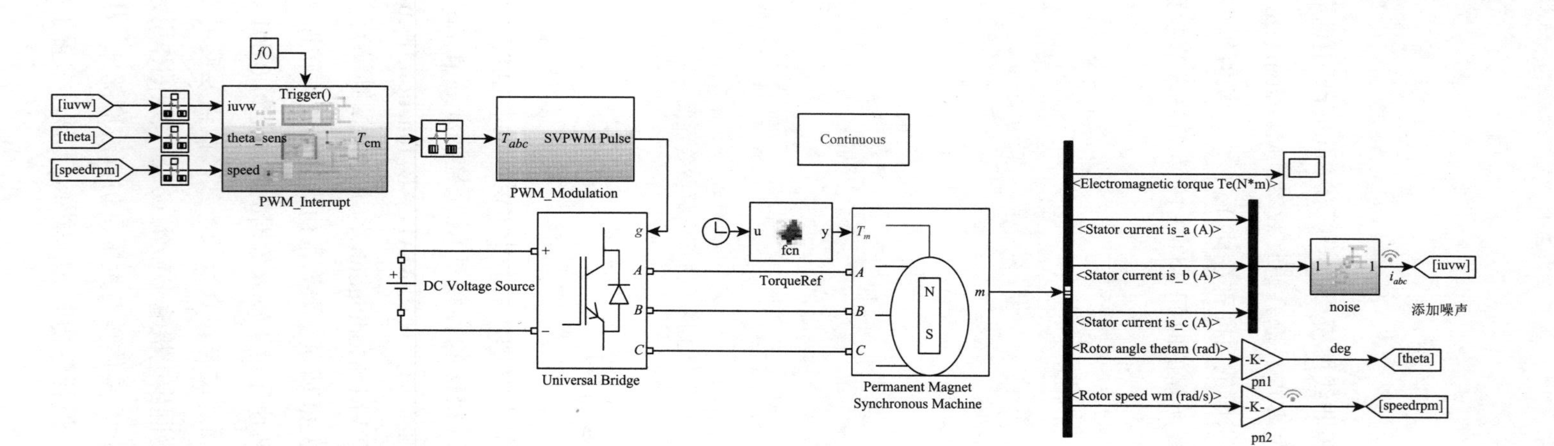

图 3.19　系统仿真结构图

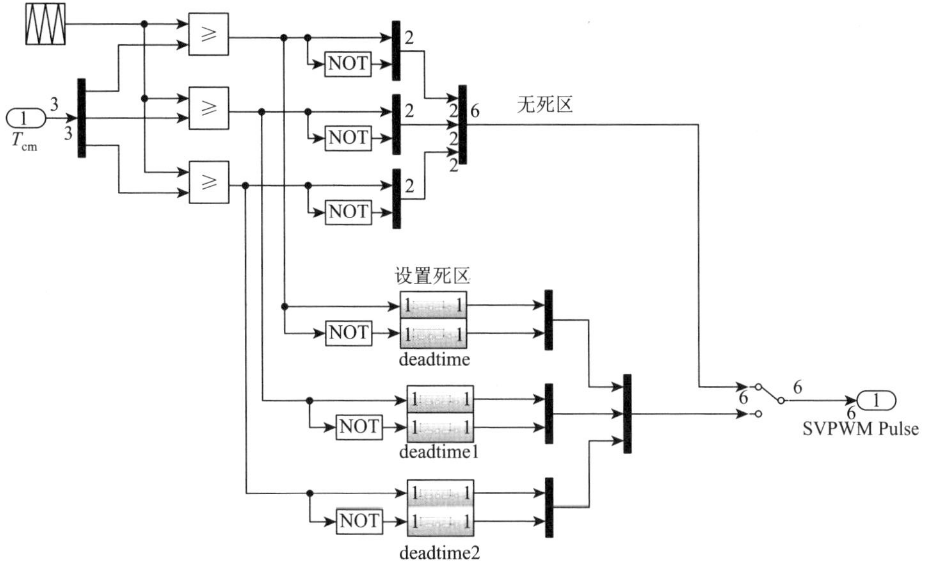

图 3.20　三角波比较环节

SVPWM 代码如下：

```
function[Tcm1,Tcm2,Tcm3]=fcn(Valpha,Vbeta,Udc,Tpwm)
  %变量初始化
  sector=0;
  Tcm1=0;
  Tcm2=0;
  Tcm3=0;
  %sector 计算
  Vref1=Vbeta;
  Vref2=(sqrt(3)*Valpha-Vbeta)/2;
  Vref3=(-sqrt(3)*Valpha-Vbeta)/2;
  if(Vref1>0)
    sector=1;
  end
  if(Vref2>0)
    sector=sector+2;
```

```
end
if(Vref3>0)
  sector=sector+4;
end
%XYZ 计算
X=sqrt(3)*Vbeta*Tpwm/Udc;
Y=(Tpwm/Udc)*((3/2)*Valpha+(sqrt(3)/2)*Vbeta);
Z=(Tpwm/Udc)*(-(3/2)*Valpha+(sqrt(3)/2)*Vbeta);
%T1T2 计算
switch(sector)
  case 1
  T1=Z;T2=Y;
  case 2
  T1=Y;T2=-X;
  case 3
  T1=-Z;T2=X;
  case 4
  T1=-X;T2=Z;
  case 5
  T1=X;T2=-Y;
  otherwise
  T1=-Y;T2=-Z;
end
%过调制处理
if(T1+T2>Tpwm)
  XZJ=T1+T2;
  T1=T1/XZJ;
  T2=T2/XZJ;
else
```

```
  T1=T1;
  T2=T2;
end
%扇区矢量切换点
ta=(Tpwm-(T1+T2))/4;
tb=ta+T1/2;
tc=tb+T2/2;
switch(sector)
  case 1
  Tcm1=tb;
  Tcm2=ta;
  Tcm3=tc;
  case 2
  Tcm1=ta;
  Tcm2=tc;
  Tcm3=tb;
  case 3
  Tcm1=ta;
  Tcm2=tb;
  Tcm3=tc;
  case 4
  Tcm1=tc;
  Tcm2=tb;
  Tcm3=ta;
  case 5
  Tcm1=tc;
  Tcm2=ta;
  Tcm3=tb;
  case 6
```

```
        Tcm1=tb;
        Tcm2=tc;
        Tcm3=ta;
      end
    end
```

在实际电机控制中，考虑到绝缘栅双极型晶体管（insulated gate bipolar transistor，IGBT）等开关管的开通关断时间，需要加入死区以防短路，在仿真中使用 transport delay 模块进行延时，再与原信号相与，即可得到加入死区的触发信号，如图 3.21 所示。

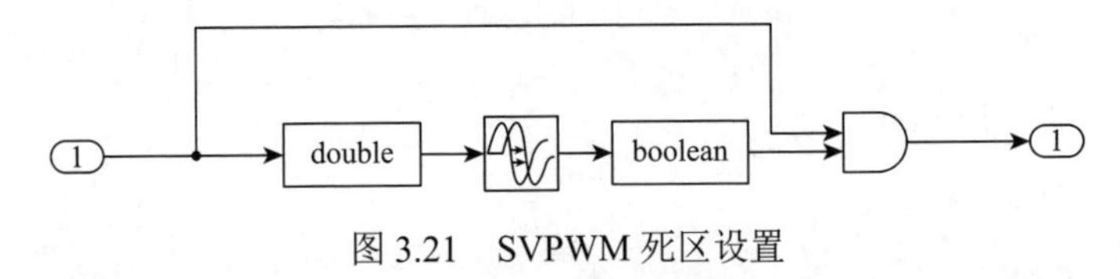

图 3.21　SVPWM 死区设置

其中死区处理时，double 使数据变为双精度，防止因前后数据类型不一致出错，延时过后将其设为逻辑值，适用于 IGBT 的开关信号。

滤波环节设置如图 3.22 所示，由于电流量频率并不低，如果使用低截至频率滤波会造成大量的相移和幅值衰减，而使用高截至频率的滤波器对于诸多噪声抑制能力有限，这也是转矩存在脉动的原因之一。

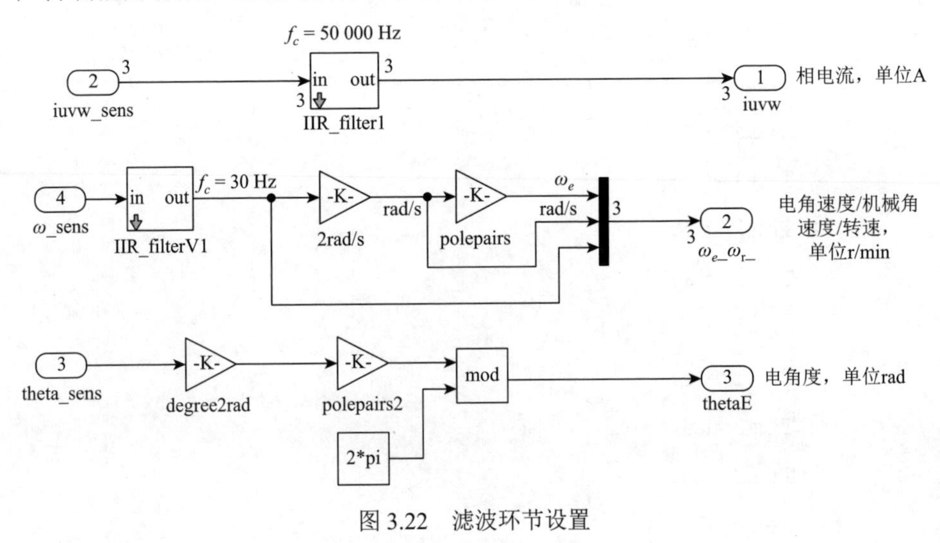

图 3.22　滤波环节设置

3.3 双闭环控制器建模与仿真

3.3.1 转速环的线性自抗扰控制建模

转速环时间常数较大，也就是说响应较慢，传统 PI 给定转速与初始转速相差过大，这往往是造成超调的主要原因，所以在 LADRC 中可以给指令值一个过渡环节让其平缓上升，一般采用如式（3.6）所示的一阶惯性环节：

$$G(s)=\frac{1}{1+\tau s} \tag{3.6}$$

转速环节微分方程如下：

$$\frac{\mathrm{d}\omega_{\mathrm{r}}}{\mathrm{d}t}=\frac{1}{J}(1.5n_p\psi_f i_q-B\omega_{\mathrm{r}}-T_L) \tag{3.7}$$

为了将其化为积分串联系统，可以将其变换为

$$\frac{\mathrm{d}\omega_{\mathrm{r}}}{\mathrm{d}t}=b_0 i_q^*+f_w \tag{3.8}$$

式中：f_w 为内外总扰动，$f_w=\frac{1}{J}(1.5n_p\psi_f i_q-B\omega_{\mathrm{r}}-T_L)-b_0 i_q^*$。令 $x_1=\omega_{\mathrm{r}}$，$x_2=f_w$，$u=i_q^*$，可将式（3.8）化为

$$\begin{cases}\dot{\boldsymbol{x}}=\boldsymbol{A}x+\boldsymbol{B}u+\boldsymbol{E}h\\ \boldsymbol{y}=\boldsymbol{C}x\end{cases} \tag{3.9}$$

式中：$\boldsymbol{A}=\begin{bmatrix}0&1\\0&0\end{bmatrix},\boldsymbol{B}=\begin{bmatrix}b_0\\0\end{bmatrix},\boldsymbol{E}=\begin{bmatrix}0\\1\end{bmatrix},h=\dot{f}_w,\boldsymbol{C}=[1\ 0]$。根据式（3.9）设计 LESO 如下：

$$\begin{cases}\dot{\boldsymbol{z}}=\boldsymbol{A}z+\boldsymbol{B}u+\boldsymbol{L}(y-\hat{y})\\ \hat{\boldsymbol{y}}=\boldsymbol{C}z\end{cases} \tag{3.10}$$

$$\boldsymbol{L}=[\beta_1\ \beta_2]^{\mathrm{T}} \tag{3.11}$$

转速环 LADRC 结构如图 3.23 所示。

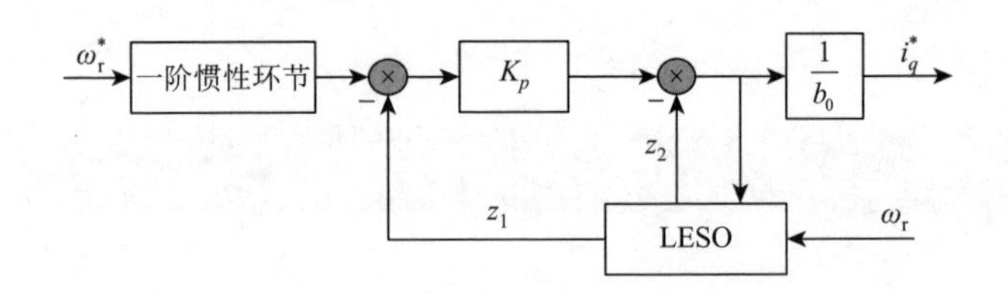

图 3.23 转速环 LADRC 结构图

根据参数调整方法[1]，可得参数推荐取值式如下：

$$\begin{cases}\beta_1 = 2\omega_{ov} \\ \beta_2 = \omega_{ov}\omega_{ov} \\ K_p = \omega_{cv}\end{cases} \tag{3.12}$$

LESO 的带宽越大，总的扰动收敛速度越快。然而，受系统噪声和采样频率的限制一般取 $\omega_{ov} = 5 \sim 10\omega_{cv}$。电流环的设计方法与速度环的设计方法相似。

转速环 LADRC 仿真模型如图 3.24 所示，分为 LESO 和转速环路两部分，其中 LESO 用于估计干扰，补偿于环路之中，将其转变为积分串联的系统。i_{dq} 反馈选择 i_q 的选择模块为 selector。

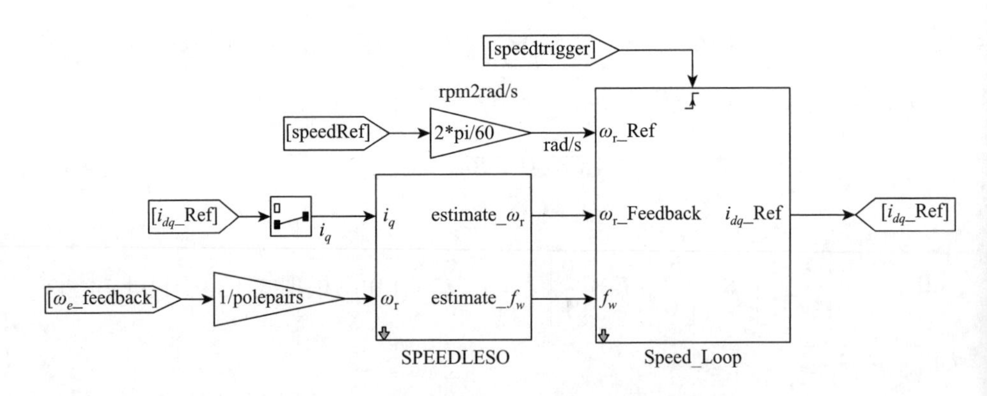

图 3.24 转速环 LADRC 仿真模型结构

LESO 设计结构如图 3.25 所示，由于模块为触发运行，积分模块也要相应设置为离散积分。

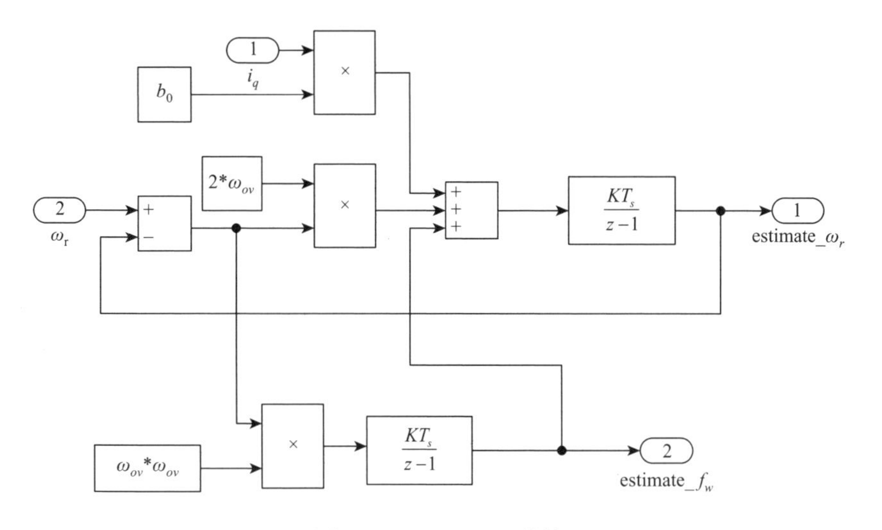

图 3.25　LESO 设计结构

速度环控制回路结构如图 3.26 所示，采用 $i_d = 0$ 控制策略，并在输入端加入了线性的过渡环节。

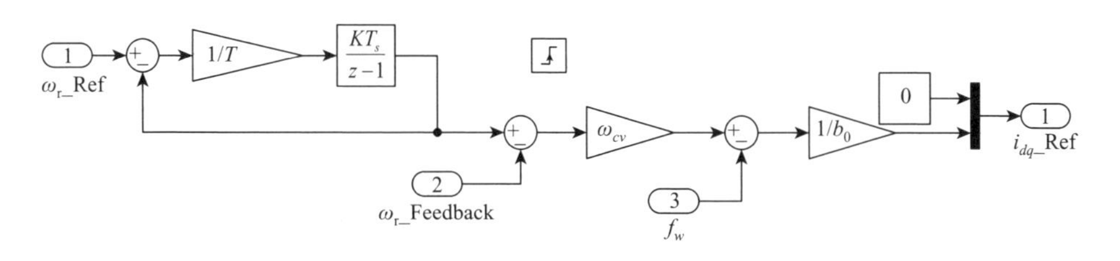

图 3.26　速度环控制回路结构

3.3.2　电流环的线性自抗扰控制建模

电流环作为永磁同步电机的内环，受到的外部干扰较小，主要受到内部参数不确定性的影响，如定子电阻的变化和反电动势模型的变化。将方程变换如下：

$$\frac{\mathrm{d}i_q}{\mathrm{d}t} = -\frac{R}{L_q}i_q - \frac{p_n\psi_f}{L_d}\omega_r + \frac{u_q}{L} = f_{iq} + b_0 u_q \tag{3.13}$$

f_{iq} 是系统总干扰，令 $x_1 = i_q, x_2 = f_{iq}, u = u_q$，可以将其转换为

$$\begin{cases} \dot{\boldsymbol{x}} = \boldsymbol{A}x + \boldsymbol{B}u + \boldsymbol{E}h \\ \boldsymbol{y} = \boldsymbol{C}x \end{cases} \tag{3.14}$$

式中：$\boldsymbol{A} = \begin{bmatrix} 0 & 1 \\ 0 & 0 \end{bmatrix}, \boldsymbol{B} = \begin{bmatrix} b_0 \\ 0 \end{bmatrix}, \boldsymbol{E} = \begin{bmatrix} 0 \\ 1 \end{bmatrix}, h = \dot{f}_{iq}, \boldsymbol{C} = [1\ 0]$。因此可以设计一个 LESO：

$$\begin{cases} \dot{\boldsymbol{z}} = \boldsymbol{A}z + \boldsymbol{B}u + \boldsymbol{L}(y - \hat{y}) \\ \hat{\boldsymbol{y}} = \boldsymbol{C}z \end{cases} \tag{3.15}$$

$$\boldsymbol{L} = [\beta_1\ \beta_2]^{\mathrm{T}} \tag{3.16}$$

电流环 LADRC 结构如图 3.27 所示。

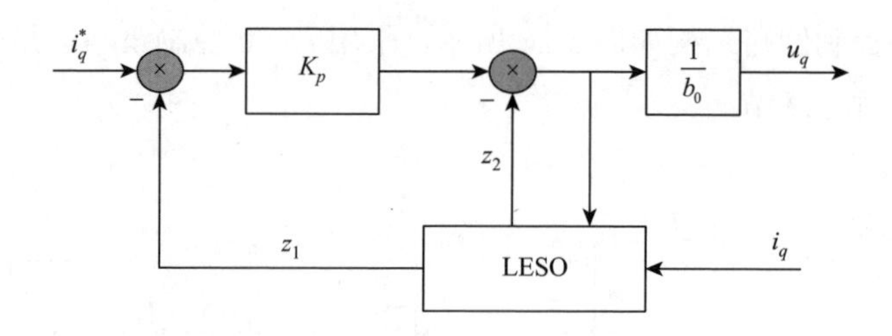

图 3.27　电流环 LADRC 结构图

根据参数调整方法[1]，可得参数推荐取值式如下：

$$\begin{cases} \beta_1 = 2\omega_{ov} \\ \beta_2 = \omega_{ov}\omega_{ov} \\ K_p = \omega_{cv} \end{cases} \tag{3.17}$$

与转速环一致，$\omega_{ov} = 5\sim10\omega_{cv}$。由于电流环响应时间较短，带宽选择可以比转速环大，一般取 5～10 倍于转速环带宽。电流环 LADRC 仿真模型如图 3.28 所示。

LESO 设计结构如图 3.29 所示。

电流环控制回路如图 3.30 所示，由于电流环调节速度很快，不需要过渡环节。

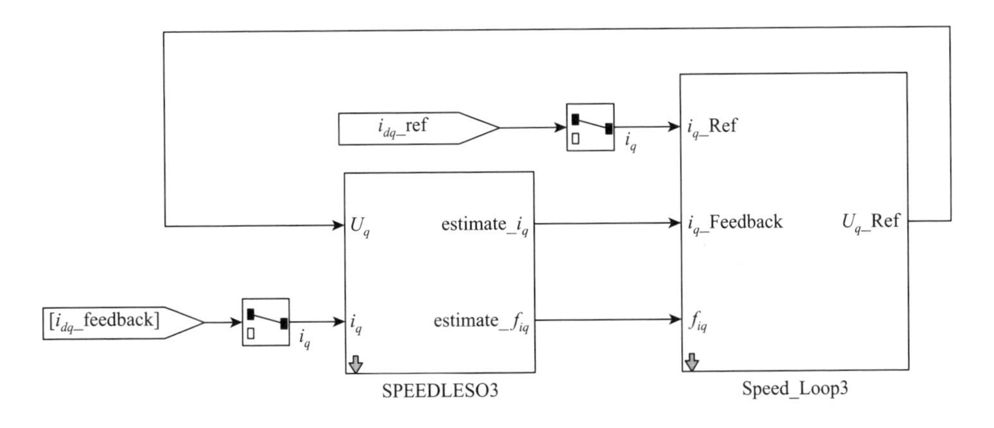

图 3.28　电流环 LADRC 仿真模型结构

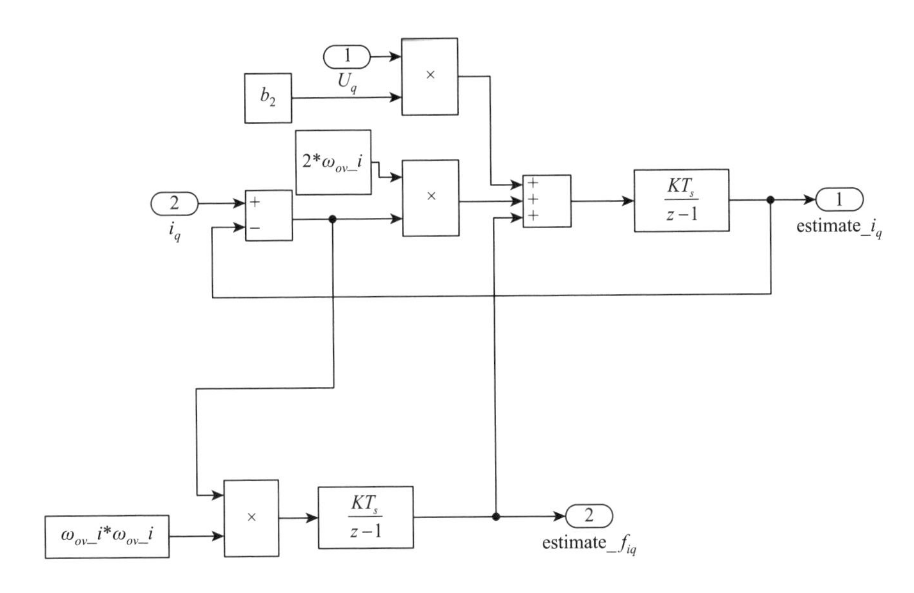

图 3.29　LESO 设计结构

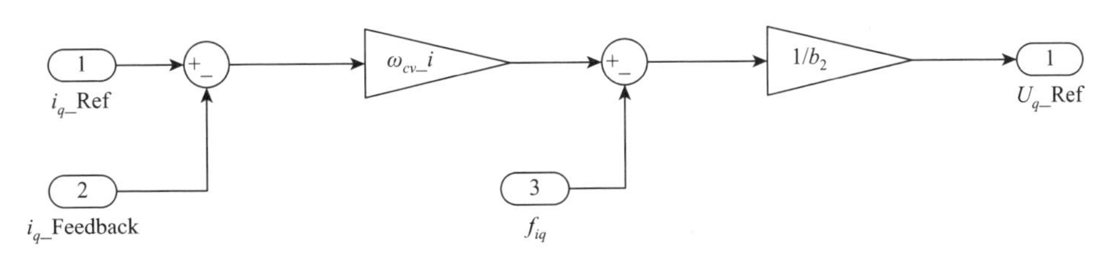

图 3.30　电流环控制回路结构

仿真参数，在m文件中定义如下参数：

```
%定义基本参数
Tpwm=1e-4;          //开关频率为10 kHz
Udc=200;
Rs=1.8;
Ls=10.8e-3;         //隐极电机
polepairs=3;
Flux=0.191;
J=0.0145;
Speedref=1500;      //转速指令

%转速环LADRC参数
Wcv=30;
Wov=5*Wcv;
b0=1.5*polepairs*Flux/J;
%电流环LADRC参数
Wcvi=300;
Wovi=5*Wcvi;
b1=1/Ls;
```

3.3.3 仿真结果

负载设置：

```
function y=fcn(u)
  //初始化
  y=0;
  //0～0.5 s内负载为0
  If(u<0.5)
    y=0;
```

```
    //0.5～0.7 s 内负载为 5 N·m
    elseif(u>0.5)&&(u<0.7)
    y=5;
  else
    y=0;        //0.7 s 后空载
end
```

转速波形如图 3.31 所示，在空载情况下，LADRC 调节输出使转速在 0.3 s 达到 1500 r/min。在 0.5 s 时加入负载，产生速降，转速环调节给定电流以控制转矩增大，电流环响应给定值进行调节最终经过 0.05 s 的时间将转速重新调回到 1500 r/min。转矩波形如图 3.32 所示，转矩输出稳态值与所带负载一致。由于实际中电流反馈通道不可避免有许多噪声，可以加入噪声生成模块，其中图 3.33 为三相电流波形，图 3.34 为加入噪声之后的电流波形，可见加入噪声之后，电流出现实际情况中的毛刺。

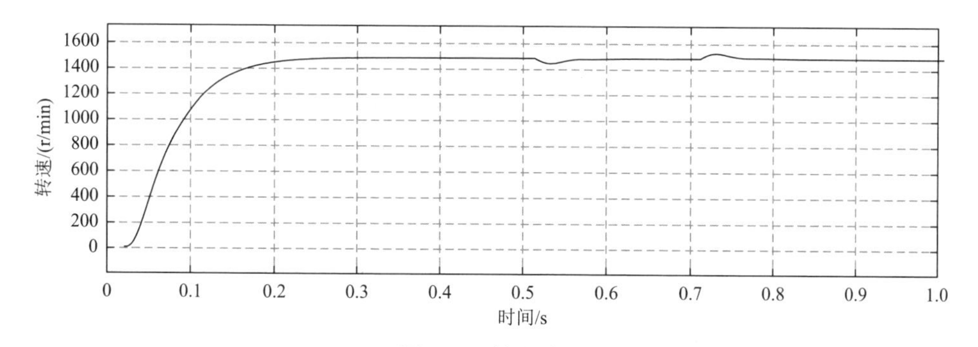

图 3.31　转速波形

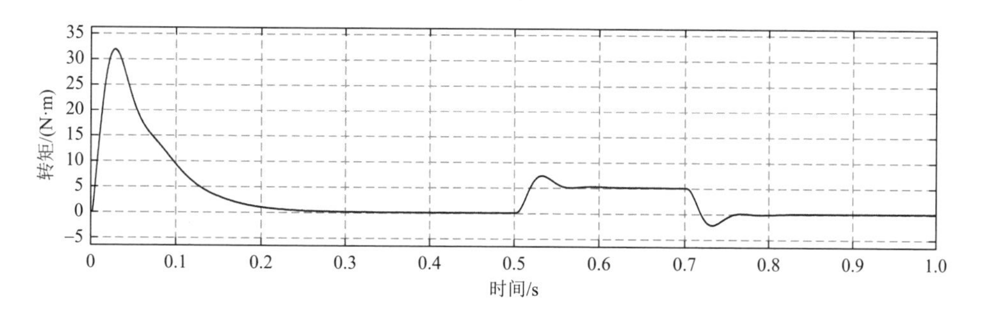

图 3.32　转矩波形

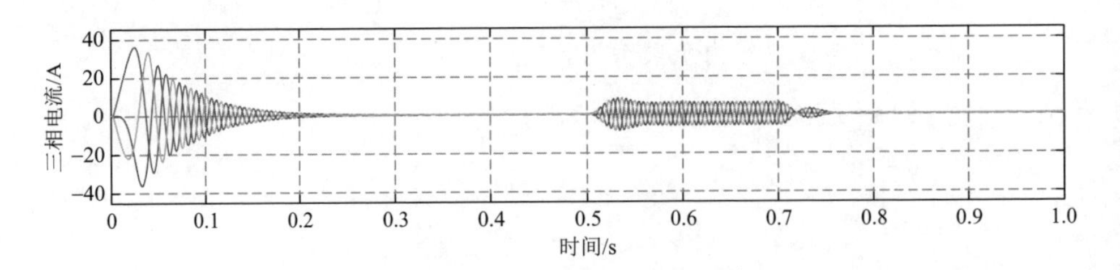

图 3.33　三相电流波形

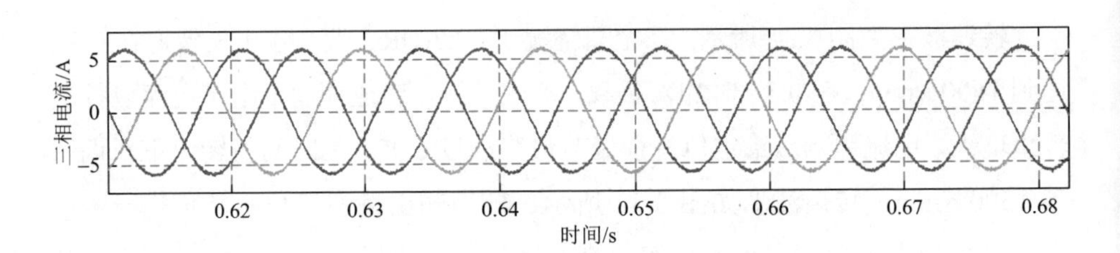

图 3.34　加入噪声的三相电流波形

本书给出一种推荐噪声设置，其生成模型如图 3.35 所示。相应的设置如图 3.36 所示。

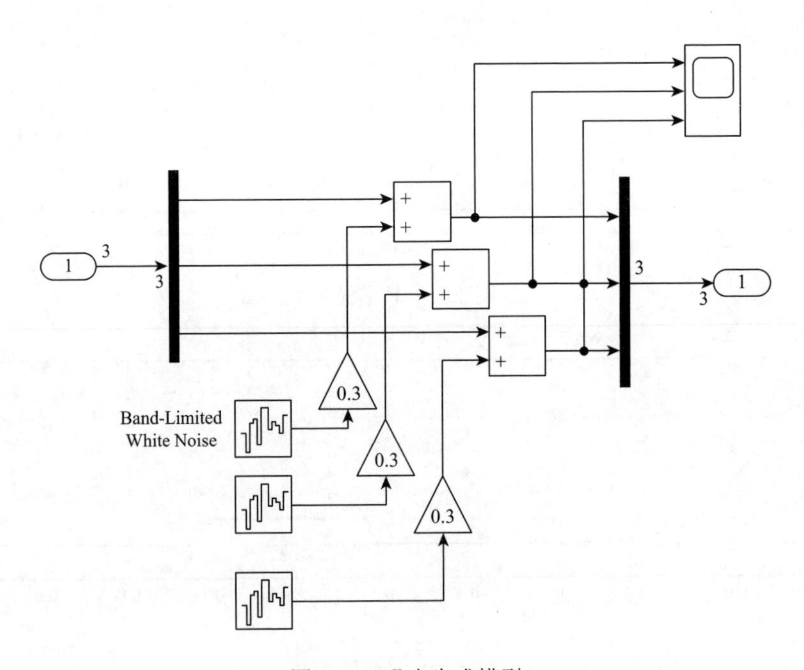

图 3.35　噪声生成模型

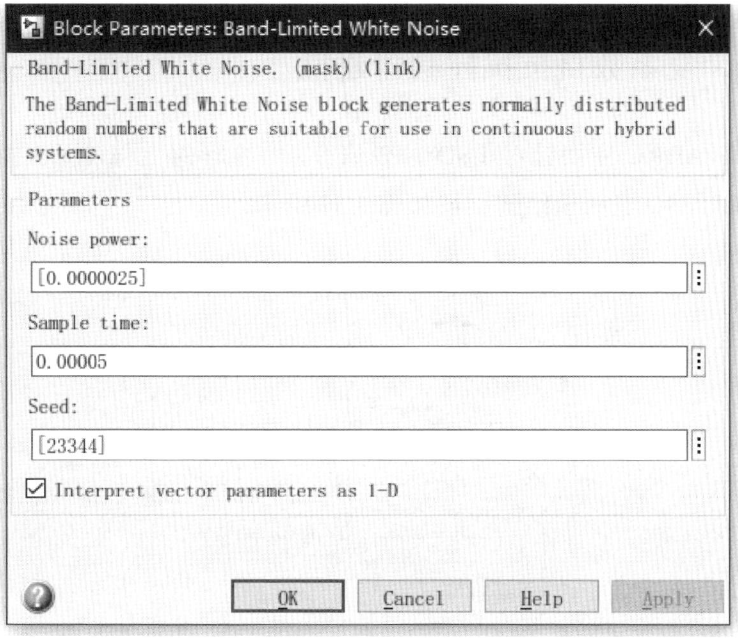

Block Parameters: Band-Limited White Noise

Band-Limited White Noise. (mask) (link)

The Band-Limited White Noise block generates normally distributed random numbers that are suitable for use in continuous or hybrid systems.

Parameters

Noise power:

[0.0000025]

Sample time:

0.00005

Seed:

[23344]

☑ Interpret vector parameters as 1-D

OK　Cancel　Help　Apply

图 3.36　噪声设置

3.4　基于复系数滤波器的自抗扰控制建模与仿真

LADRC 在抗扰性能上展现出比 PI 更优越的性能，但是在实际永磁同步电机工作环境下，干扰的形式多种多样。例如，气隙磁密非正弦、齿槽效应等因素会引起反电势谐波，逆变器非线性特性会导致输出电压存在 5、7 次谐波，采样电路存在一定的直流偏置。最终这些谐波会恶化永磁同步电机的控制效果，甚至导致其失稳。

LADRC 的 ESO 虽然在前面已经证明可以估计干扰并进行补偿，但受限于带宽，ESO 所能估计的干扰只是一部分，还有一些高频干扰在总扰动中占比很大，如逆变器非线性在旋转坐标系中引入的 6 次谐波。本节介绍搭建复系数滤波器（complex coefficient filter，CCF）、自抗扰控制器（CCF-ADRC）进行谐波的抑制。

3.4.1 复系数自抗扰控制器建模

CCF-ADRC 主要针对 ESO 加以修改，在主环路上与前面保持一致。其中 CCF-ESO 复矢量结构框图如图 3.37 所示。

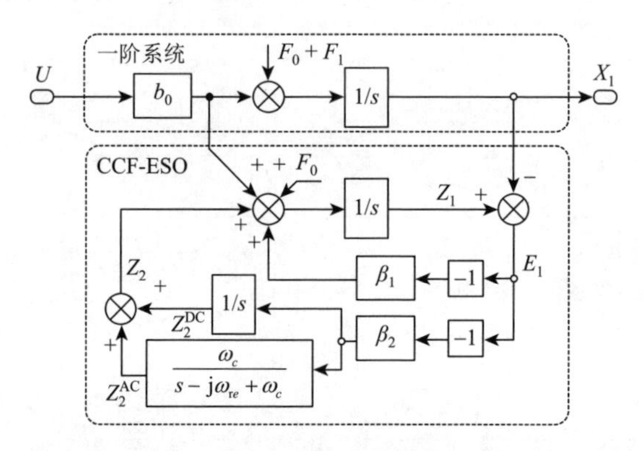

图 3.37 CCF-ESO 复矢量结构框图

将传统自抗扰控制器的 LESO 替换为 CCF-ESO，得到 CCF-ADRC，其结构框图如图 3.38 所示。CCF-ADRC 的控制律设计为

$$U(s)=\frac{k[R(s)-Z_1(s)]+sR(s)-[Z_2(s)+F_0(s)]}{b_0} \tag{3.18}$$

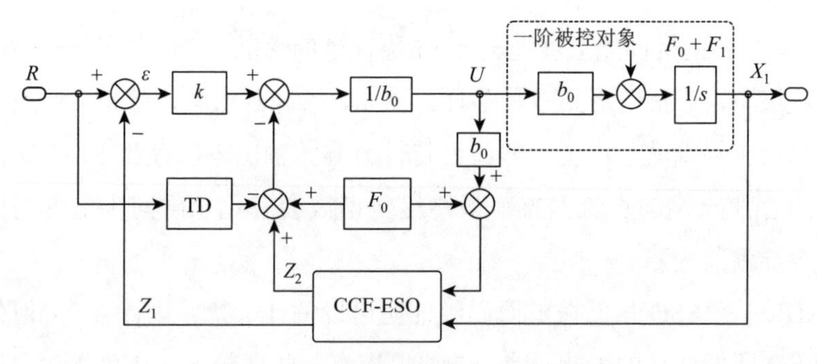

图 3.38 CCF-ADRC 复矢量结构框图

根据 CCF-ESO 的时域表达式（3.17）与（3.18）进行 Simulink 模型的搭建。其中仿真设置：死区时间 5 μs，转速 150 r/min，3 N·m 负载。0.6 s 由 LADRC 切换到 CCFADRC。

$$
\begin{cases}
e_{1d} = z_{1d} - x_{1d} \\
\dot{z}_{1d} = z_{2d} + f_{0d} + b_{0d}u_d - \beta_{1d}e_{1d} \\
z_{2d} = z_{2d}^{\mathrm{DC}} + z_{2d}^{\mathrm{AC}} \\
\dot{z}_{2d}^{\mathrm{DC}} = -\beta_2 e_{1dd} \\
\dot{z}_{2d}^{\mathrm{AC}} = -\omega_c(z_{2d}^{\mathrm{AC}} + \beta_{2d}e_{1d}) - \omega_{\mathrm{re}}z_{2q}^{\mathrm{AC}}
\end{cases}
\tag{3.19}
$$

$$
\begin{cases}
e_{1q} = z_{1q} - x_{1q} \\
\dot{z}_{1q} = z_{2q} + f_{0q} + b_{0q}u_q - \beta_{1q}e_{1q} \\
z_{2q} = z_{2q}^{\mathrm{DC}} + z_{2q}^{\mathrm{AC}} \\
\dot{z}_{2q}^{\mathrm{DC}} = -\beta_{2q}e_{1q} \\
\dot{z}_{2q}^{\mathrm{AC}} = -\omega_c(z_{2q}^{\mathrm{AC}} + \beta_{2q}e_{1q}) + \omega_{\mathrm{re}}z_{2d}^{\mathrm{AC}}
\end{cases}
\tag{3.20}
$$

第一步，选择所需要滤除的谐波频率，模块搭建如图 3.39 所示（本仿真以滤除逆变器非线性引起的 6 次谐波为例）。

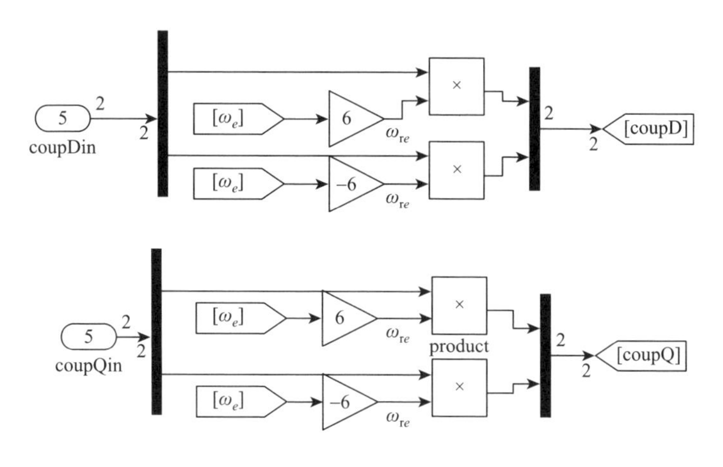

图 3.39　频率选择模块搭建图

第二步，搭建复系数的交叉耦合项，如图 3.40 所示。其中 ω_c 为 CCF 的截止频率，ω_e 为电机的电转速，ω_{re} 为 CCF 的中心频率，对于由逆变器非线性引起的正负 6 次谐波而言，则 ω_{re} 设置为±6。CCF 的输入为 dq 轴状态变量的观测误差，即 e_{1d} 与 e_{1q}，CCF 的输出为 dq 轴交流扰动的观测值，即 $z_{2\mathrm{ac}}$。

第三步，在 3.3 节所介绍的 ESO 模型中加入 CCF 部分，如图 3.41 所示。

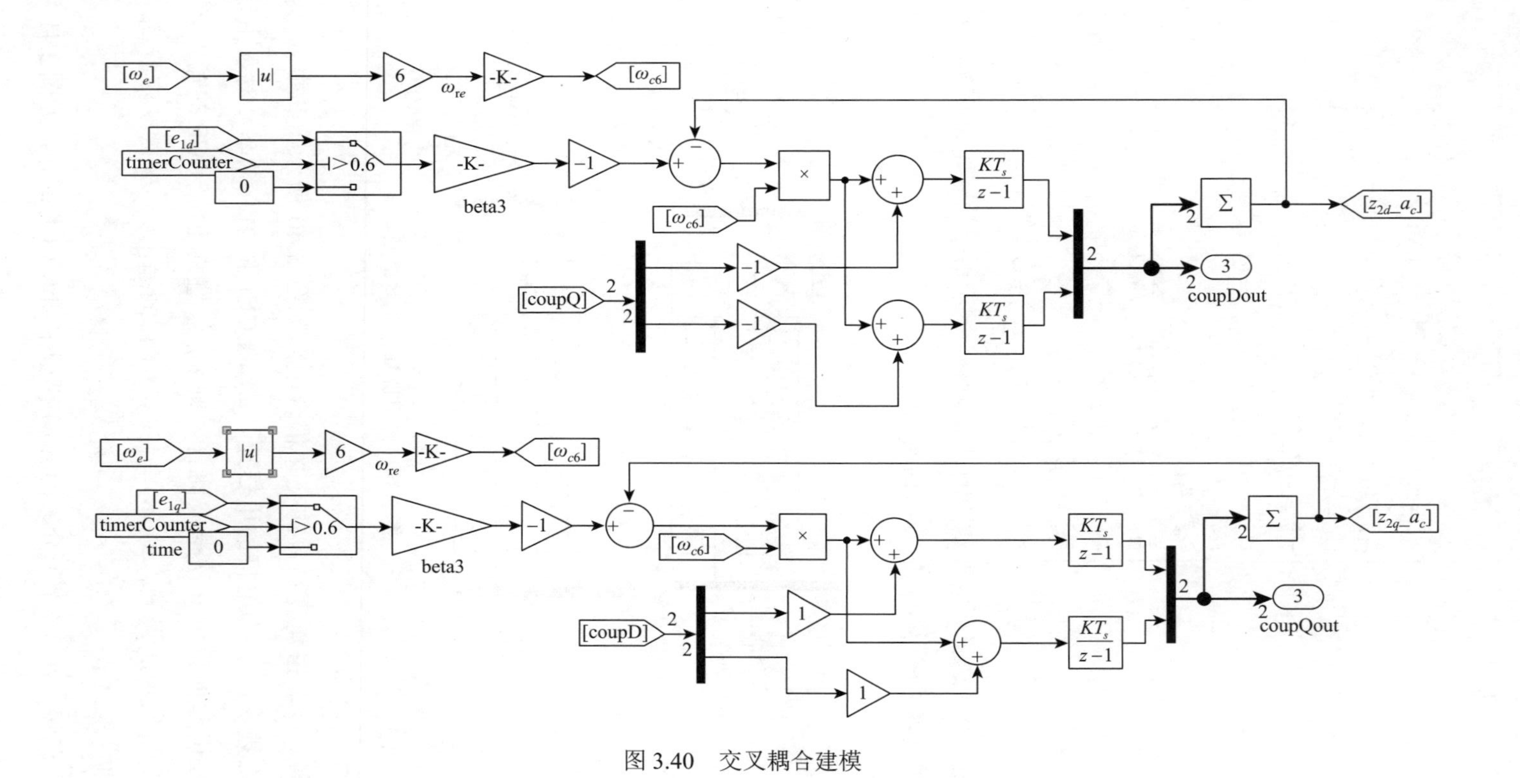

[ωe]
|u|
6
ωre
-K-
[ωc6]
[e1d]
timerCounter
0
>0.6
-K-
beta3
-1
[ωc6]
×
[coupQ]
-1
-1
KTs/(z-1)
KTs/(z-1)
Σ
[z2d_ac]
3
coupDout
[ωe]
|u|
6
ωre
-K-
[ωc6]
[e1q]
timerCounter
time
0
>0.6
-K-
beta3
-1
[ωc6]
×
[coupD]
1
1
KTs/(z-1)
KTs/(z-1)
Σ
[z2q_ac]
3
coupQout

图 3.40　交叉耦合建模

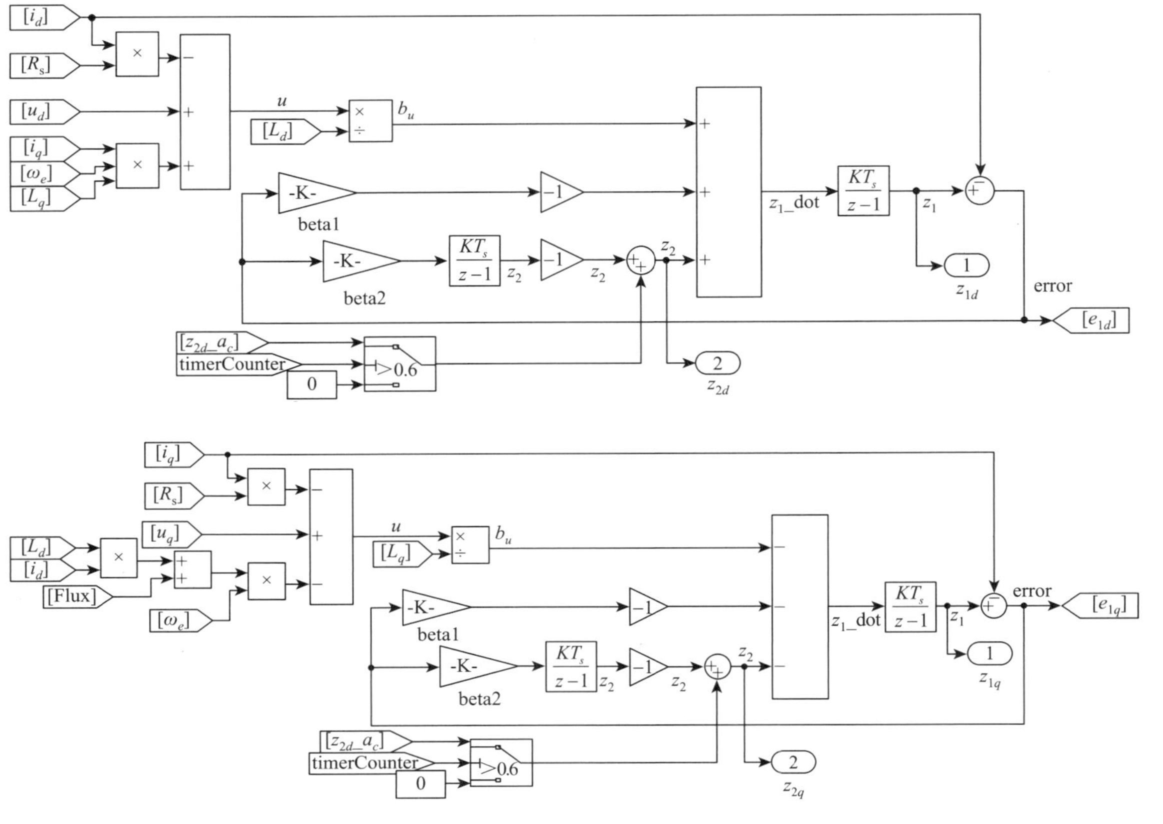

图 3.41　CCF-ESO 建模

3.4.2 仿真结果

仿真波形如图 3.42～图 3.45 所示。

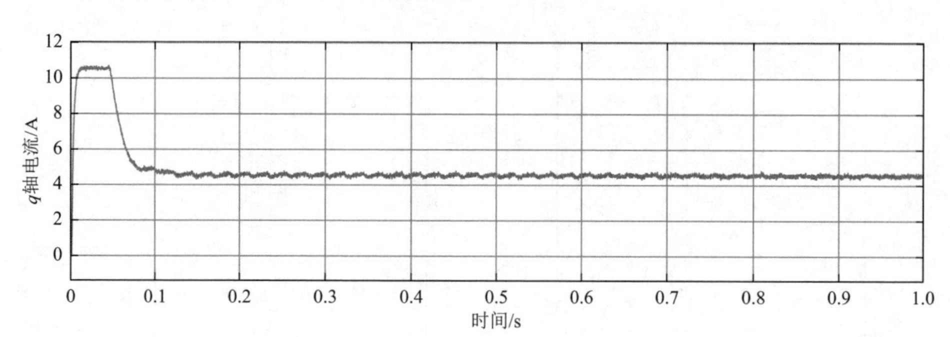

图 3.42 i_q 波形

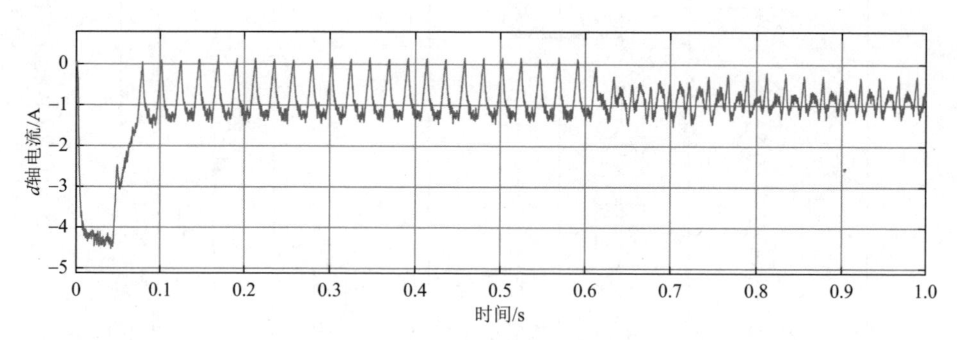

图 3.43 i_d 波形

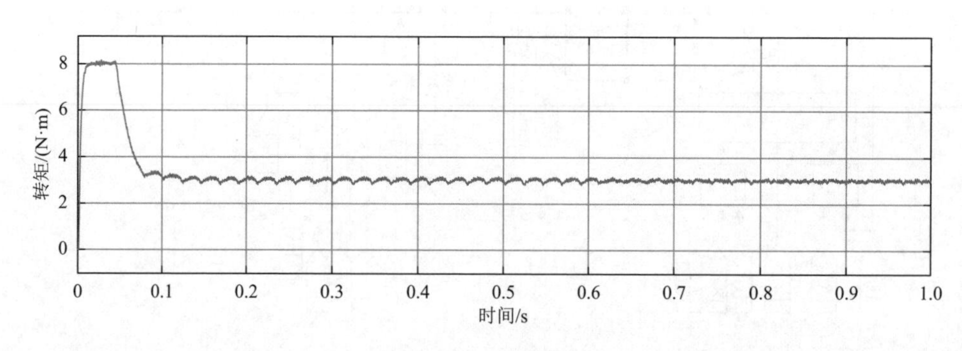

图 3.44 T_e 波形

图 3.42 和图 3.43 分别为 i_q 与 i_d 的波形，经过 Fourier 分析可得在加入 CCF

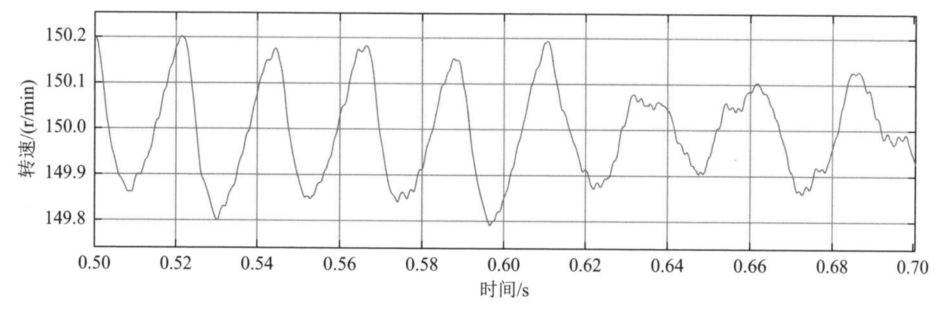

图 3.45 转速波形

之前 i_q 与 i_d 分别占直流量比例为 1.44%和 60.5%，在加入 CCF 后比例分别下降到0.51%和 14%。转矩输出 6 次脉动量也从 2.9%下降到 0.38%。转速波形中 6 次谐波从 0.116%下降到 0.018%。

由此可见，在如今高精度控制的强烈需求下，CCF 能够胜任消除谐波的功能，并且其不仅保留了普通 ESO 消除低频谐波的优点，而且在高频谐波消除的选择上更为灵活，效果显著。

参 考 文 献

[1] GAO Z Q. Scaling and bandwidth-paramet-erization based controller-tuning[C]//Proceeding of the 2003 American Control Conference，Denver，2003，4989-4996.

第 4 章

自抗扰控制器的参数鲁棒性改进

本章在分析传统ADRC抗谐波扰动能力不足的基础上，引入CCF对ESO结构进行改进，提升谐波扰动观测精度，进而增强ADRC的抗谐波扰动性能。然而，前几章讨论的ADRC设计过程均用到了电机的模型参数，这意味着该方法存在参数依赖性。实际应用中，电机的机械参数通常与驳接负载的类型有关，而参数又随温度、磁路饱和程度而变化，这无疑为控制系统带来了更高的挑战。

事实上，ADRC在设计之初本是一种对模型参数依赖较低的控制算法，因为模型参数不准确，作为系统的一种内部扰动，会被纳入集中扰动并被ESO观测。然而，实际应用中，为降低ESO的负担，提高收敛速度，通常会将系统的已知扰动从集中扰动中分离，以保证ESO只对未知扰动进行观测。精确的模型参数是准确计算已知扰动的前提，若参数存在偏差，其偏差部分将被归类为未知扰动，造成ESO观测负担变大，ADRC性能下降。此外，若模型参数存在大幅偏差，系统可能会出现振荡乃至失稳。

因此，为提高ADRC的参数鲁棒性，保障系统综合性能，有必要对电机参数进行辨识和更新。当前主流思路是将各类电机参数辨识方法作为辅助环节和ADRC并行结合，结构复杂，冗余度高。事实上，ESO作为一种扰动观测工具，天然具备对不确定的模型参数进行估计的潜力。若能发掘ESO的优势，利用其结构特性来设计参数辨识方程，则可一举摒弃对外部参数辨识环节的依赖，实现参数估计与ADRC深度融合，显著降低系统冗余度。为此，本章提出对电机参数自适应的永磁同步电机ADRC设计方法，通过重构转速环和电流环ESO模型，借助已知信息推导参数的辨识方程，实现对电机参数的在线辨识和更新，进而提升系统综合性能。

4.1 模型参数不准确对自抗扰控制系统的影响

本节以第 2 章 LADRC 为对象开展进一步研究。考虑到转速环 ADRC 和电流环 ADRC 除阶数不同外，结构无本质区别，所以本节以二者中阶数较高的转速环 ADRC 为例，分析机械参数不准确对转速环 ADRC 性能的影响。

4.1.1 特性增益不准确对自抗扰控制系统的影响

电机运动方程为

$$\begin{cases}\dot{\theta}_{\mathrm{r}}=\omega_{\mathrm{r}}\\ \dot{\omega}_{\mathrm{r}}=f_{0n}+f_{1n}+b_nT_e^*\end{cases}\tag{4.1}$$

转速环 ESO 为

$$\begin{cases}e_{1n}=z_{1n}-\theta_{\mathrm{r}}\\ \dot{z}_{1n}=z_{2n}-\beta_{1n}e_{1n}\\ \dot{z}_{2n}=z_{3n}+\hat{f}_{0n}+\hat{b}_nT_e^*-\beta_{2n}e_{1n}\\ \dot{z}_{3n}=-\beta_{3n}e_{1n}\end{cases}\tag{4.2}$$

转速环 SEF 为

$$T_e^*=[k_n(\omega_{\mathrm{r}}^*-z_{2n})+\alpha_{\mathrm{r}}^*-(z_{3n}+\hat{f}_{0n})]/\hat{b}_n\tag{4.3}$$

式中：b_n 为特性增益的实际值，$b_n=1/J$；$\hat{b}_n$ 为特性增益的估计值，$\hat{b}_n=1/\hat{J}$；α_{r}^* 为 ω_{r}^* 的微分。将式（4.2）转换到频域，得 ESO 传递函数为

$$\begin{cases}Z_1(s)=\dfrac{(\beta_{1n}s^2+\beta_{2n}s+\beta_{3n})\theta_{\mathrm{r}}(s)}{\lambda(s)}+\dfrac{s\hat{b}_nT_e^*(s)}{\lambda(s)}+\dfrac{s\hat{F}_{0n}(s)}{\lambda(s)}\\ Z_2(s)=\dfrac{s(\beta_{2n}s+\beta_{3n})\theta_{\mathrm{r}}(s)}{\lambda(s)}+\dfrac{s\hat{b}_n(s+\beta_{1n})T_e^*(s)}{\lambda(s)}+\dfrac{s(s+\beta_{1n})\hat{F}_{0n}(s)}{\lambda(s)}\\ Z_3(s)=\dfrac{\beta_{3n}s^2\theta_{\mathrm{r}}(s)}{\lambda(s)}-\dfrac{\hat{b}_n\beta_{3n}T_e^*(s)}{\lambda(s)}-\dfrac{\beta_{3n}\hat{F}_{0n}(s)}{\lambda(s)}\end{cases}\tag{4.4}$$

式中：$\lambda(s)$ 为特征多项式，$\lambda(s)=s^3+\beta_{1n}s^2+\beta_{2n}s+\beta_{3n}$。进一步，将式（4.3）转换到频域，联合式（4.4），推得

$$\hat{b}_n T_e^*(s)=\frac{(s+k_n)\lambda(s)}{sG_1(s)}\omega_{\mathrm{r}}^*(s)-\frac{G_2(s)}{sG_1(s)}\omega_{\mathrm{r}}(s)-\hat{F}_{0n}(s) \tag{4.5}$$

式中：$G_1(s)=s^2+(\beta_{1n}+k_n)s+(\beta_{1n}k_n+\beta_{2n})$；$G_2(s)=(\beta_{2n}k_n+\beta_{3n})s+\beta_{3n}k_n$。

另外，将式（4.1）转换到频域，得

$$T_e^*(s)=\frac{s\omega_{\mathrm{r}}(s)-F_{0n}-F_{1n}}{b_n} \tag{4.6}$$

将式（4.6）代入式（4.5），得

$$\frac{\hat{b}_n}{b_n}[s\omega_{\mathrm{r}}(s)-F_{0n}-F_{1n}]=\frac{(s+k_n)\lambda(s)}{sG_1(s)}\omega_{\mathrm{r}}^*(s)-\frac{G_2(s)}{sG_1(s)}\omega_{\mathrm{r}}(s)-\hat{F}_{0n}(s) \tag{4.7}$$

定义特性增益比为 $r_b=\hat{b}_n/b_n$，将式（4.7）整理如下：

$$\omega_{\mathrm{r}}(s)=\frac{(s+k_n)\lambda(s)}{R(s)}\omega_{\mathrm{r}}^*(s)+\frac{r_b sG_1(s)}{R(s)}F_{1n}(s)+\frac{sG_1(s)}{R(s)}[r_bF_{0n}(s)-\hat{F}_{0n}(s)] \tag{4.8}$$

式中：$R(s)$ 为闭环控制系统的特征多项式，有

$$R(s)=r_bs^4+(\beta_{1n}r_b+k_nr_b)s^3+(\beta_{2n}r_b+\beta_{1n}k_nr_b)s^2+(\beta_{2n}k_n+\beta_{3n})s+\beta_{3n}k_n \tag{4.9}$$

观察式（4.8）可知，特性增益不准确（即 $r_b\neq1$）会影响 ADRC 的闭环性能，该影响是全方位的，即对闭环稳定性、跟踪性能、抗扰性能均会造成不同程度的影响。下面将对该影响进行详细探讨。

1. r_b 对闭环稳定性的影响

为研究 r_b 对闭环稳定性的影响，可采用广义根轨迹法，令 r_b 为广义根轨迹的参变量。具体步骤为：首先构造一个新系统，其特征多项式与原系统相同，且新系统的开环增益恰好为 r_b；然后，通过分析新系统开环传递函数的零极点分布来研究闭环特征根的分布，从而探究系统稳定性。

观察式（4.9），对等式左右同除以 $(\beta_3+\beta_2k_n)s+\beta_3k_n$，分离 r_b，得

$$\frac{R(s)}{(\beta_{3n}+\beta_{2n}k_n)s+\beta_{3n}k_n}=1+r_b\frac{s^2[s^2+(\beta_{1n}+k_n)s+(\beta_{2n}+\beta_{1n}k_n)]}{(\beta_{3n}+\beta_{2n}k_n)s+\beta_{3n}k_n} \tag{4.10}$$

则新系统的开环传递函数为

$$G_0(s)=\frac{r_b s^2[s^2+(\beta_{1n}+k_n)s+(\beta_{2n}+\beta_{1n}k_n)]}{(\beta_{2n}k_n+\beta_{3n})s+\beta_{3n}k_n}=\frac{r_b s^2 G_1(s)}{G_2(s)} \tag{4.11}$$

为绘制闭环根轨迹，不妨取 ESO 带宽为 $\omega_0=400$（$\beta_{1n}=3\omega_0$，$\beta_{2n}=3\omega_0^2$，$\beta_{3n}=\omega_0^3$），SEF 的比例增益为 $k_n=50$。以 r_b 为参变量的系统根轨迹如图 4.1 所示。开环传递函数 $G_0(s)$ 的零极点，以及根轨迹的分离点和虚轴交点已在图 4.1 中标注。

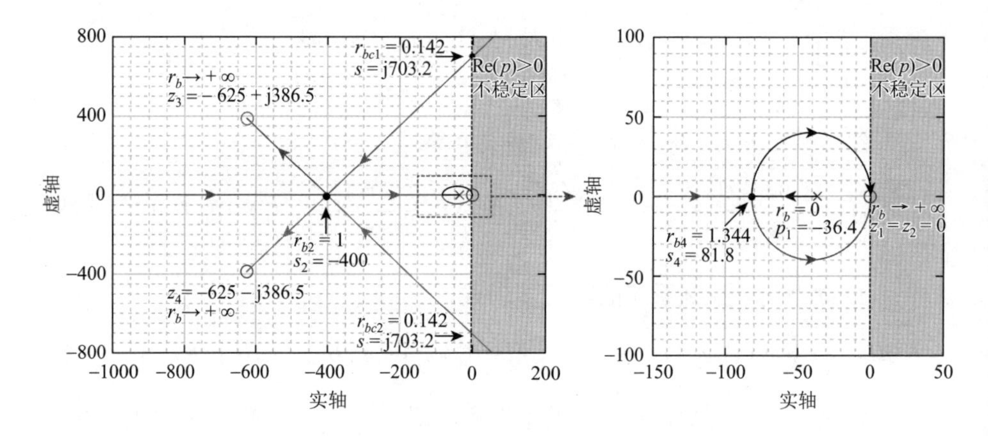

图 4.1　以 r_b 为参变量的系统根轨迹

可见，当 $r_b<0.142$ 时，闭环系统的一对共轭复极点将落在复平面右侧，导致系统发散失稳；而当 r_b 趋于正无穷时，同样会有一对共轭复极点无限接近虚轴，威胁系统稳定性。因此，无论 r_b 过大还是过小，均会导致闭环稳定性变差。另外，若闭环极点离实轴太远，则会加剧系统振荡和超调，降低动态性能。下面将对 r_b 进行更详细的定量探讨。

首先，计算根轨迹分离点的解析表达式。令

$$\frac{\mathrm{d}G_0(s)}{\mathrm{d}s}=0 \tag{4.12}$$

解得根轨迹分离点横坐标及对应的 r_b 分别为

$$
\begin{cases}
[s_1\ \ s_2\ \ s_3\ \ s_4]=\left[0\ -\omega_0\ -\omega_0\ -\dfrac{2k_n(k_n+\omega_0)}{3k_n+\omega_0}\right] \\
[r_{b1}\ \ r_{b2}\ \ r_{b3}\ \ r_{b4}]=\left[\infty\ 1\ 1\ \dfrac{\omega_0^2(\omega_0+3k_n)^4}{4k_n(\omega_0+k_n)^3(3\omega_0^2+6k_n\omega_0-k_n^2)}\right]
\end{cases}
\tag{4.13}
$$

其次，根据

$$
\mathrm{Re}[1+G_0(\mathrm{j}\omega)]=0,\quad \mathrm{Im}[1+G_0(\mathrm{j}\omega)]=0 \tag{4.14}
$$

解得根轨迹与虚轴的交点及对应的 r_b 分别为

$$
\begin{cases}
\omega_1=\omega_2=\pm\sqrt{\dfrac{\omega_0(3\omega_0^2+9k_n\omega_0+8k_n^2)}{\omega_0+3k_n}} \\
r_{bc1}=r_{bc2}=\dfrac{\omega_0(\omega_0+3k_n)^2}{(3\omega_0+k_n)(3\omega_0^2+9k_n\omega_0+8k_n^2)}
\end{cases}
\tag{4.15}
$$

容易证明，$r_{bc1}=r_{bc2}\in(0,1)$，$r_{b4}\in(1,+\infty)$。结合图 4.1 以及式(4.13)、式(4.15)，r_b 对系统的影响总结如下。

（1）当 $r_b\in(0,r_{bc1})$ 时，系统的一对共轭复极点落在复平面右侧，系统失稳；

（2）当 $r_b\in(r_{bc1},1)$ 时，系统存在一对共轭复极点和一个离虚轴较近的主导实极点，且 r_b 越接近 r_{bc1}，共轭复极点实部越小，虚部越大，系统阶跃响应的高频成分越多，超调量也越大；

（3）当 $r_b\in[1,r_{b4}]$ 时，系统全部极点均落在左半实轴，过阻尼，阶跃响应无超调；

（4）当 $r_b\in(r_{b4},+\infty)$ 时，系统存在两对共轭复极点，且其中一对靠近原点，系统阶跃响应存在超调，但振荡频率和幅值一般小于当 $r_b\in(r_{bc1},1)$ 的情形。

根据上述结论不难发现，相比 $\hat{b}_n$ 偏大（即转动惯量 $\hat{J}$ 偏小）的情形，$\hat{b}_n$ 偏小（即转动惯量 $\hat{J}$ 偏大）更容易威胁系统的稳定性。例如，图 4.1 中，当 $r_b=0.142$，即 $J=7\hat{J}$ 时，系统已经面临失稳，伴随高频大幅度振荡，超调量约 99.7%；而当 $r_b=7$，即 $J=\hat{J}/7$ 时，系统的一对主导复极点为 $p_{1,2}=-11\pm \mathrm{j}27.7$，对应超调量约 28%，此时系统仍具备一定的稳定性。事实上，当 $r_b=20$，超调量仍不会超过 50%，但此时主导极点已接近虚轴（$p_{1,2}=-3.8\pm \mathrm{j}17$），调节时间大幅增加。因此，过大的 r_b 仍会降低系统性能。

2. r_b 对跟踪性能的影响

根据式（4.8），得到实际转速跟踪指令转速的传递函数 $G_{\omega}(s)$ 为

$$G_{\omega}(s)=\frac{\omega_{\mathrm{r}}(s)}{\omega_{\mathrm{r}}^{*}(s)}=\frac{(s+k_n)\lambda(s)}{R(s)} \tag{4.16}$$

式（4.16）仍取 $\omega_0=400$，$k_n=50$，绘制不同 r_b（0.1～10）下 $G_{\omega}(s)$ 的频率特性曲线簇，如图 4.2 所示。

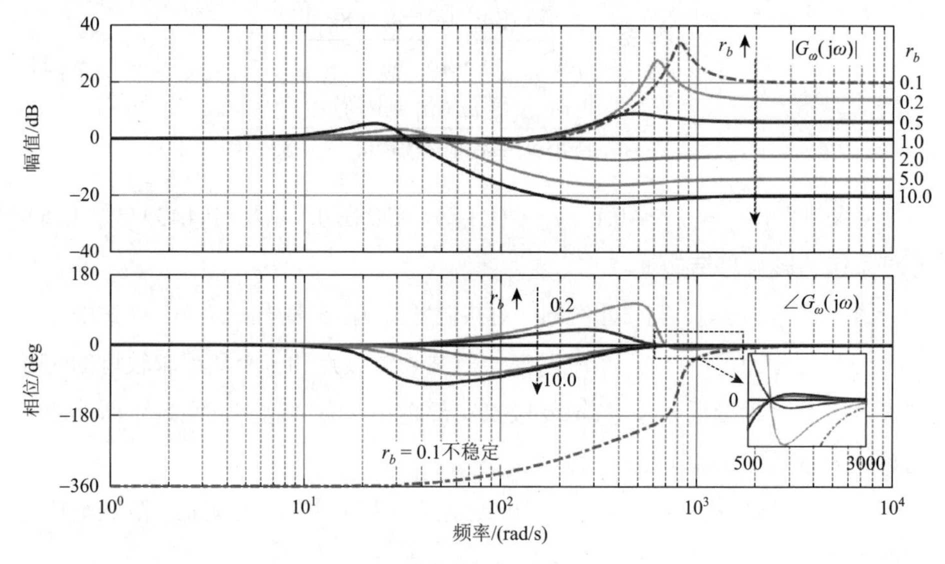

图 4.2　不同 r_b 下 $G_{\omega}(s)$ 的 Bode 图

图 4.2 反映了系统对不同频率指令信号的跟踪能力，其特征可总结如下：

（1）当 $r_b=1$ 时，系统表现出单位增益特性，即输出能在全频段准确跟踪输入指令；

（2）当 $r_b\in(1,10]$ 时，系统在高频段存在固定的幅值衰减，在中频段出现一定的幅值放大和相位滞后，且滞后程度与 r_b 呈正相关；

（3）当 $r_b\in(0.142,1)$ 时，系统表现和 $r_b\in(1,10]$ 相反，在高频段存在固定的幅值放大，在中频段出现一定的幅值衰减和相位超前，且超前程度与 r_b 呈负相关；

（4）当 $r_b \in (0,0.142)$ 时，系统相位滞后超过 180°，失去稳定性；

（5）在稳定的前提下，系统的低频段指令跟踪性能基本不受 r_b 影响，这意味着在跟踪缓慢变化的指令信号时，系统对特性增益不准确有较高的容忍度。

图 4.3 给出了不同 r_b 下系统的单位阶跃响应仿真曲线。可见，特性增益偏大（$r_b>1$）所引发的超调显著大于特性增益偏小（$r_b<1$）所引发的超调，但调节时间相反；r_b 越接近临界稳定值 0.142，超调和振荡越明显；当 $r_b=0.14$ 时，系统发散，不再稳定。综上，仿真结果符合理论预期。

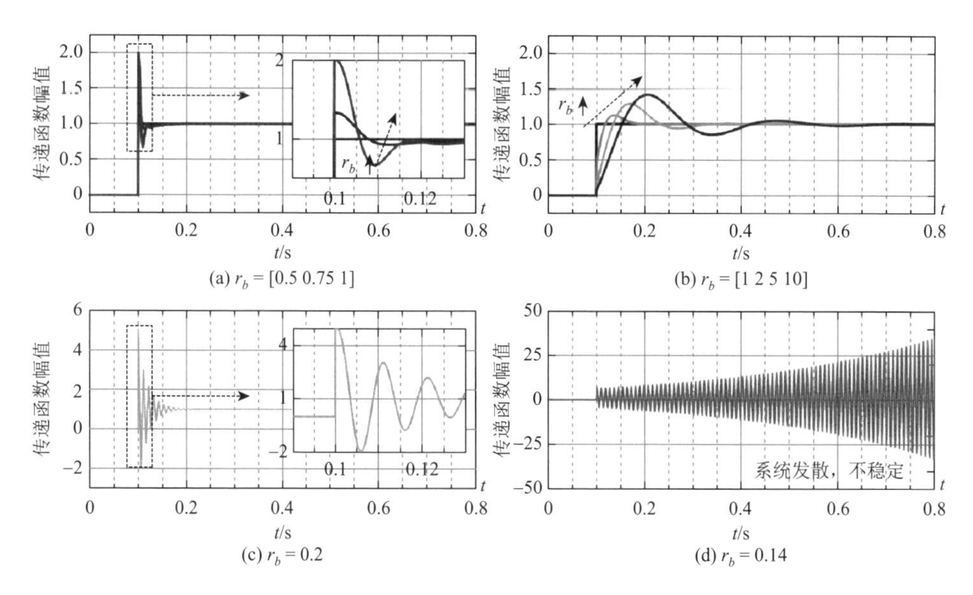

图 4.3　不同 r_b 下 $G_\omega(s)$ 的单位阶跃响应

3. r_b 对抗扰性能的影响

根据式（4.8），得到转速受未知扰动作用的传递函数 $G_f(s)$ 为

$$G_f(s)=\frac{\omega_r(s)}{F_{1n}(s)}=\frac{r_b s G_1(s)}{R(s)} \tag{4.17}$$

仍取 $\omega_0=400$，$k_n=50$，绘制不同 r_b 下 $G_f(s)$ 的频率特性曲线簇如图 4.4 所示。从图中可见，在稳定的前提下（即 $r_b \in (0.142,10]$），r_b 越小，系统中低频段抗

扰性能越强，但如果r_b过小，在高频段可能引发振荡。此外，针对缓慢变化的未知扰动，增益均能保持在–40 dB以下，这也意味着系统抗低频扰动能力对特性增益不准确有较高容忍度。

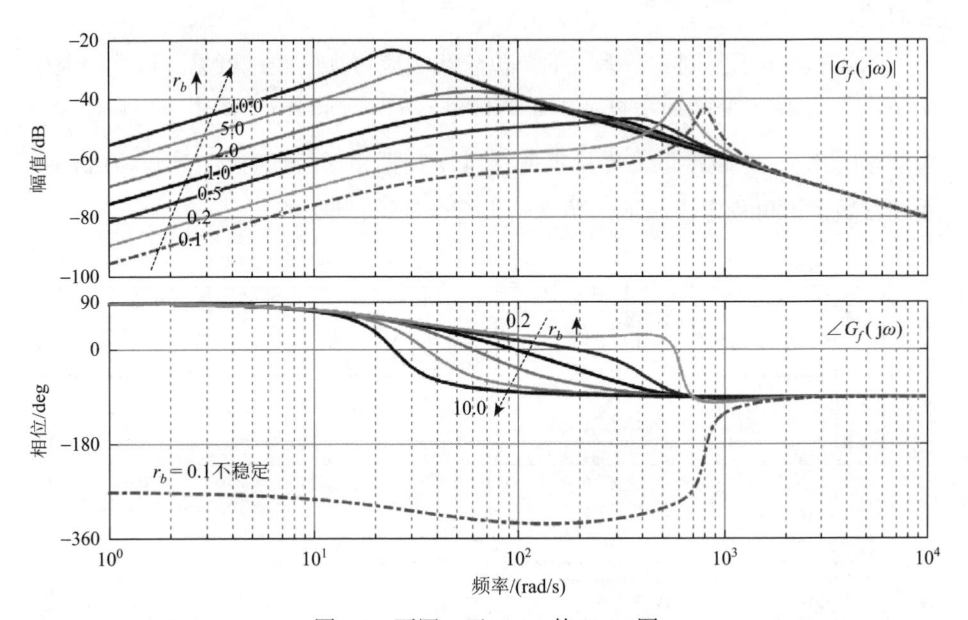

图 4.4　不同r_b下$G_f(s)$的Bode图

图4.5给出了不同r_b下系统受单位阶跃扰动作用的仿真曲线。可见，在稳定的前提下，r_b越小，超调越小，系统抗扰性能越强，即便是最坏的情形（$r_b=10$），超调仍小于0.03，但调节时间显著增加。综上，仿真结果符合理论预期。

4.1.2　状态系数不准确对自抗扰控制系统的影响

和特性增益b_n不同，状态系数B并不直接出现在式（4.1）、式（4.3）中，而是关系到扰动的模型。根据第2章，转速环已知扰动f_{0n}和未知扰动f_{1n}表示为

$$\begin{cases} f_{0n}=b_n(T_e-T_e^*)-b_nB\hat{\omega}_{\mathrm{r}} \\ f_{1n}=-b_nT_L-b_nB(\omega_{\mathrm{r}}-\hat{\omega}_{\mathrm{r}})+n_n(t) \end{cases} \tag{4.18}$$

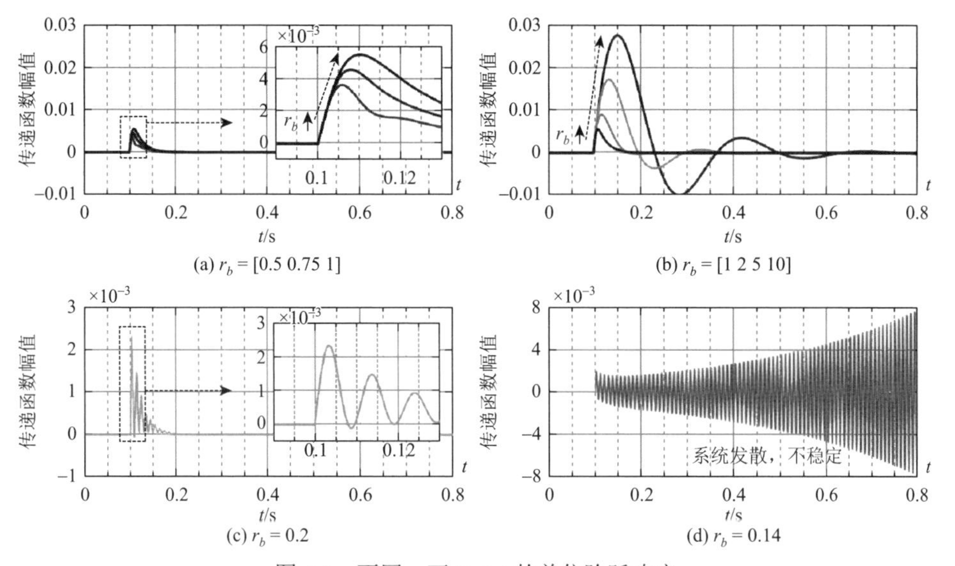

(a) $r_b = [0.5\ 0.75\ 1]$　(b) $r_b = [1\ 2\ 5\ 10]$

(c) $r_b = 0.2$　(d) $r_b = 0.14$

图 4.5　不同 r_b 下 $G_f(s)$ 的单位阶跃响应

由式（4.18）可见，状态系数 B 不准确会降低 f_{0n} 的估算精度，而估算误差 $\hat{f}_{0n} - f_{0n}$ 则会并入未知扰动 f_{1n} 中，增加 ESO 负担，间接影响 ADRC 性能。为便于分析，在本小节令 $r_b = 1$，以剔除特性增益不准确的影响。于是，已知扰动的估算误差可表示为

$$\hat{f}_{0n} - f_{0n} = -(\hat{B} - B)b_n\hat{\omega}_{\mathrm{r}} = -\Delta B b_n \hat{\omega}_{\mathrm{r}} \tag{4.19}$$

式中：ΔB 为状态系数的误差。将式（4.19）代入式（4.8）得

$$\omega_{\mathrm{r}}(s) = G_{\omega}(s)\omega_{\mathrm{r}}^{*}(s) + G_f(s)F_{1n}(s) + G_f(s)\Delta B b_n \hat{\omega}_{\mathrm{r}}(s) \tag{4.20}$$

式中：$G_{\omega}(s) = 1$；$G_f(s) = sG_1(s)/R(s)$。考虑到观测器带宽一般显著大于闭环控制带宽，因此，在分析式（4.20）时，可认为 $\hat{\omega}_{\mathrm{r}}(s) = \omega_{\mathrm{r}}(s)$。从而，式（4.20）变换为

$$\begin{aligned}\omega_{\mathrm{r}}(s) &= \frac{G_{\omega}(s)}{1 - G_f(s)\Delta B b_n}\omega_{\mathrm{r}}^{*}(s) + \frac{G_f(s)}{1 - G_f(s)\Delta B b_n}F_{1n}(s) \\ &= \frac{R(s)}{R(s) - sG_1(s)\Delta B b_n}\omega_{\mathrm{r}}^{*}(s) + \frac{sG_1(s)}{R(s) - sG_1(s)\Delta B b_n}F_{1n}(s)\end{aligned} \tag{4.21}$$

显然，受 ΔB 影响，闭环控制系统的特征多项式发生改变，新多项式为

$$R'(s) = R(s) - sG_1(s)\Delta B b_n \tag{4.22}$$

由式（4.21）可见，状态系数不准确（$\Delta B \neq 0$）同样会影响 ADRC 的闭环性能。下面将从系统的闭环稳定性、跟踪性能以及抗扰性能这三方面进行详细探讨。

1. ΔB 对闭环稳定性的影响

类比式（4.10），采用广义根轨迹法，以 $-\Delta Bb_n$ 为参变量，构建开环传递函数：

$$G_0'(s)=\frac{sG_1(s)}{R(s)} \tag{4.23}$$

取 $\omega_0=400$，$k_n=50$。图 4.6（a）和（b）分别给出了参变量 $-\Delta Bb_n$ 在 $[0,+\infty)$ 区间和 $(-\infty,0]$ 区间的系统根轨迹。可见，当 $-\Delta Bb_n$ 为正（即 ΔB 为负）时，根轨迹处在左半平面，系统始终稳定；当 $-\Delta Bb_n$ 为负（即 ΔB 为正）时，若 $-\Delta Bb_n > -144.5$，则系统稳定，反之失稳。由此可知，系统对状态系数不准确的容忍度很大，仅当 $\Delta B > 144.5/b_n$ 时系统的稳定性才会受到威胁。

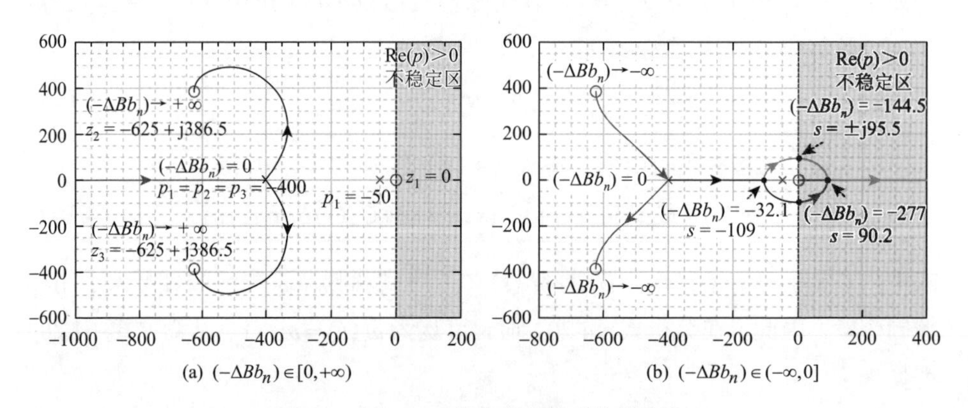

图 4.6　以 $-\Delta Bb_n$ 为参变量的系统根轨迹

2. ΔB 对跟踪性能的影响

根据式（4.21），得到实际转速跟踪指令转速的传递函数 $G_\omega'(s)$ 为

$$G_\omega'(s)=\frac{\omega_r(s)}{\omega_r^*(s)}=\frac{R(s)}{R(s)-sG_1(s)\Delta Bb_n} \tag{4.24}$$

图 4.7 反映了系统对不同频率指令信号的跟踪能力。可见，ΔB 仅影响中频段跟踪性能，若 ΔB 为正，中频段会出现幅值放大，反之则出现衰减。此外，若 $\Delta B=-200/b_n$，系统稳定，而 $\Delta B=200/b_n$，系统却失稳，该现象符合前面的理论预期。

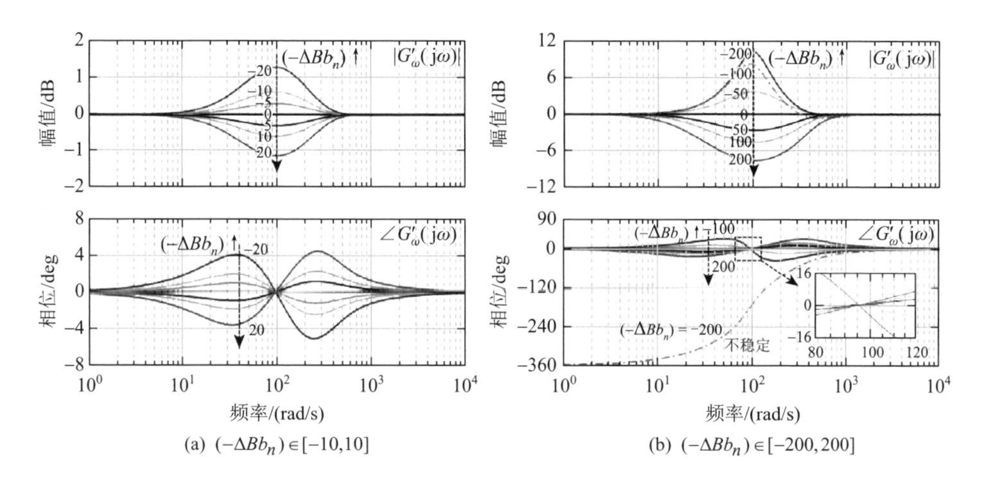

图 4.7　不同 $-\Delta Bb_n$ 下 $G'_\omega(s)$ 的 Bode 图

3. ΔB 对抗扰性能的影响

根据式（4.21），得到转速受未知扰动作用的传递函数 $G'_f(s)$ 为

$$G'_f(s)=\frac{\omega_{\mathrm{r}}(s)}{F_{1n}(s)}=\frac{sG_1(s)}{R(s)-sG_1(s)\Delta Bb_n} \tag{4.25}$$

图 4.8 反映了系统对不同频率扰动的抑制能力。可见，ΔB 仅影响中频段抗扰性能，且 ΔB 越小（即 $-\Delta Bb_n$ 越大），中频段增益越小，系统抗扰性能越强。然而，由图 4.7 可知，过小的 ΔB 会导致中频段 $G'_\omega(s)$ 出现明显衰减，降低转速跟踪性能。

4.1.3　结果与分析

本小节将通过实验验证模型参数不准确对永磁同步电机 ADRC 的影响。

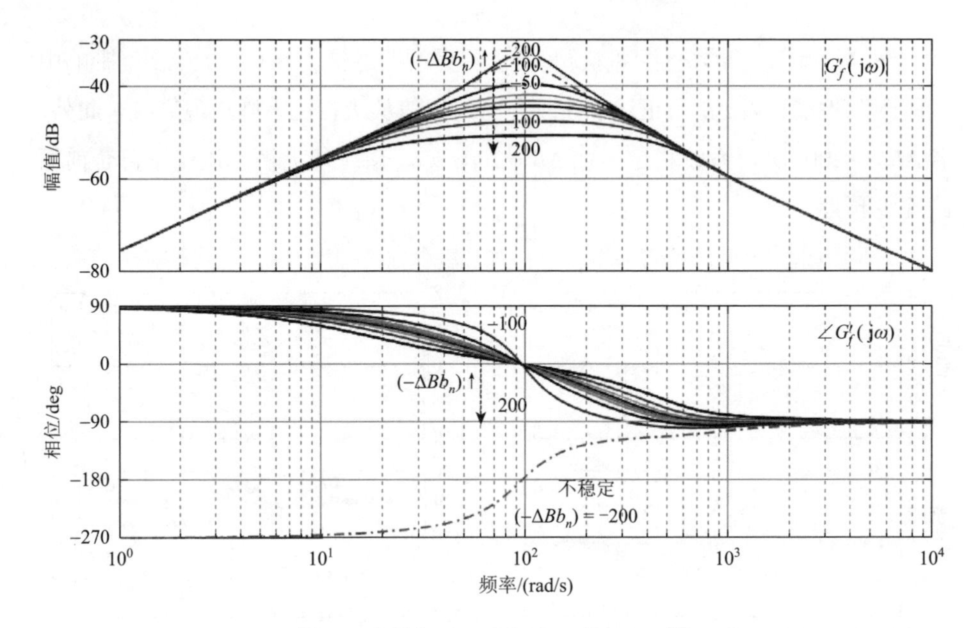

图 4.8　不同 $-\Delta Bb_n$ 下 $G'_f(s)$ 的 Bode 图

虽然前面只对转速环 ADRC 的参数不准确问题进行了分析，省略了电流环 ADRC 的分析，但本小节仍为后者安排了实验。在研究转速环 ADRC 的实验中，被测电机运行于转速电流双闭环模式，负载电机通过加、减负载来给系统施加扰动；而在研究电流环 ADRC 的实验中，被测电机运行于 $i_d = 0$ 的电流单闭环模式，负载电机则运行于转速模式以维持转速恒定。由于电流环 ADRC 的外部扰动为电压量，受实验条件限制，无法模拟其突变过程，只做 q 轴电流环的指令跟踪实验。

需要注意的是，对于转速环 ADRC，其状态系数指代阻尼黏滞系数 B，根据本章前面的分析可知，状态系数不准确对系统的影响取决于 ΔBb_n（即 $\Delta B / J$）的大小，考虑到实验样机的转动惯量在数值上远大于阻尼黏滞系数，因此即便 B 存在较大比例的不准确，$\Delta B / J$ 依然较小，影响有限；然而，对于 q 轴电流环 ADRC，其状态系数指代定子电阻 R_s，此时状态系数不准确对系统的影响取决于 $\Delta R_s / L_q$ 的大小。由于实验样机的 R_s 在数值上远大于 L_q，R_s 不准确对系统的影响不能忽略。为此，在实验中，对于转速环 ADRC，只评估特性增益不准确的影响，而对于电流环 ADRC，则需要分别评估特性增益和状态系数不准确对系统的影响。实验所用参数设置如下：转速环输出限幅值 $T_{e\max}^{*}$ 为 6 N·m，dq 轴电流环 ADRC 的 SEF 比例增益均为 200π，ESO 带宽均为 1200π。

1. 特性增益不准确对转速环自抗扰控制系统跟踪性能的影响

为评估特性增益不准确对转速环跟踪性能的影响，将转动惯量估计值 $\hat{J}$ 分别设置为 0.0087 kg·m^2、0.0174 kg·m^2、0.0348 kg·m^2，对应的特性增益比 r_b 分别为 2、1、0.5。图 4.9 为阶跃转速指令作用下的实验结果，目标转速 ω_r^* 设置为 1500 r/min。可以看出，r_b 越大，上升时间越短，但总体而言，三组实验波形差异不大。事实上，由图 4.2 可知，r_b 只会对系统高频段跟踪能力造成显著影响。而实验中，转速环输出限幅，电机最大加速度受限，故系统只能按斜坡方式跟踪阶跃指令信号。如此一来，转速指令的频谱将集中在低频段，因此，r_b 在 0.5～2 范围内变化并不会给系统性能造成明显的影响，这也验证了理论分析的正确性。

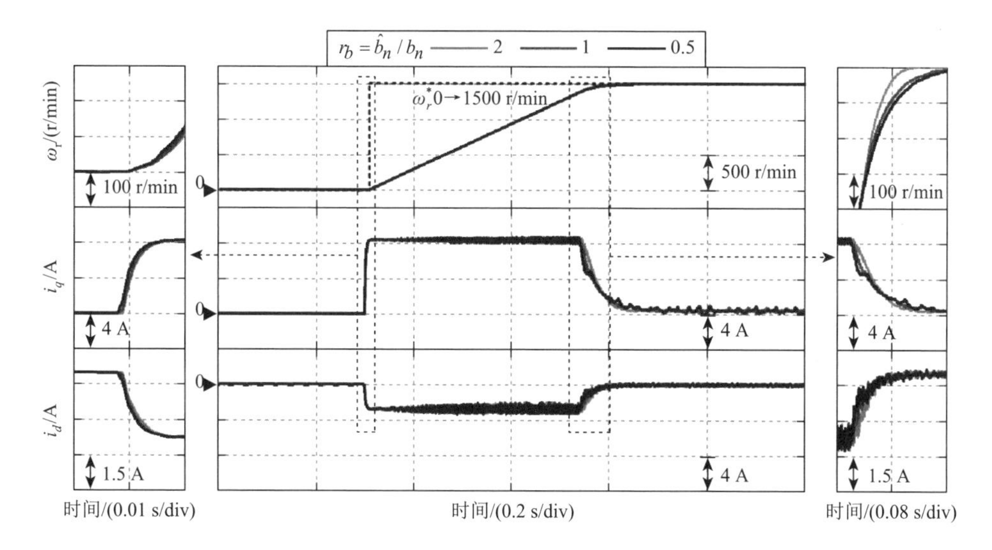

图 4.9　不同 r_b 时，阶跃转速指令作用下的实验结果（$\omega_0=120\pi$，$k_n=10\pi$）

图 4.10 为正弦转速指令作用下的实验结果，目标转速为 $\omega_r^* = 1500 + 20\sin 30\pi$ r/min。可以看出，当 $r_b = 1$，系统跟踪性能最好；当 $r_b = 0.5$ 时，ω_r 的正弦分量出现幅值衰减和相位超前；当 $r_b = 2$ 时，ω_r 的正弦分量出现幅值放大和相位滞后。以上现象和图 4.2 的中频段表现一致，验证了理论分析的正确性。需要注意，为确保正弦响应实验结果和理论的一致性，转速环输出不能饱和。实验过程中，正弦转速指令频率越高，i_d、i_q 的幅值越大。因此，为避免转速环输出饱和，此处只进行了中频段转速跟踪实验。

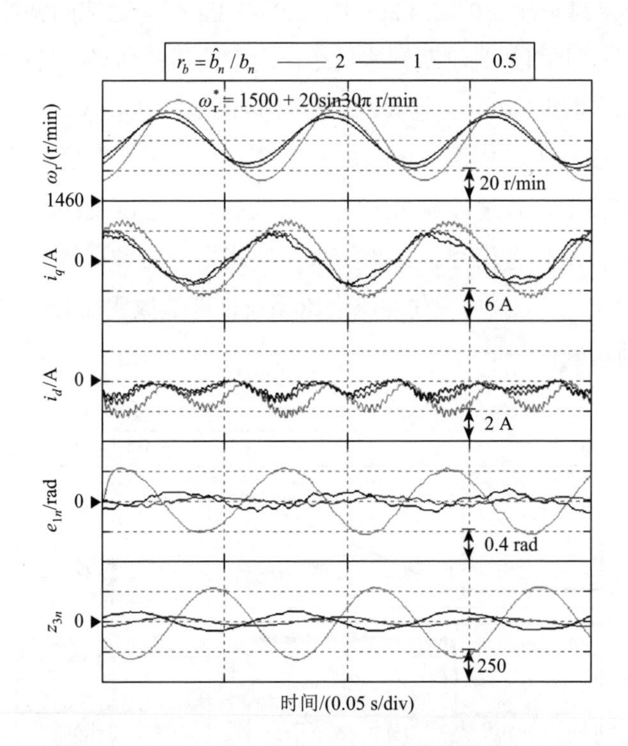

图 4.10　不同 r_b 时，正弦转速指令作用下的实验结果（$\omega_0 = 120\pi$，$k_n = 80\pi$）

2. 特性增益不准确对转速环自抗扰控制系统抗扰性能的影响

为评估特性增益不准确对转速环 ADRC 抗扰性能的影响，将电机设定在 1500 r/min 运行，并通过负载电机加、减负载来给系统施加扰动，实验结果如图 4.11 所示。观察加、减载瞬间的转速波动可以发现，r_b 越小，转速波动越

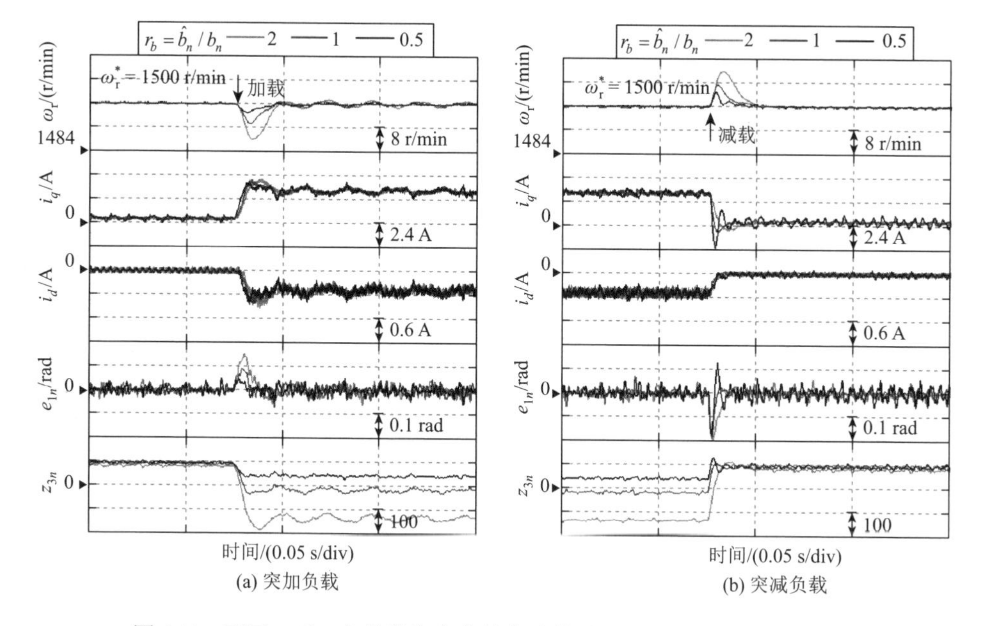

(a) 突加负载 (b) 突减负载

图 4.11 不同 r_b 时，负载发生突变的实验结果（$\omega_0=120\pi$，$k_n=10\pi$）

小，系统抗扰能力越强。从另一个角度看，r_b 越小，e_{1n} 收敛越快，这意味着 ESO 的扰动观测越迅速，从而 ADRC 的扰动补偿过程越及时，系统抗扰性能也就越强。以上实验现象和图 4.4 分析的结论一致，即 r_b 越小，系统抗扰性能越强，但仍需注意，r_b 过小，系统稳定性将受到威胁。

3. 特性增益不准确对电流环自抗扰控制系统跟踪性能的影响

为评估特性增益不准确对电流环 ADRC 跟踪性能的影响，被测电机运行于 $i_d=0$ 的电流闭环模式。电流指令信号为两段阶跃信号和一段正弦信号，在图 4.12 中以虚线标注。电感估计值 $\hat{L}_q$ 分别设置为 4.9 mH、9.8 mH、19.6 mH，对应的特性增益比 r_b 分别为 2、1、0.5。可以发现，在阶跃响应阶段，r_b 越大，i_q 上升时间越短，动态响应越快，但超调也越大；而在正弦响应阶段，随着 r_b 的增大，i_q 正弦分量的幅值增大，相位逐步超前。由此可见，特性增益不准确会对电流环 ADRC 的跟踪性能造成显著影响。

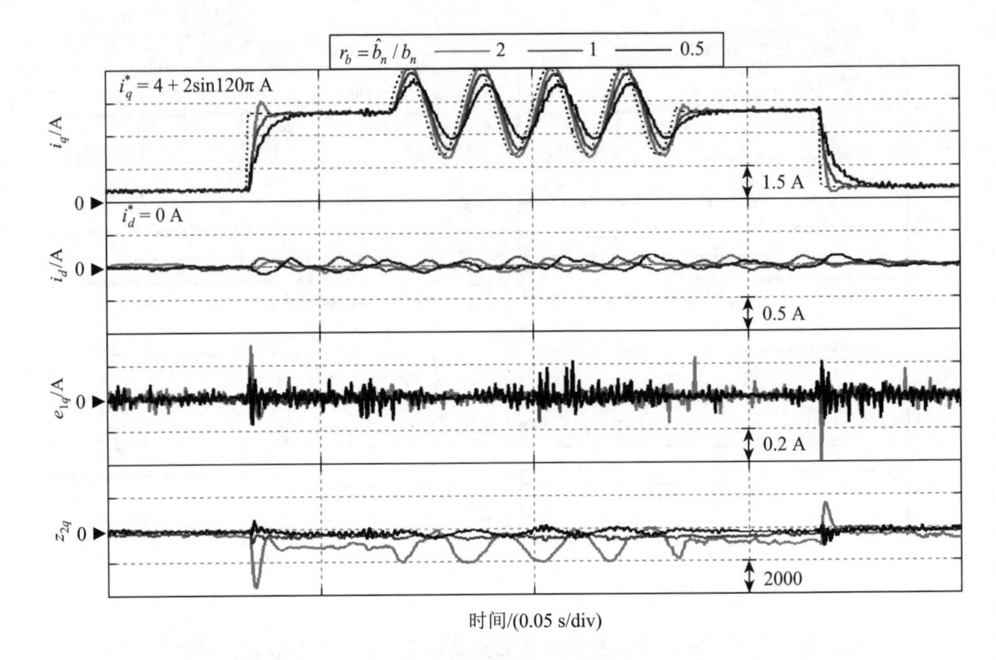

图 4.12　不同 r_b 时，i_q 跟踪指令信号的实验结果（$\omega_0=1200\pi$，$k_q=200\pi$）

4. 状态系数不准确对电流环自抗扰控制系统跟踪性能的影响

为评估状态系数不准确对电流环 ADRC 跟踪性能的影响，将电阻估计值 $\hat{R}_s$ 分别设置为 0.75 Ω、3.75 Ω、7.5 Ω，对应的 $\Delta R_s/L_q$ 分别为 0、306.12、688.78，实验波形如图 4.13 所示。可以发现，$\hat{R}_s$ 越大，i_q 阶跃响应上升时间越短，动态性能越好，但即便 $\hat{R}_s$ 变化很大，电流环跟踪性能也未出现显著差异。这表明系统对 $\hat{R}_s$ 不准确具备一定的鲁棒性。

综上，特性增益和状态系数不准确均会对 ADRC 构成负面影响，包括降低系统跟踪性能及抗扰性能，甚至威胁稳定性。然而，模型参数不准确是实际电机控制系统中无法避免的问题。一方面，电机转轴驳接不同类型的负载，系统的机械参数会有所不同；另一方面，电机运行过程中，受绕组温升和磁路饱和影响，电参数也会有所改变。因此，若无法对电机参数辨识和更新，就无法保证 ADRC 模型参数的准确性，也就难以保障系统性能。为此，本章后续将提出对机械参数和对电参数自适应的 ADRC。

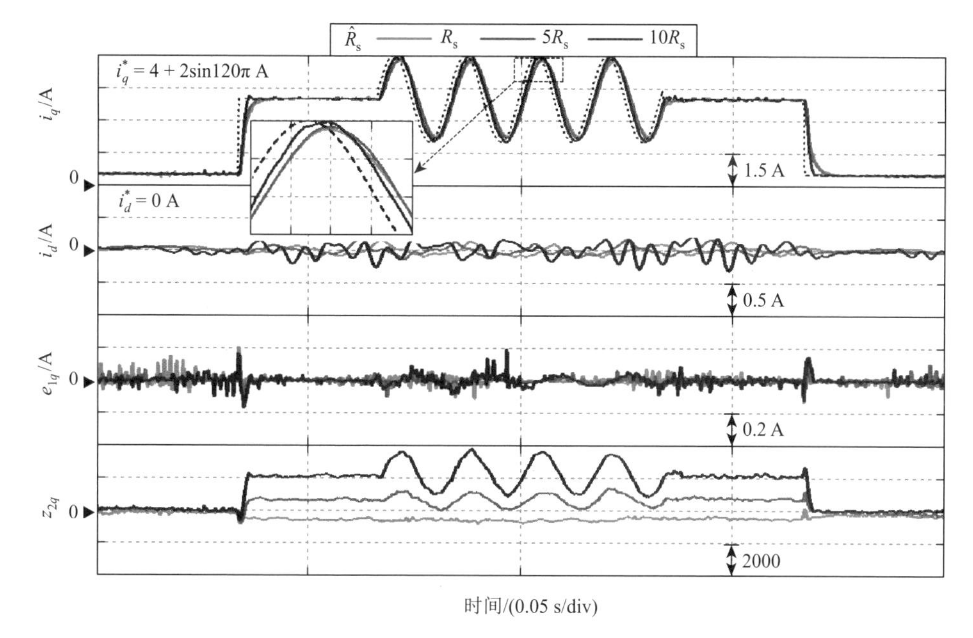

图 4.13 不同 R_s 时，i_q 跟踪指令信号的实验结果（$\omega_0 = 1200\pi$，$k_q = 200\pi$）

4.2 对机械参数自适应的转速环自抗扰控制器设计

考虑转动惯量和阻尼黏滞系数的不确定性，电机机械方程重写为如下形式：

$$(J_0 + \tilde{J})\dot{\omega}_r = T_e - T_L - (B_0 + \tilde{B})\omega_r \tag{4.26}$$

式中：J_0 和 B_0 为机械参数的预设值；$\tilde{J}$ 和 $\tilde{B}$ 为预设值和实际值的偏差，特性增益为 $b_{n0} = 1/J_0$。以 θ_r 和 ω_r 为状态变量，式（4.26）重写为如下形式：

$$\begin{cases} \dot{\theta}_r = \omega_r \\ \dot{\omega}_r = f_{0n} + f_{1n} + b_{n0}T_e^* \\ f_{0n} = b_n(T_e - T_e^*) - b_{n0}B_0\hat{\omega}_r \\ f_{1n} = -b_{n0}T_L - b_{n0}B_0(\omega_r - \hat{\omega}_r) + n_n(t) - b_{n0}(\tilde{J}\dot{\omega}_r + \tilde{B}\omega_r) \end{cases} \tag{4.27}$$

针对式（4.27）所述系统，构建转速环 ESO 对 f_{1n} 进行观测。f_{1n} 包含 $\tilde{J}$、$\tilde{B}$、T_L 三个未知量，但方程却只有一个，无法求解。为得到 $\tilde{J}$ 和 $\tilde{B}$，可要

求电机运行在不同工作点，以生成额外的求解方程。一个简便的方法是构造两个稳态转速点及两段恒加速运行区间，从而消除 f_{1n} 中的 T_L 相关项，过程如图 4.14 所示。

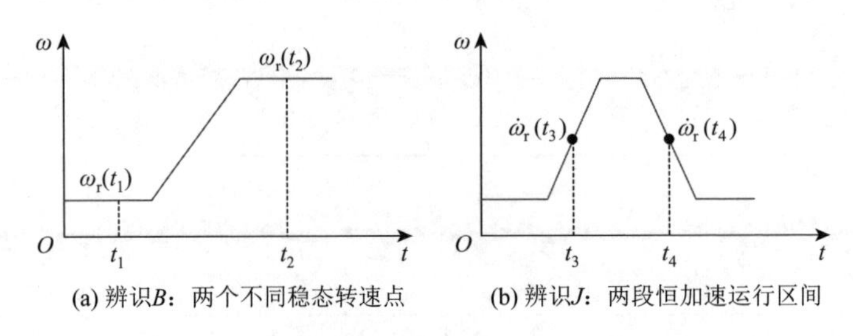

图 4.14　机械参数辨识条件

4.2.1　阻尼黏滞系数辨识

如图 4.14（a）所示，对阻尼黏滞系数 B 进行辨识，要求电机恒负载稳态运行，任取两个稳态时刻 t_1、t_2，利用转速环 ESO 获得两个时刻的未知扰动估计值 $z_{3n}(t_1)$、$z_{3n}(t_2)$：

$$\begin{cases} z_{3n}(t_1) = -b_{n0}T_L(t_1) + n_n(t_1) - b_{n0}\tilde{B}\omega_r(t_1) \\ z_{3n}(t_2) = -b_{n0}T_L(t_2) + n_n(t_2) - b_{n0}\tilde{B}\omega_r(t_2) \end{cases} \tag{4.28}$$

电机负载恒定，故 $T_L(t_1) = T_L(t_2)$，同时，忽略两个时刻未建模噪声的差异性，即 $n_n(t_1) = n_n(t_2)$，则 $\tilde{B}$ 的计算公式可推导如下：

$$\tilde{B} = -\frac{z_{3n}(t_2) - z_{3n}(t_1)}{b_{n0}[\omega_r(t_2) - \omega_r(t_1)]} = -J_0\frac{z_{3n}(t_2) - z_{3n}(t_1)}{\omega_r(t_2) - \omega_r(t_1)} \tag{4.29}$$

因此，B 的辨识结果可表示为

$$\hat{B} = B_0 + \tilde{B} = B_0 - J_0\frac{z_{3n}(t_2) - z_{3n}(t_1)}{\omega_r(t_2) - \omega_r(t_1)} \tag{4.30}$$

4.2.2　交流电机的发展简史

对转动惯量 J 进行辨识，首先需对 B 的辨识结果进行更新。其次，令电机恒负载运行于两个不同加速度段，如图 4.14（b）所示。任取两个加速时刻 t_3、t_4，利用转速环 ESO 获得两个时刻的未知扰动估计值 $z_{3n}(t_3)$、$z_{3n}(t_4)$：

$$\begin{cases} z_{3n}(t_3) = -b_{n0}T_L(t_3) + n_n(t_3) - b_{n0}\tilde{J}\dot{\omega}_{\mathrm{r}}(t_3) \\ z_{3n}(t_4) = -b_{n0}T_L(t_4) + n_n(t_4) - b_{n0}\tilde{J}\dot{\omega}_{\mathrm{r}}(t_4) \end{cases} \tag{4.31}$$

由式（4.31）推得 $\tilde{J}$ 的计算公式如下：

$$\tilde{J} = -\frac{z_{3n}(t_2) - z_{3n}(t_1)}{b_{n0}[\dot{\omega}_{\mathrm{r}}(t_2) - \dot{\omega}_{\mathrm{r}}(t_1)]} = -J_0 \frac{z_{3n}(t_2) - z_{3n}(t_1)}{\dot{\omega}_{\mathrm{r}}(t_2) - \dot{\omega}_{\mathrm{r}}(t_1)} \tag{4.32}$$

因此，J 的辨识结果可表示为

$$\hat{J} = J_0 + \tilde{J} = J_0\left[1 - \frac{z_{3n}(t_2) - z_{3n}(t_1)}{\dot{\omega}_{\mathrm{r}}(t_2) - \dot{\omega}_{\mathrm{r}}(t_1)}\right] \tag{4.33}$$

4.2.3 对机械参数自适应的转速环自抗扰控制器

利用机械参数辨识结果对转速环 ADRC 的特性增益和状态系数进行更新，可消除参数不准确对系统的负面影响。图 4.15 给出了对机械参数自适应的转速环 ADRC 的结构框图。其中，机械参数辨识模块所需的 ω_{r}、$\dot{\omega}_{\mathrm{r}}$、$\hat{f}_{1n}$ 分别取自转速环 ESO 输出的 z_{2n}、$\dot{z}_{2n}$、z_{3n}，辨识结果 $\hat{B}$、$\hat{J}$ 则用于更新转速环 ADRC 的特性增益和状态系数。

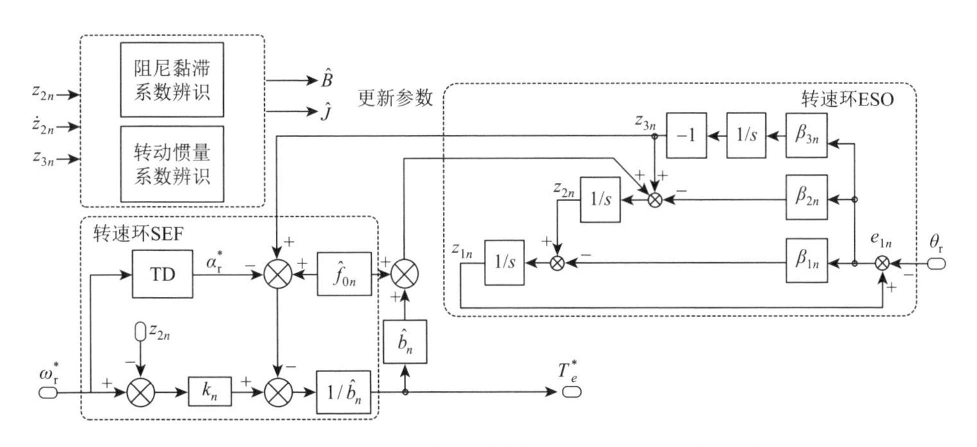

图 4.15 对机械参数自适应的转速环 ADRC 结构框图

4.2.4 结果与分析

本小节将通过实验验证所提方法的有效性。实验过程分为两步：首先，控制电机在两个转速下分别运行一小段时间，获得阻尼黏滞系数 B 的辨识结果，并立即更新；然后，控制电机完成一次恒加速和恒减速，获得转动惯量 J 的辨识结果，并立即更新。实验所用参数为转速环输出限幅值 $T_{e\max}^*$ 为 6 N·m，转速环 ADRC 的 SEF 比例增益为10π，ESO 带宽为120π，dq 轴电流环 ADRC 的 SEF 比例增益均为200π，ESO 带宽均为1200π。此外，由于原始辨识结果存在噪声，本实验统一采用截止频率为 10 Hz 的一阶低通滤波器对参数辨识结果作平滑滤波。

阻尼黏滞系数的辨识结果如图 4.16 所示。其中，两段转速分为 300 r/min 和 1000 r/min，图 4.16（a）和图 4.16（b）对应的 B_0 初值分别为 $5B$ 和 $10B$。可见，两种初值下，辨识结果 $\hat{B}$ 均能较快地收敛至真实值 0.00075 N·m·s/rad 附近。

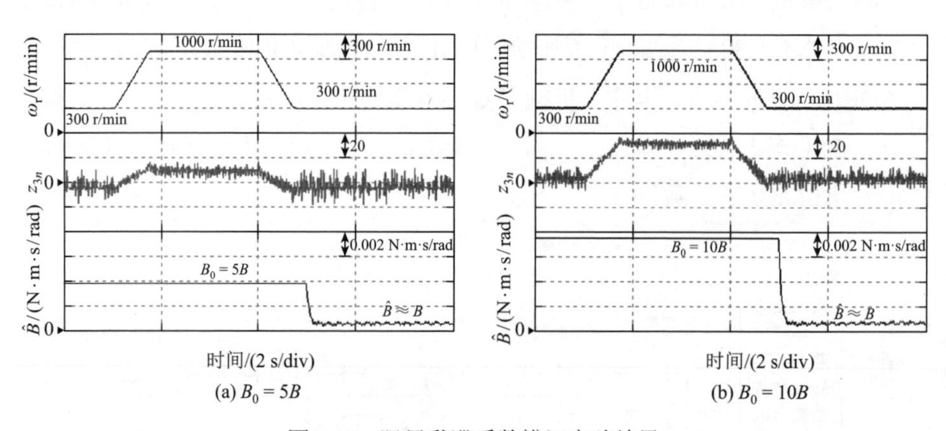

(a) $B_0 = 5B$　　(b) $B_0 = 10B$

图 4.16　阻尼黏滞系数辨识实验结果

更新辨识结果 $\hat{B}$，再控制电机完成一次恒定加、减速运行，加速度分别为 16.7 r/s^2 和−16.7 r/s^2，以实现对转动惯量的辨识，实验结果如图 4.17 所示。其中，图 4.17（a）和图 4.17（b）对应的 J_0 初值分别为 $0.5J$ 和 $2J$。可见，两种初值下，辨识结果 $\hat{J}$ 均能较快地收敛至真实值 0.0174 kg·m^2 附近。综上，本节所提方法的有效性得到了验证。

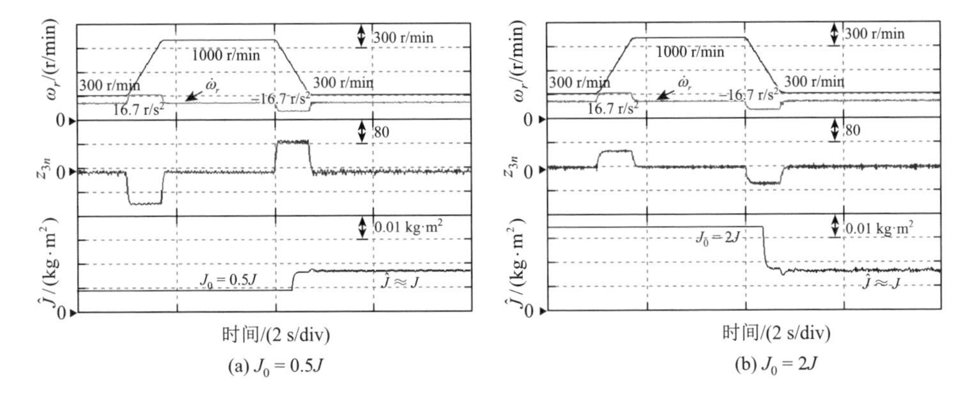

(a) $J_0 = 0.5J$ (b) $J_0 = 2J$

图 4.17 转动惯量辨识实验结果

4.3 对电参数自适应的电流环自抗扰控制器设计

考虑定子电阻和交直轴电感的不确定性，dq 轴状态方程重写为如下形式：

$$\begin{cases}(L_{d0}+\tilde{L}_d)\dot{i}_d=-(R_{s0}+\tilde{R}_s)i_d+u_d+(L_{q0}+\tilde{L}_q)\omega_e i_q \\ (L_{q0}+\tilde{L}_q)\dot{i}_q=-(R_{s0}+\tilde{R}_s)i_q+u_q-(L_{d0}+\tilde{L}_d)\omega_e i_d-\omega_e\psi_f\end{cases} \tag{4.34}$$

式中：R_{s0}、L_{d0}、L_{q0} 为电参数预设值；$\tilde{R}_s$、$\tilde{L}_d$、$\tilde{L}_q$ 为预设值和实际值的偏差；dq 轴特性增益为 $b_{d0}=1/L_{d0}$，$b_{q0}=1/L_{q0}$。

以电流为状态变量，dq 轴状态方程可分别写为

$$\begin{cases}\dot{i}_d=f_{0d}+f_{1d}+b_{d0}u_d^* \\ f_{0d}=-R_{s0}i_d b_{d0}+\omega_e i_q b_{d0}/b_{q0} \\ f_{1d}=b_{d0}(u_d-u_d^*)+b_{d0}(-\tilde{R}_s i_d+\tilde{L}_q\omega_e i_q-\tilde{L}_d\dot{i}_d)+n_d(t)\end{cases} \tag{4.35}$$

$$\begin{cases}\dot{i}_q=f_{0q}+f_{1q}+b_{q0}u_q^* \\ f_{0q}=-R_{s0}i_q b_{q0}-\omega_e b_{q0}(i_d/b_{d0}+\psi_f) \\ f_{1q}=b_{q0}(u_q-u_q^*)+b_{q0}(-\tilde{R}_s i_q-\tilde{L}_d\omega_e i_d-\tilde{L}_q\dot{i}_q)+n_q(t)\end{cases} \tag{4.36}$$

针对式（4.35）、式（4.36），利用 dq 轴电流环 ESO 对 f_{1d}、f_{1q} 进行观测。因为未知扰动 f_{1d}、f_{1q} 的表达式包含 $\tilde{L}_d$、$\tilde{L}_q$、$\tilde{R}_s$ 三个未知量，但方程个数为二，所以方程组欠秩，无法求解。为应对该问题，本节采用双时间尺度法[1]。该法的思路是根据不同电参数变化速率的差异性，将电参数分为“慢变参数”

和“快变参数”。其中，电阻只受温度影响，其动态变化过程较为缓慢；电感则受当前磁路饱和程度影响，而铁心饱和程度是 dq 轴电流的函数，故动态变化过程十分迅速。因此，可构造两个不同时间尺度的辨识模块，分别对慢变参数（即电阻 R_s）和快变参数（即电感 L_d、L_q）进行辨识，在对一类参数辨识期间，另一类参数视为常数，二者结果交替更新，从而解决了辨识方程组的欠秩问题。基于该思路的电参数辨识方法的结构框图如图 4.18 所示。

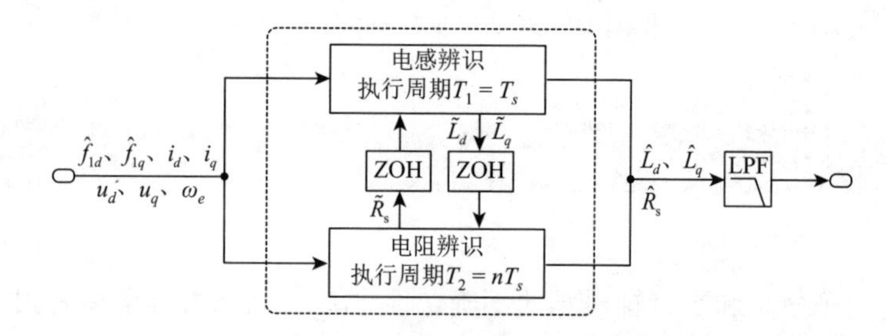

图 4.18　双时间尺度电参数辨识方法结构框图

图 4.18 中，T_1、T_2 分别为电感辨识模块和电阻辨识模块的执行周期。考虑到电阻和电感动态特性差异，电感辨识周期应当远小于电阻辨识周期，一般取 $T_1 = T_s$，$T_1 = nT_s$，T_s 为主中断周期。此外，输出侧添加低通滤波器，以获得平滑的辨识结果。

4.3.1　交直轴电感辨识

电感辨识模块执行期间，电阻视为常数。为便于分析，忽略给定电压和实际电压的差异（$u_{dq} = u_{dq}^*$），并忽略未建模噪声（$n_d(t) = n_q(t)$）。于是，dq 轴未知扰动估计值 z_{2d}、z_{2q} 可表示如下：

$$\begin{cases} z_{2d} = b_{d0}(-\tilde{R}_s i_d + \tilde{L}_q \omega_e i_q - \tilde{L}_d \dot{i}_d) \\ z_{2q} = b_{q0}(-\tilde{R}_s i_q - \tilde{L}_d \omega_e i_d - \tilde{L}_q \dot{i}_q) \end{cases} \tag{4.37}$$

由式（4.37）推得 $\tilde{L}_d$、$\tilde{L}_q$ 的计算公式如下：

$$\begin{cases}\tilde{L}_d = \dfrac{(z_{2d} + \tilde{R}_s i_d b_{d0})c_2 + (z_{2q} + \tilde{R}_s i_q b_{q0})a_1}{a_1 a_2 - c_1 c_2} \\ \tilde{L}_q = \dfrac{(z_{2d} + \tilde{R}_s i_d b_{d0})a_2 + (z_{2q} + \tilde{R}_s i_q b_{q0})c_1}{a_1 a_2 - c_1 c_2}\end{cases} \tag{4.38}$$

式中：$a_1 = \omega_e i_q b_{d0}$；$a_2 = -\omega_e i_d b_{q0}$；$c_1 = b_{d0}\dot{i}_d$；$c_2 = b_{q0}\dot{i}_q$。

式（4.38）中，$\tilde{R}_s$ 通过零阶保持器（zero-order holder，ZOH）由电阻辨识模块输入电感辨识模块，如图 4.18 所示。以周期 $T_1 = T_s$ 对式（4.38）离散化，得

$$\begin{cases}\tilde{L}_d[k] = \dfrac{(z_{2d}[k] + \tilde{R}_s[k] i_d[k] b_{d0})c_2 + (z_{2q}[k] + \tilde{R}_s[k] i_q[k] b_{q0})a_1}{a_1 a_2 - c_1 c_2} \\ \tilde{L}_q[k] = \dfrac{(z_{2d}[k] + \tilde{R}_s[k] i_d[k] b_{d0})a_2 + (z_{2q}[k] + \tilde{R}_s[k] i_q[k] b_{q0})c_1}{a_1 a_2 - c_1 c_2}\end{cases} \tag{4.39}$$

式中：$a_1 = \omega_e[k] i_q[k] b_{d0}[k]$；$a_2 = -\omega_e[k] i_d[k] b_{q0}$；$c_1 = b_{d0}\dot{i}_{1d}[k]$；$c_2 = b_{q0}\dot{i}_{1q}[k]$；$k$ 为离散时刻。从而，dq 轴电感的辨识结果可表示为

$$\begin{cases}\hat{L}_d[k] = L_{d0} + \tilde{L}_d[k] \\ \hat{L}_q[k] = L_{q0} + \tilde{L}_q[k]\end{cases} \tag{4.40}$$

特别地，当电机稳态运行时，$\dot{i}_d$、$\dot{i}_q$ 为零，从而 $c_1 = c_2 = 0$，于是式（4.38）可简化为

$$\begin{cases}\tilde{L}_d = -\dfrac{z_{2q} + \tilde{R}_s i_q b_{d0}}{\omega_e i_d b_{q0}} \\ \tilde{L}_q = \dfrac{z_{2d} + \tilde{R}_s i_d b_{d0}}{\omega_e i_q b_{d0}}\end{cases} \tag{4.41}$$

由式（4.41）可见，当电机运行于轻载工况时，i_d、i_q 较小，从而 $\tilde{L}_d$、$\tilde{L}_q$ 的计算结果受电流噪声的影响大。因此，应当避免在轻载工况下进行电感辨识。事实上，电机的电感和磁路饱和程度有关，一般只在重载工况下才会出现明显变化，而此时电流幅值大，恰好利于电感辨识。因此，实际应用中，应当根据当前负载水平按需激活电感辨识模块。此外，对于采用 $i_d = 0$ 控制的 SPMSM，L_s 可直接继承式（4.40）中 L_q 的辨识结果。

4.3.2 定子电阻辨识

由式（4.37）可推导出 $\tilde{R}_s$ 的两种表达式：

$$\begin{cases} \tilde{R}_s = -\dfrac{z_{2d}/b_{d0} - \tilde{L}_q\omega_e i_q + \tilde{L}_d \dot{i}_d}{i_d} \\ \tilde{R}_s = -\dfrac{z_{2q}/b_{q0} + \tilde{L}_d\omega_e i_d + \tilde{L}_q \dot{i}_q}{i_q} \end{cases} \tag{4.42}$$

以上两种表达式均可用于电阻辨识。考虑到多数工况下 $i_q > i_d$，故第二种表达式受电流噪声影响小，精度高。此外，对于采用 $i_d = 0$ 控制的 SPMSM，只能使用第二种表达式进行电阻辨识。以周期 $T_2 = nT_s$ 对第二种表达式离散化，得

$$\tilde{R}_s[nk] = -\frac{z_{2q}[nk]/b_{q0} + \tilde{L}_d\omega_e[nk]i_d[nk] + \tilde{L}_q\dot{i}_q[nk]}{i_q[nk]} \tag{4.43}$$

从而，定子电阻的辨识结果可表示为

$$\hat{R}_s[nk] = R_{s0} + \tilde{R}_s[nk] \tag{4.44}$$

和电感辨识类似，轻载工况也不利于电阻辨识。通常，电机自身散热能力足够应对轻载工况，长时间运行绕组温升不大，电阻变化小，无须辨识。中等负载或重载工况下长时间运行，温升显著，电阻变化明显，但此时电流幅值足够大，利于电阻辨识。因此，实际应用中，电阻辨识模块也应当根据当前负载水平按需激活。

4.3.3 电参数辨识误差分析及补偿策略

前面介绍的电参数辨识方法忽略了给定电压和实际电压差异对辨识结果的影响。然而，实际应用中，受逆变器死区效应影响，控制器的给定电压和逆变器的实际输出电压不等，该误差电压会被纳入未知扰动，影响电参数辨识结果。文献[2]指出，逆变器非线性问题会显著影响低速下定子电阻、交直轴电感

的辨识精度，以及中高速下直轴电感的辨识精度。因此，为获取准确的电参数辨识结果，有必要根据误差电压的大小来对参数辨识结果进行修正补偿。

系统稳态运行下，电参数辨识结果收敛，$\dot{i}_d$、$\dot{i}_q$ 为零。于是，基于当前辨识结果的电压方程可表示为

$$\begin{cases} u_d^* = \hat{R}_s i_d - \omega_e \hat{L}_q i_q \\ u_q^* = \hat{R}_s i_q + \omega_e (\hat{L}_d i_d + \psi_f) \end{cases} \tag{4.45}$$

式（4.45）中，电参数辨识算法使用给定电压作为输入，而实际电压方程为

$$\begin{cases} u_d = R_s i_d - \omega_e L_q i_q \\ u_q = R_s i_q + \omega_e (L_d i_d + \psi_f) \end{cases} \tag{4.46}$$

对式（4.45）和式（4.46）作差，得

$$\begin{cases} \Delta u_d = \Delta R_s i_d - \omega_e \Delta L_q i_q \\ \Delta u_q = \Delta R_s i_q + \omega_e \Delta L_d i_d \end{cases} \tag{4.47}$$

式中：ΔR_s 为电阻辨识误差，即 $\Delta R_s = R_s - \hat{R}_s$；

ΔL_d、ΔL_q 分别为 dq 轴电感辨识误差，即 $\Delta L_d = L_d - \hat{L}_d$，$\Delta L_q = L_q - \hat{L}_q$；

Δu_d、Δu_q 分别为 dq 轴电压误差，即 $\Delta u_d = u_d - u_d^*$，$\Delta u_q = u_q - u_q^*$。

由式（4.47）解得 dq 轴电感和电阻的辨识误差为

$$\begin{cases} \Delta L_d = \dfrac{\Delta u_q - \Delta R_s i_q}{\omega_e i_d} \\ \Delta L_q = -\dfrac{\Delta u_d - \Delta R_s i_d}{\omega_e i_q} \\ \Delta R_s = \dfrac{\Delta u_q - \omega_e \Delta L_d i_d}{i_q} \end{cases} \tag{4.48}$$

由式（4.48）可见，误差电压的存在不仅会影响电感和电阻的辨识精度，还会使二者产生交叉依赖，进一步降低辨识结果的可信度。根据文献[3]，dq 轴电压误差表示为

$$\begin{bmatrix} \Delta u_d \\ \Delta u_q \end{bmatrix} = -\frac{4U_e}{\pi} \begin{bmatrix} -\sin\varphi + \sum\limits_{k=1}^{\infty} \left[\dfrac{\sin(6k\omega_e t + \varphi)}{6k-1} + \dfrac{\sin(6k\omega_e t - \varphi)}{6k+1} \right] \\ -\cos\varphi + \sum\limits_{k=1}^{\infty} \left[\dfrac{\cos(6k\omega_e t + \varphi)}{6k-1} - \dfrac{\cos(6k\omega_e t - \varphi)}{6k+1} \right] \end{bmatrix} \tag{4.49}$$

式中：φ为定子电流矢量与q轴的夹角，$\varphi=\arctan(i_d/i_q)$，稳态运行时φ保持不变。

由式（4.49）可知，电压误差Δu_d、Δu_q均包含直流分量和谐波分量。其中，Δu_d、Δu_q的谐波分量会导致ΔL_d、ΔL_q、ΔR_s也包含谐波，引起辨识结果脉动，但该脉动的平均值为零，容易通过 LPF 进行抑制。相比而言，Δu_d、Δu_q的直流分量会对辨识结果的稳态精度造成显著影响，该影响可描述如下：

$$\begin{cases}\Delta L_d=\dfrac{(4U_e/\pi)\cos\varphi-\Delta R_s i_q}{\omega_e i_d}\\ \Delta L_q=-\dfrac{(4U_e/\pi)\sin\varphi-\Delta R_s i_d}{\omega_e i_q}\\ \Delta R_s=\dfrac{(4U_e/\pi)\cos\varphi-\omega_e\Delta L_d i_d}{i_q}\end{cases}\tag{4.50}$$

式（4.50）反映了φ和U_e对稳态辨识误差的影响。显然，U_e越大，稳态辨识误差越大。为保障辨识精度，应当对辨识结果进行补偿。稳态下，补偿后的电阻和电感辨识结果基本准确，因此式（4.50）中的交叉依赖项会被消除。于是，补偿策略可描述为

$$\begin{cases}\tilde{L}_d'=\tilde{L}_d+\Delta L_d=-\dfrac{z_{2q}+\tilde{R}_s i_q b_{d0}}{\omega_e i_d b_{q0}}+\dfrac{(4U_e/\pi)\cos\varphi}{\omega_e i_d}\\ \tilde{L}_q'=\tilde{L}_q+\Delta L_q=\dfrac{z_{2d}+\tilde{R}_s i_d b_{d0}}{\omega_e i_q b_{d0}}-\dfrac{(4U_e/\pi)\sin\varphi}{\omega_e i_q}\\ \tilde{R}_s'=\tilde{R}_s+\Delta R_s=-\dfrac{z_{2q}/b_{q0}+\tilde{L}_d\omega_e i_d+\tilde{L}_q\dot{i}_q}{i_q}+\dfrac{(4U_e/\pi)\cos\varphi}{i_q}\end{cases}\tag{4.51}$$

补偿后的双时间尺度电参数辨识框图如图 4.19 所示。

4.3.4 对电参数自适应的电流环自抗扰控制器

利用电参数辨识结果对电流环 ADRC 的特性增益和状态系数进行更新，可消除电机运行过程中电阻和电感变化对系统性能的负面影响。图 4.20 给出了对电参数自适应的电流环 ADRC 的结构框图。其中，电参数辨识模块所需的ω_e、

z_{2d}、z_{2q} 分别来取自转速环 ESO 和电流环 ESO 的输出，辨识结果 $\hat{R}_s$、$\hat{L}_d$、$\hat{L}_q$ 则用于更新电流环 ADRC 的特性增益和状态系数。

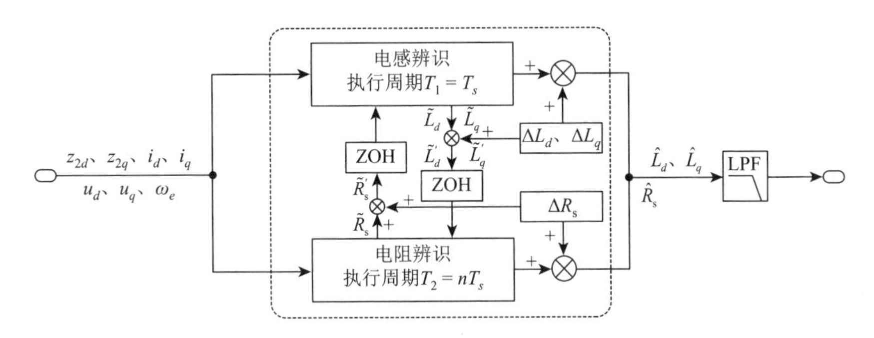

图 4.19　具备误差补偿的双时间尺度电参数辨识框图

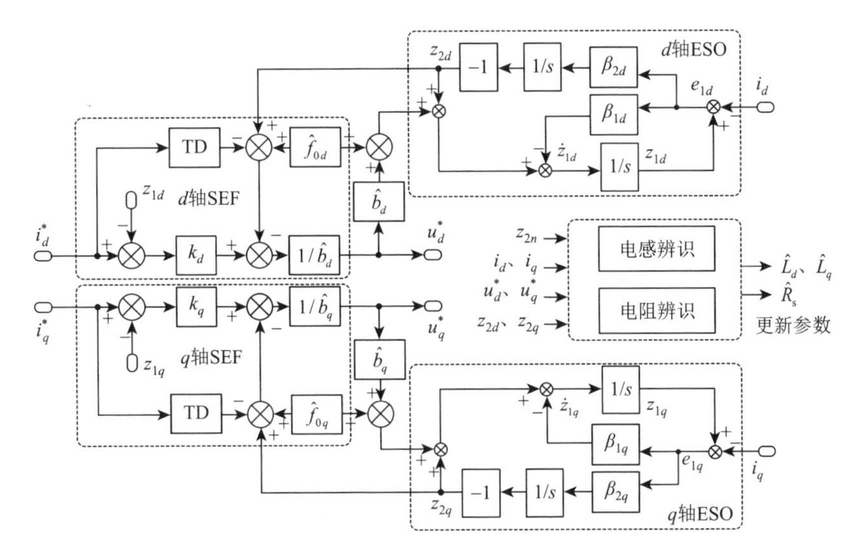

图 4.20　对电参数自适应的电流环 ADRC 结构框图

4.3.5　结果与分析

本小节将通过实验验证所提方法的有效性。实验过程中，电机分别运行于高、低两种转速下（1500 r/min 和 300 r/min），并通过负载电机施加不同负载转矩（0～6 N·m），以此检验所提方法在不同运行点的效果。实验中，电感辨识模块的执行周期和中断周期一致，电阻辨识模块的执行周期则为中断周期的 10 倍。相关控制参数和上节机械参数辨识实验一致。电阻和电感辨识结果通过 LPF 进行处理，截止频率分别选为 2 Hz 和 20 Hz。

图 4.21 为电机运行于 300 r/min 时，不同负载下电参数辨识实验结果。实验过程中，负载转矩从空载逐渐增加至 6 N·m。由图可见，空载运行时，辨识结果完全不准确，这是因为 i_d 、i_q 均接近零，所以方程（4.51）的分母接近零，辨识结果将对电流噪声极为敏感，可信度差。而当负载变为 2 N·m 后，辨识结果 $\hat{R}_s$ 、$\hat{L}_d$ 、$\hat{L}_q$ 均能收敛至真实值 0.75 Ω、3.5 mH、9.8 mH 附近，但由于电阻辨识模块的执行周期是电感辨识的 10 倍，$\hat{R}_s$ 收敛速度显著慢于 $\hat{L}_d$ 、$\hat{L}_q$ 。随着负载转矩的进一步增加，在负载突变的瞬间，辨识结果存在明显波动，但最终仍能稳定在真实值附近。

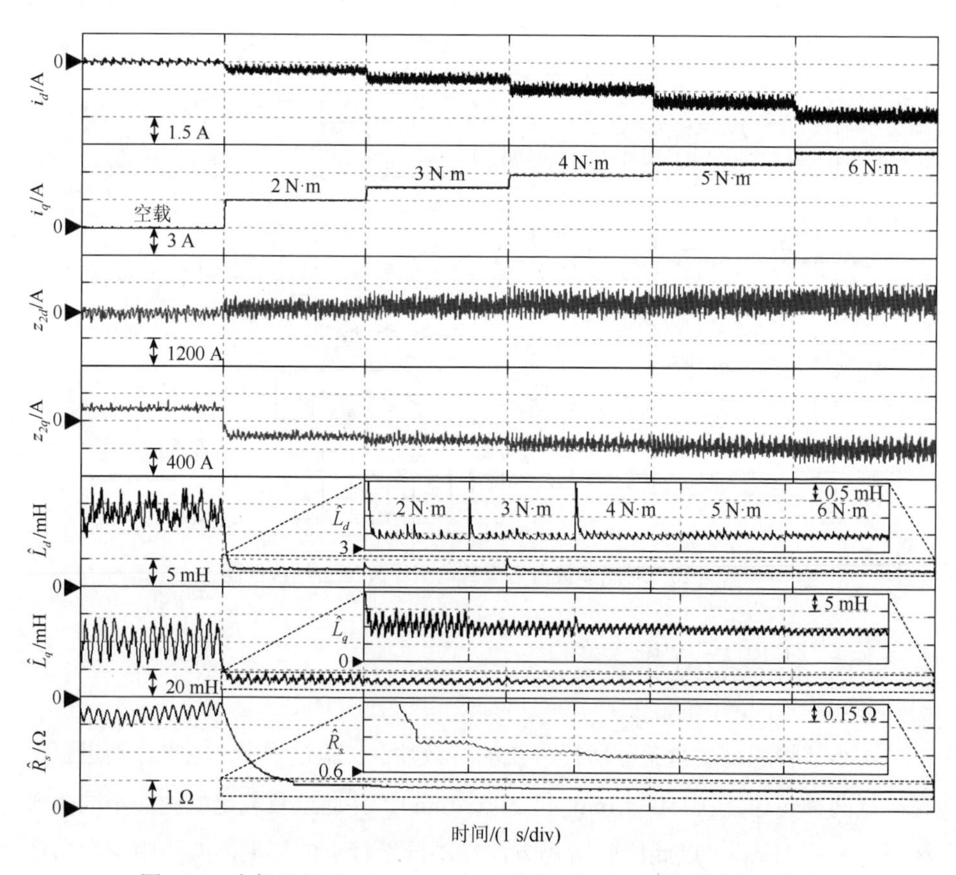

图 4.21　电机运行于 300 r/min 时，不同负载下电参数辨识实验结果

图 4.22 给出了电机运行于 1500 r/min 时，不同负载下电参数辨识实验结果。由图可见，在该转速下，所提方法仍能表现出较高的辨识精度。结合两种转速下的实验结果还能发现，随着负载的增大，辨识结果的噪声水平虽有所降低，但稳态值会出现漂移，$\hat{L}_d$ 会轻微增大，而 $\hat{L}_q$ 和 $\hat{R}_s$ 则会轻微减小。噪声水平降低的原因在于，负载越大，i_d、i_q 越大，辨识方程对 i_d、i_q 的噪声越不敏感，辨识结果的信噪比也就越高。而辨识结果的稳态值发生漂移的原因在于误差补偿策略的不准确性。由式（4.51）可知，误差补偿策略依赖于误差电压的平均值 U_e。本实验在计算 U_e 时将误差电压的瞬时值 ΔU 建模为方波，仅考虑开通、关断、死区时间，以及管压降。然而，受功率器件寄生参数影响，开关管开通和关断瞬间的输出电压存在上升和下降时间，且该电压的变化曲线

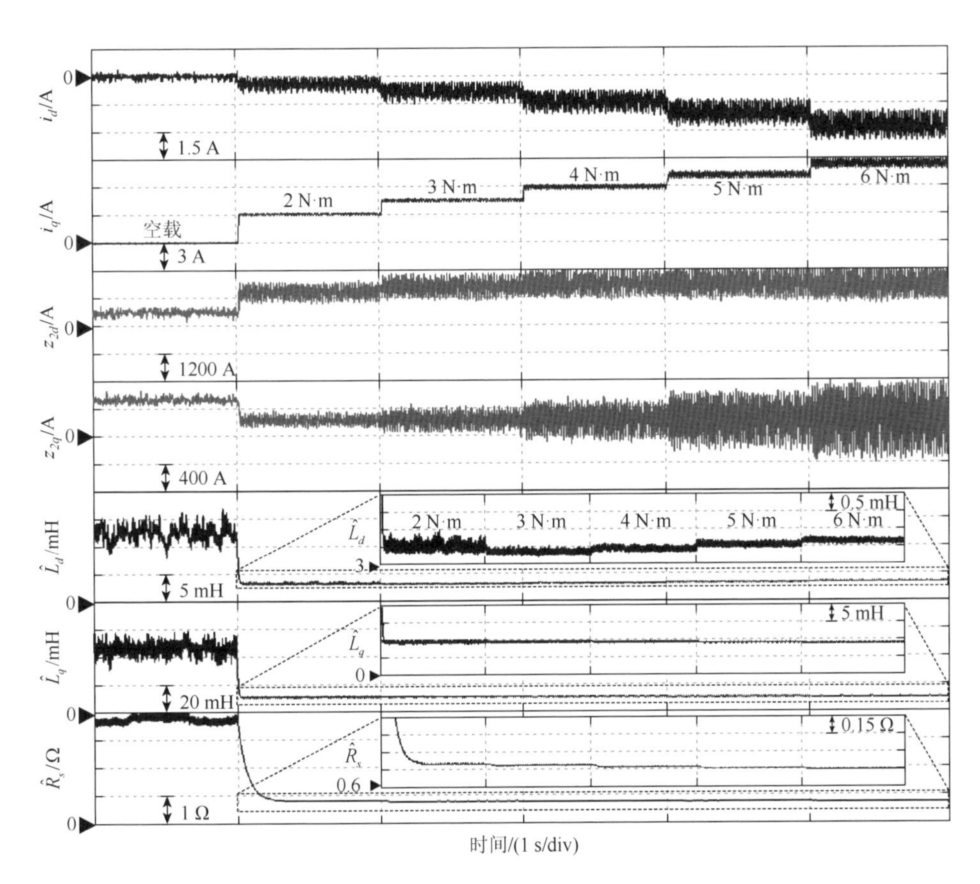

图 4.22　电机运行于 1500 r/min 时，不同负载下电参数辨识实验结果

和相电流有关，因此输出电压并不能简化为方波形式。为进一步提高电参数辨识精度，需要对逆变器非线性特性进行更为精确化的建模，文献[4]提出了一种基于 Sigmoid 函数的误差电压建模方法，其思路是通过离线测试得到非线性误差电压和相电流的关系曲线，再借助 Sigmoid 函数进行拟合，实现对误差电压的建模。该方法理论上可实现更好的补偿效果，但标定过程较为烦琐，工作量大。事实上，在本实验中，即便不做标定，所提方法仍能取得令人接受的效果。

参考文献

[1] RAFAQ M S，MWASILU F，KIM J，et al. Online parameter identification for model-based sensorless control of interior permanent magnet synchronous machine[J]. IEEE Transactions on Power Electronics，2016，32（6）：4631-4643.

[2] FENG G D，LAI C Y，MUKHERJEE K，et al. Current injection-based online parameter and VSI nonlineartity estimation for PMSM drives using current and voltage DC components[J]. IEEE Transactions on Transportation Electrification，2016，2（2）：119-128.

[3] 张国强. 内置式永磁同步电机无位置传感器控制研究[D]. 哈尔滨：哈尔滨工业大学，2017.

[4] 王彤. 永磁电机无位置传感器控制及在线参数辨识研究[D]. 杭州：浙江大学，2019.

第5章

自抗扰控制在谐波抑制中的应用

第 2 章详细阐述了永磁同步电机 ADRC 的设计和分析方法，并就如何进一步提高系统抗负载扰动性能进行了前沿探讨。然而，永磁同步电机控制系统在实际工作中，除受负载变化影响外，还会受一系列内在的谐波扰动影响。谐波扰动频谱丰富，来源广泛。例如，气隙磁密非正弦、齿槽效应等因素会引起反电势谐波，逆变器开关管非线性特性会导致输出电压谐波，电流采样放大电路存在直流偏置，传感器个体间频率特性存在差异（如通道放大倍数不同、相位滞后不同）会导致三相电流采样值不对称，在旋转坐标系下引起电流谐波。无论哪种形式的谐波扰动，最终都会作用到电机中，造成转速、转矩波动，损耗增加，稳态运行性能下降。而在低速下，谐波扰动甚至可能引发低频振荡，造成系统失稳。

永磁同步电机 ADRC 的抗谐波扰动性能取决于 ESO 对该类扰动的观测精度。理论上，若 ESO 带宽足够，谐波扰动总能被精确观测并补偿至控制器输出，从而使系统免受该扰动影响。然而，受采样噪声和控制器时延影响，ESO 带宽存在上限。于是，当转速大于一定值后，谐波扰动频率将超出 ESO 带宽，扰动估计精度大幅下降。此外，过高的带宽将导致 ADRC 丧失其低频段的噪声抑制能力。因此，在应对谐波扰动时，寄希望于提高 ESO 带宽来强化系统抗扰性能，效果总是差强人意的。

针对上述问题，本章引入 CCF 来改造 ESO 的积分环节，并提出新型 CCF-ESO。CCF-ESO 充分利用电机 dq 轴谐波扰动互为正交的特点来发挥 CCF 的选频特性，以此提高对谐波扰动的观测精度，进而加强闭环系统的抗扰性能。为便于描述，本章及以后章节所讨论的 ESO、ADRC 及其改进形式，如无特殊说明，其误差反馈均采用线性形式，参数整定方法采用带宽法。

5.1 永磁同步电机驱动系统谐波来源

谐波扰动来源广泛，作用持续，规律性强，对电机的稳态性能有显著影响。本节将列举永磁同步电机驱动系统中三类较为典型的谐波扰动来源，并就扰动生成机理展开建模和分析。

5.1.1 反电势非正弦

受加工误差、齿槽效应影响，实际生产的电机，其永磁体产生的转子磁场通常会含有大量谐波，非正弦分布转子磁通密度如图5.1所示。

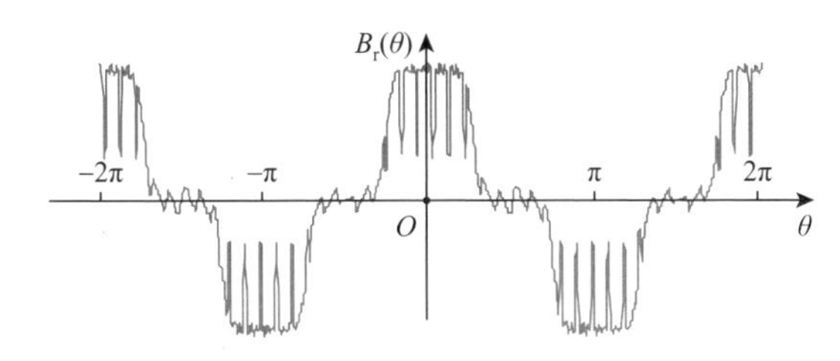

图5.1 非正弦分布转子磁通密度[1]

转子永磁体产生的非理想磁链可表示为基波磁通密度和一系列谐波磁链的叠加。对于三相星型对称分布绕组，一般不存在偶次谐波及3的整数倍奇次谐波。dq坐标系下的永磁磁链表示为[1]

$$\boldsymbol{\psi}_{fdq}(\theta_e)=\begin{bmatrix}\psi_{fd}(\theta_e)\\ \psi_{fq}(\theta_e)\end{bmatrix}=\begin{bmatrix}\psi_{f1}+\sum\limits_{k=1}^{\infty}(\psi_{f(6k-1)}+\psi_{f(6k+1)})\cos(6k\theta_e+\theta_{6k})\\ \sum\limits_{k=1}^{\infty}(-\psi_{f(6k-1)}+\psi_{f(6k+1)})\sin(6k\theta_e+\theta_{6k})\end{bmatrix} \tag{5.1}$$

观察式（5.1），dq轴永磁磁链均包含与位置角有关的谐波分量，虽然谐波同为$6k$次，但二者幅值并不一致，这意味着谐波有正负序之分。定义正序谐波的q轴分量在空间上超前d轴$\pi/2$电角度（旋转方向为逆时针），负序谐波的q轴分量在空间上滞后d轴$\pi/2$电角度（旋转方向为顺时针），如图5.2所示。

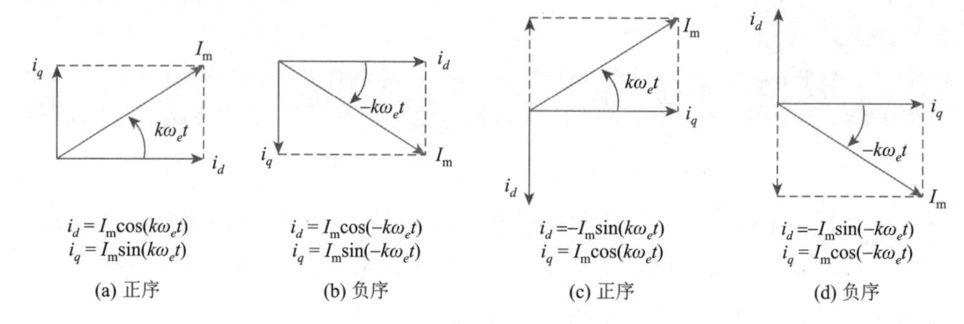

图 5.2　*dq* 坐标系下谐波电流的相序定义

于是，*dq* 坐标系下永磁磁链的正、负序谐波分别表示为

$$\boldsymbol{\psi}_{fdq}^{+6k} = \begin{bmatrix} \psi_{fd}^{+6k} \\ \psi_{fq}^{+6k} \end{bmatrix} = \begin{bmatrix} \sum_{k=1}^{\infty} \psi_{f(6k+1)} \cos(6k\theta_e + \theta_{6k}) \\ \sum_{k=1}^{\infty} \psi_{f(6k+1)} \sin(6k\theta_e + \theta_{6k}) \end{bmatrix} \tag{5.2}$$

$$\boldsymbol{\psi}_{fdq}^{-6k} = \begin{bmatrix} \psi_{fd}^{-6k} \\ \psi_{fq}^{-6k} \end{bmatrix} = \begin{bmatrix} \sum_{k=1}^{\infty} \psi_{f(6k-1)} \cos(-6k\theta_e - \theta_{6k}) \\ \sum_{k=1}^{\infty} \psi_{f(6k-1)} \sin(-6k\theta_e - \theta_{6k}) \end{bmatrix} \tag{5.3}$$

由式（5.2）和式（5.3）可见，正序和负序磁链谐波的来源并不相同。三相静止坐标系下永磁磁链的 $6k+1$ 次和 $6k-1$ 次谐波，在 *dq* 坐标系下分别表现为 $+6k$ 次和 $-6k$ 次谐波。进一步，根据反电势表达式：

$$\boldsymbol{E}_{dq} = \boldsymbol{\psi}_{fdq}\omega_e \tag{5.4}$$

于是，*dq* 坐标系下的反电势亦包含 $\pm 6k$ 次谐波。通常，谐波次数越高，其幅值越小，故 $\boldsymbol{E}_{dq}$ 的谐波分量以 ±6 次为主，这两种谐波对电机稳态性能的影响也最为明显。

5.1.2　逆变器非线性特性

受开关管物理特性限制，实际逆变器在工作中会出现诸多非线性特性。例如，开关管的寄生电容会限制电压变化率，产生开通和关断时间；pn 结的势垒电压会形成开关管的导通压降；此外，为了防止上、下桥臂直通，逆变器还必须设置死区时间。以上非线性因素将使得逆变器实际输出电压无法准确跟踪控制器指令电压，造成输出电压波形畸变，该畸变电压在数学上也可等效为基波和一系列谐波的叠加，从而影响电机稳态性能。

首先将逆变器非线性引起的三相电压误差变换到 $\alpha\beta$ 坐标系，并进行 Fourier 分解[2]：

$$\Delta \boldsymbol{U}_{\alpha\beta}=\begin{bmatrix}\Delta U_\alpha\\ \Delta U_\beta\end{bmatrix}=-\frac{4U_e}{\pi}\begin{bmatrix}\sin\omega_e t+\sum_{k=1}^{\infty}\left\{\frac{\sin[(6k-1)\omega_e t]}{6k-1}+\frac{\sin[(6k+1)\omega_e t]}{6k+1}\right\}\\ -\cos\omega_e t+\sum_{k=1}^{\infty}\left\{\frac{\cos[(6k-1)\omega_e t]}{6k-1}-\frac{\cos[(6k+1)\omega_e t]}{6k+1}\right\}\end{bmatrix} \tag{5.5}$$

由式（5.5）可见，静止坐标系下的误差电压含有 $6k\pm1$ 次谐波分量，各次谐波幅值与频次成反比。进一步，将误差电压变换到 dq 坐标系：

$$\begin{aligned}\Delta \boldsymbol{U}_{dq}=\begin{bmatrix}\Delta U_d\\ \Delta U_q\end{bmatrix}&=\begin{bmatrix}\cos(\omega_e t+\varphi) & \sin(\omega_e t+\varphi)\\ -\sin(\omega_e t+\varphi) & \cos(\omega_e t+\varphi)\end{bmatrix}\begin{bmatrix}\Delta U_\alpha\\ \Delta U_\beta\end{bmatrix}\\ &=\frac{4U_e}{\pi}\begin{bmatrix}\sin\varphi-\sum_{k=1}^{\infty}\left[\frac{\sin(6k\omega_e t+\varphi)}{6k-1}+\frac{\sin(6k\omega_e t-\varphi)}{6k+1}\right]\\ \cos\varphi-\sum_{k=1}^{\infty}\left[\frac{\cos(6k\omega_e t+\varphi)}{6k-1}-\frac{\cos(6k\omega_e t-\varphi)}{6k+1}\right]\end{bmatrix}\end{aligned} \tag{5.6}$$

式中：φ 为电流矢量和 q 轴的夹角。和反电势 $\boldsymbol{E}_{dq}$ 类似，输出电压误差 $\Delta\boldsymbol{U}_{dq}$ 的 $6k$ 次谐波亦存在正、负序之分。将 $\Delta\boldsymbol{U}_{dq}$ 整理为如下形式：

$$\Delta \boldsymbol{U}_{dq}=\frac{4U_e}{\pi}\left\{\begin{bmatrix}\sin\varphi\\ \cos\varphi\end{bmatrix}-\underbrace{\begin{bmatrix}\sum_{k=1}^{\infty}\frac{-\sin(-6k\omega_e t-\varphi)}{6k-1}\\ \sum_{k=1}^{\infty}\frac{\cos(-6k\omega_e t-\varphi)}{6k-1}\end{bmatrix}}_{\Delta \boldsymbol{U}_{dq}^{-6k}}+\underbrace{\begin{bmatrix}\sum_{k=1}^{\infty}\frac{-\sin(6k\omega_e t-\varphi)}{6k+1}\\ \sum_{k=1}^{\infty}\frac{\cos(6k\omega_e t-\varphi)}{6k+1}\end{bmatrix}}_{\Delta \boldsymbol{U}_{dq}^{+6k}}\right\} \tag{5.7}$$

可见，dq 坐标系下的误差电压包含 $+6k$ 次和 $-6k$ 次谐波分量，相同次正、负序谐波幅值之比为 $(6k-1)/(6k+1)$。和反电势谐波类似，误差电压的谐波幅值与其阶次成反比，故实际谐波成分也以 ±6 次为主。

通常，母线电压、死区时间以及开关管压降均为恒定值，故电机轻载运行时，逆变器非线性导致的电压误差百分比相较重载运行时更大，从而 dq 轴电流的 ±6 次谐波占比也更大；另外，当电机运行速度较低时，谐波阻抗较小，故谐波电流也会偏大。因此，逆变器非线性特性对电机稳态性能的影响在低速轻载工况下最为明显。

5.1.3 三相不平衡

常规永磁同步电机驱动系统是典型的三相对称系统。然而，受一些非理想加工因素影响，电机可能出现气隙偏心、相绕组空间分布不对称的问题，从而导致电机反电势幅值或相位不平衡；在一些长线驱动场合，如电潜泵和钻探机，也可能出现电缆阻抗不对称的问题。以上问题将导致实际电机系统出现三相不平衡现象。当电机处于三相不平衡运行时，静止坐标系下的定子电压、电流均会包含正序和负序分量[3]：

$$\boldsymbol{F}_{\alpha\beta} = \boldsymbol{F}_{\alpha\beta}^{+1st} + \boldsymbol{F}_{\alpha\beta}^{-1st} \tag{5.8}$$

式中：$\boldsymbol{F}_{\alpha\beta}$ 表示电压或电流矢量，上标“$+1st$”和“$-1st$”分别指代正序和负序分量。将 $\boldsymbol{F}_{\alpha\beta}$ 变换到 dq 坐标系：

$$\boldsymbol{F}_{dq}\mathrm{e}^{\mathrm{j}\omega_e t} = \boldsymbol{F}_{dq}^{+1st}\mathrm{e}^{\mathrm{j}\omega_e t} + \boldsymbol{F}_{dq}^{-1st}\mathrm{e}^{-\mathrm{j}\omega_e t} \tag{5.9}$$

整理得

$$\boldsymbol{F}_{dq} = \boldsymbol{F}_{dq}^{+1st} + \boldsymbol{F}_{dq}^{-1st}\mathrm{e}^{-2\mathrm{j}\omega_e t} \tag{5.10}$$

由式（5.10）可见，由三相不平衡引起的负序分量在 dq 坐标系下表现为 −2 次谐波脉动，从而影响电机稳态运行性能。

5.2 传统扩张状态观测器的局限性

根据上节的分析，不论是电机反电势非正弦还是逆变器非线性特性，其导致的谐波扰动次数均以 5、7 为主，在 dq 坐标系下则表现为±6 次；另外，由三相不平衡引起的负序分量也会在 dq 坐标系下表现为 -2 次谐波。如不采取应对措施，这些谐波扰动将严重影响电机稳态运行性能。

对永磁同步电机 ADRC 而言，上述非理想因素引发的谐波扰动在 ADRC 中都将被归类为集中扰动。理论上，若 ESO 能准确对谐波扰动做出估计，那么再通过前馈补偿，ADRC 就可以抑制这些谐波扰动，从而使系统免受影响。然而，谐波扰动频率和电机运行转速有关，若转速太高，谐波扰动频率将超出电流环 ESO 的带宽，导致估计精度大幅下降。考虑到电流环被控对象的数学模型为一阶，故本节以一阶系统为例展开分析。

针对一阶被控对象：

$$\dot{x} = f_0 + f_1 + b_0 u \tag{5.11}$$

令 $x_1 = x$， $x_2 = f_1$，设计二阶 ESO：

$$\begin{cases} e_1 = z_1 - x_1 \\ \dot{z}_1 = z_2 + f_0 + b_0 u - \beta_1 e_1 \\ \dot{z}_2 = -\beta_2 e_1 \end{cases} \tag{5.12}$$

结合式（5.11）和式（5.12）得误差状态方程为

$$\begin{cases} \dot{e}_1 = e_2 - \beta_1 e_1 \\ \dot{e}_2 = -h - \beta_2 e_1 \end{cases} \tag{5.13}$$

式中：$e_1 = z_1 - x_1$； $e_2 = z_2 - x_2$； $h = \dot{f}_1$。将式（5.12）和式（5.13）转换到频域，整理得到扰动观测值的传递函数 $G_{z_2}(s)$ 和扰动估计误差 $G_{e_2}(s)$ 的传递函数为

$$\begin{cases} G_{z_2}(s) = \dfrac{Z_2(s)}{X_2(s)} = \dfrac{\beta_2}{s^2 + \beta_1 s + \beta_2} = \dfrac{\omega_0^2}{(s+\omega_0)^2} \\ G_{e_2}(s) = \dfrac{E_2(s)}{X_2(s)} = \dfrac{Z_2(s)}{X_2(s)} - 1 = \dfrac{-(s^2 + \beta_1 s)}{s^2 + \beta_1 s + \beta_2} = \dfrac{-s(s+2\omega_0)}{(s+\omega_0)^2} \end{cases} \tag{5.14}$$

由 $G_{z_2}(s)$ 的表达式可知，ESO 在频域等价为二阶 LPF，因此能实现对直流或缓慢变化扰动的无差估计。然而，当扰动存在频繁周期性波动时，扰动估计误差 e_2 将无法收敛至稳定值。计算 $G_{e_2}(s)$ 的幅频响应：

$$\left| \frac{E_2(\mathrm{j}\omega)}{X_2(\mathrm{j}\omega)} \right| = \frac{\omega\sqrt{\omega^2 + 4\omega_0^2}}{\omega^2 + \omega_0^2} \tag{5.15}$$

对于频率为ω_h、幅值为A_m的正弦扰动$x_2 = A_m \sin(\omega_h t)$，ESO 的扰动估计误差$e_2$亦为正弦量，其幅值为

$$e_{2m} = \frac{A_m \omega_h \sqrt{\omega_h^2 + 4\omega_0^2}}{\omega_h^2 + \omega_0^2} \tag{5.16}$$

ESO 谐波扰动估计误差的 Bode 图如图 5.3 所示。可见，当扰动频率较低时，误差幅值衰减大，扰动估计精度高；而随着扰动频率的升高，误差幅值显著增大，直至无衰减，此时 ESO 无法进行有效估计，ADRC 完全失去抗扰能力。另外，针对相同频率的扰动，提高 ESO 带宽可使$G_{e_2}(s)$的幅频曲线下移，降低估计误差。但如果带宽过高，那么 ADRC 将丧失低频段的噪声抑制能力，效果差强人意。

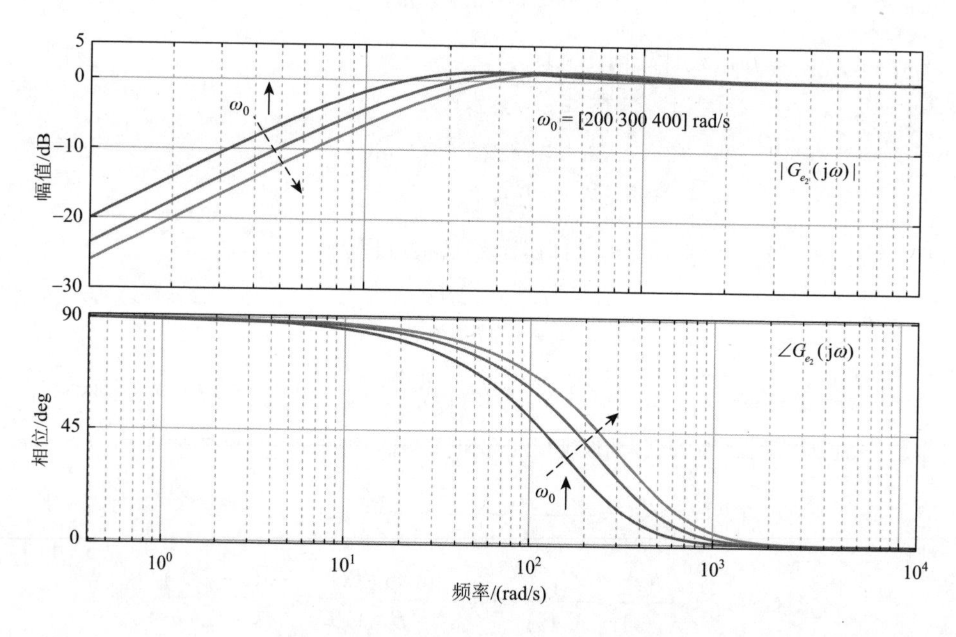

图 5.3　ESO 谐波扰动估计误差的 Bode 图

5.3　复系数扩张状态观测器设计与分析

提升 ADRC 的抗谐波扰动性能，关键在于提升 ESO 对谐波扰动的观测精

度。本节将摒弃传统思路，转而对 ESO 的结构加以改造，以实现在准确估计特定频次谐波的同时，不对其他频段造成影响。

5.3.1 复系数滤波器引入

CCF 是一种针对矢量信号的特殊滤波器，可视为 LPF 的变型，但存在孤立的复极点，且中心频率（即单位增益，零相移对应的频率）较 0 Hz 有偏移。CCF 的传递函数为

$$G_{\mathrm{CCF}}(s)=\frac{\boldsymbol{Y}(s)}{\boldsymbol{U}(s)}=\frac{\omega_c}{s-\mathrm{j}\omega_{\mathrm{re}}+\omega_c} \tag{5.17}$$

式中：ω_c、ω_{re} 分别为 CCF 的截止频率和中心频率；$\boldsymbol{U}(s)=u_d(s)+\mathrm{j}u_q(s)$，$\boldsymbol{Y}(s)=y_d(s)+\mathrm{j}y_q(s)$，分别为输入和输出复矢量。

1. 幅频响应分析

CCF 的幅频响应和相频响应为

$$\begin{cases}|G_{\mathrm{CCF}}(\mathrm{j}\omega)|=\dfrac{\omega_c}{\sqrt{(\omega_c-\omega_{\mathrm{re}})^2+\omega_c^2}}\\ \angle G_{\mathrm{CCF}}(\mathrm{j}\omega)=-\arctan\dfrac{\omega-\omega_{\mathrm{re}}}{\omega_c}\end{cases} \tag{5.18}$$

不同参数下 CCF 的 Bode 图如图 5.4 和图 5.5 所示。图 5.4 中，CCF 的截止频率为 20 rad/s，频率响应曲线随 ω_{re} 增大而向右移动，但中心频率处始终保持单位增益和零相位延迟，由此体现了 CCF 的选频特性。图 5.5 中，当中心频率保持为 400 rad/s 不变时，随着 ω_c 的减小，CCF 带宽变窄，远离中心频率的其他频率点幅值衰减和相位延迟变大，CCF 的滤波效果变好，但同时，滤波器的响应速度也变慢。因此，在设计 CCF 参数时，应根据使用场景对滤波性能和动态响应速度做出权衡。

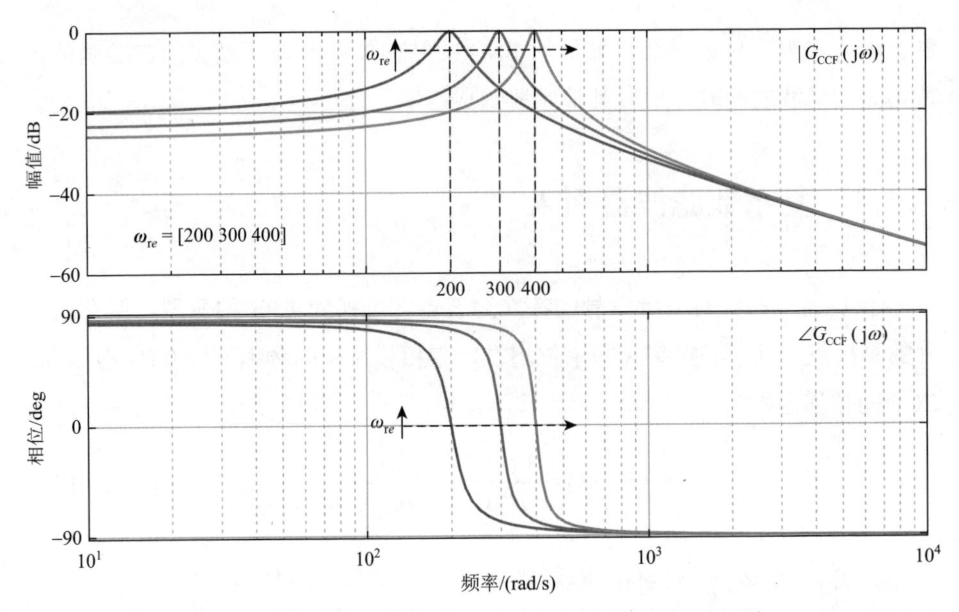

图 5.4　CCF 的 Bode 图（$\omega_c = 20$，$\boldsymbol{\omega}_{re} = [200\ \ 300\ \ 400]$）

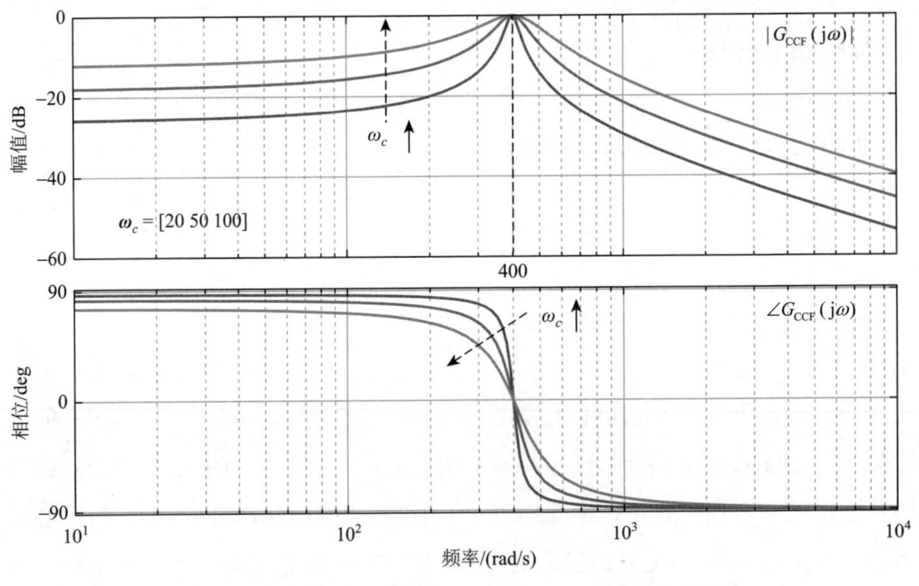

图 5.5　CCF 的 Bode 图（$\omega_{re} = 400$，$\boldsymbol{\omega}_c = [20\ \ 50\ \ 100]$）

2. 标量模型

CCF 传递函数的分母存在复系数，其输入输出信号必须是复矢量形式。实际应用中，需将其转换为标量形式方可实现。将式（5.17）重写为如下形式：

$$\frac{\boldsymbol{Y}(s)}{\boldsymbol{U}(s)}=\frac{u_d(s)+\mathrm{j}u_q(s)}{y_d(s)+\mathrm{j}y_q(s)}=\frac{\omega_c}{s-\mathrm{j}\omega_{\mathrm{re}}+\omega_c} \tag{5.19}$$

整理并分离虚、实部，得到 CCF 的标量形式为

$$\begin{bmatrix} y_d(s) \\ y_q(s) \end{bmatrix}=\frac{\omega_c}{s+\omega_c}\begin{bmatrix} u_d(s) \\ u_q(s) \end{bmatrix}+\frac{\omega_{\mathrm{re}}}{s+\omega_c}\begin{bmatrix} -y_d(s) \\ y_q(s) \end{bmatrix} \tag{5.20}$$

根据式（5.20），构建 CCF 结构框图如图 5.6 所示。

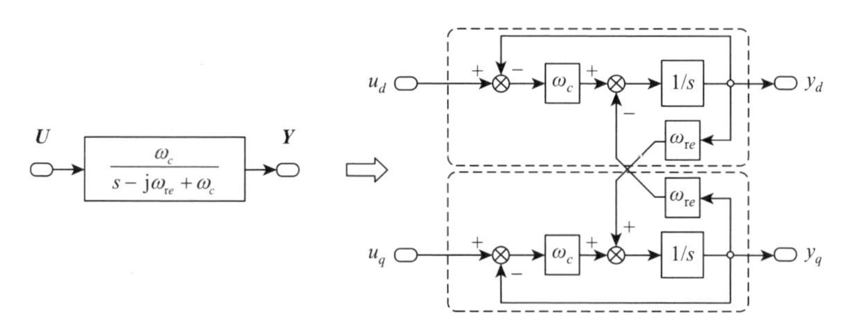

图 5.6　CCF 结构框图

3. 参数设计

CCF 的选频特性使得其特别适用于从原始信号中提取特定阶次谐波信号。当输入信号基频不变时，CCF 的选频性能取决于其截止频率 ω_c。然而，当原始信号基频发生改变时，谐波频率亦会改变。此时，根据式（5.21），若 ω_c 不变，则不同 ω_{re} 下 CCF 的幅值衰减和相位延迟将无法保持一致。为此，将 ω_c 设计为

$$\omega_c=\sigma_c\,|\,\omega_{\mathrm{re}}\,| \tag{5.21}$$

式中：σ_c 定义为截止频率系数。CCF 的频率响应可重写为

$$\begin{cases} |\,G_{\mathrm{CCF}}(\mathrm{j}\omega)\,|=\dfrac{\sigma_c}{\sqrt{(\omega/\omega_{\mathrm{re}}-1)^2+\sigma_c^2}} \\ \angle G_{\mathrm{CCF}}(\mathrm{j}\omega)=-\arctan\dfrac{\omega/\omega_{\mathrm{re}}-1}{\sigma_c}\mathrm{sign}(\omega_{\mathrm{re}}) \end{cases} \tag{5.22}$$

由式（5.22）可见，当截止频率系数 σ_c 保持不变时，CCF 的频率响应只与 $\omega/\omega_{\mathrm{re}}$ 有关。因而，针对不同基频的输入信号，CCF 在同阶次谐波下的频率响应是一致的。

图 5.7 给出了 $\sigma_c = 0.1$ 时 CCF 的 Bode 图。可见，不同中心频率 ω_{re} 下 CCF 幅频响应、相频响应曲线形状一致，只是中心点存在偏移，因而它们对相同阶次谐波的提取能力具备高度一致性。

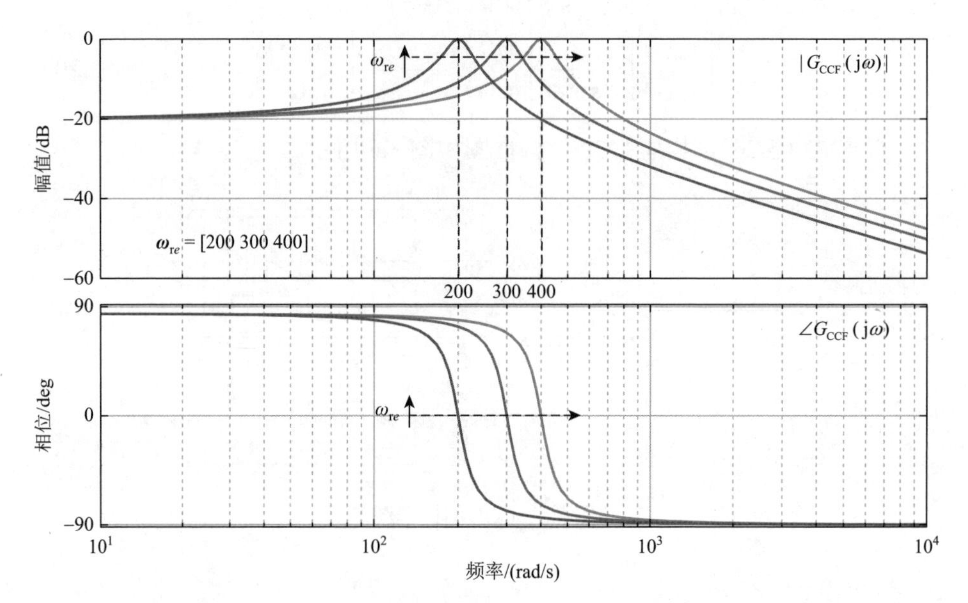

图 5.7 CCF 的 Bode 图（$\sigma_c = 0.1$，$\boldsymbol{\omega}_{re} = [200\ \ 300\ \ 400]$）

5.3.2 复系数扩张状态观测器设计

CCF 要求输入信号为正交矢量信号，而电机 dq 轴电流环谐波扰动具备该特征。为提升 ESO 对谐波扰动的估计精度，本小节将 CCF 与 ESO 融合设计，提出 CCF-ESO。

需要注意，由于电机 d 轴与 q 轴之间存在耦合，若按传统方式从时域角度出发设计观测器，方程复杂，不利于理解和分析，而从复频域角度则可以较好地规避该问题。因此，本小节对 CCF-ESO 的设计将首先从复频域展开。

对如下一阶复频域被控对象：

$$\boldsymbol{X}_1(s) = \frac{1}{s}[\boldsymbol{X}_2(s) + \boldsymbol{F}_0(s) + \boldsymbol{b}_0\boldsymbol{U}(s)] \tag{5.23}$$

CCF-ESO 的复频域模型设计为

$$\begin{cases} \boldsymbol{E}_1(s)=\boldsymbol{Z}_1(s)-\boldsymbol{X}_1(s) \\ \boldsymbol{Z}_1(s)=\dfrac{1}{s}[\boldsymbol{Z}_2(s)+\boldsymbol{F}_0(s)+\boldsymbol{b}_0\boldsymbol{U}(s)-\boldsymbol{\beta}_1\boldsymbol{E}_1(s)] \\ \boldsymbol{Z}_2(s)=\left[\dfrac{1}{s}+G_{\mathrm{CCF}}(s)\right][-\boldsymbol{\beta}_2\boldsymbol{E}_1(s)] \end{cases} \tag{5.24}$$

式中：$\boldsymbol{X}_1(s)$ 为系统状态复矢量，$\boldsymbol{X}_1(s)=[X_{1d}(s)\ X_{1q}(s)]^{\mathrm{T}}$；

$\boldsymbol{X}_2(s)$ 为未知扰动复矢量，$\boldsymbol{X}_2(s)=[X_{2d}(s)\ X_{2q}(s)]^{\mathrm{T}}$；

$\boldsymbol{U}(s)$ 为系统输入复矢量，$\boldsymbol{U}(s)=[U_d(s)\ U_q(s)]^{\mathrm{T}}$；

$\boldsymbol{Z}_1(s)$ 为状态估计值复矢量，$\boldsymbol{Z}_1(s)=[Z_{1d}(s)\ Z_{1q}(s)]^{\mathrm{T}}$；

$\boldsymbol{Z}_2(s)$ 为未知扰动估计值复矢量，$\boldsymbol{Z}_2(s)=[Z_{2d}(s)\ Z_{2q}(s)]^{\mathrm{T}}$；

$\boldsymbol{E}_1(s)$ 为状态估计误差复矢量，$\boldsymbol{E}_1(s)=[E_{1d}(s)\ E_{1q}(s)]^{\mathrm{T}}$；

$\boldsymbol{F}_0(s)$ 为已知扰动复矢量，$\boldsymbol{F}_0(s)=[F_{0d}(s)\ F_{0q}(s)]^{\mathrm{T}}$；

$\boldsymbol{b}_0=\begin{bmatrix} b_{0d} & 0 \\ 0 & b_{0q} \end{bmatrix}$，$\boldsymbol{\beta}_1=\begin{bmatrix} \beta_{1d} & 0 \\ 0 & \beta_{1q} \end{bmatrix}$，$\boldsymbol{\beta}_2=\begin{bmatrix} \beta_{2d} & 0 \\ 0 & \beta_{2q} \end{bmatrix}$，$G_{\mathrm{CCF}}(s)=\dfrac{\omega_c}{s-\mathrm{j}\omega_{\mathrm{re}}+\omega_c}$。

同传统 ESO 相比，CCF-ESO 对方程第二阶的积分环节进行了改造，并入一个 CCF，实现对谐波扰动的提取。$\boldsymbol{Z}_2(s)$ 可分解如下：

$$\boldsymbol{Z}_2(s)=\underbrace{\frac{-\boldsymbol{\beta}_2\boldsymbol{E}_1(s)}{s}}_{\boldsymbol{Z}_2^{\mathrm{DC}}(s)}+\underbrace{\frac{\omega_c[-\boldsymbol{\beta}_2\boldsymbol{E}_1(s)]}{s-\mathrm{j}\omega_{\mathrm{re}}+\omega_c}}_{\boldsymbol{Z}_2^{\mathrm{AC}}(s)} \tag{5.25}$$

式中：$\boldsymbol{Z}_2^{\mathrm{DC}}(s)$ 和 $\boldsymbol{Z}_2^{\mathrm{AC}}(s)$ 分别定义为直流扰动和交流扰动的估计值。

CCF-ESO 的复矢量结构框图如图 5.8 所示。复矢量模型清晰直观，便于理解，但仍需转换为标量模型。根据式（5.24）、式（5.25），推导出 CCF-ESO 的标量形式如下：

$$\begin{cases} E_{1d}(s)=Z_{1d}(s)-X_{1d}(s) \\ Z_{1d}(s)=\dfrac{1}{s}[Z_{2d}(s)+F_{0d}(s)+b_{0d}U_d(s)-\beta_{1d}E_{1d}(s)] \\ Z_{2d}(s)=Z_{2d}^{\mathrm{DC}}(s)+Z_{2d}^{\mathrm{AC}}(s) \\ Z_{2d}^{\mathrm{DC}}(s)=\dfrac{1}{s}[-\beta_{2d}E_{1d}(s)] \\ Z_{2d}^{\mathrm{AC}}(s)=\dfrac{\omega_c}{s+\omega_c}[-\beta_{2d}E_{1d}(s)]-\dfrac{\omega_{\mathrm{re}}}{s+\omega_c}Z_{2q}^{\mathrm{AC}}(s) \end{cases} \tag{5.26}$$

$$\begin{cases} E_{1q}(s)=Z_{1q}(s)-X_{1q}(s) \\ Z_{1q}(s)=\dfrac{1}{s}[Z_{2q}(s)+F_{0q}(s)+b_{0q}U_q(s)-\beta_{1q}E_{1q}(s)] \\ Z_{2q}(s)=Z_{2q}^{\mathrm{DC}}(s)+Z_{2q}^{\mathrm{AC}}(s) \\ Z_{2q}^{\mathrm{DC}}(s)=\dfrac{1}{s}[-\beta_{2q}E_{1q}(s)] \\ Z_{2q}^{\mathrm{AC}}(s)=\dfrac{\omega_c}{s+\omega_c}[-\beta_{2q}E_{1q}(s)]+\dfrac{\omega_{\mathrm{re}}}{s+\omega_c}Z_{2d}^{\mathrm{AC}}(s) \end{cases} \tag{5.27}$$

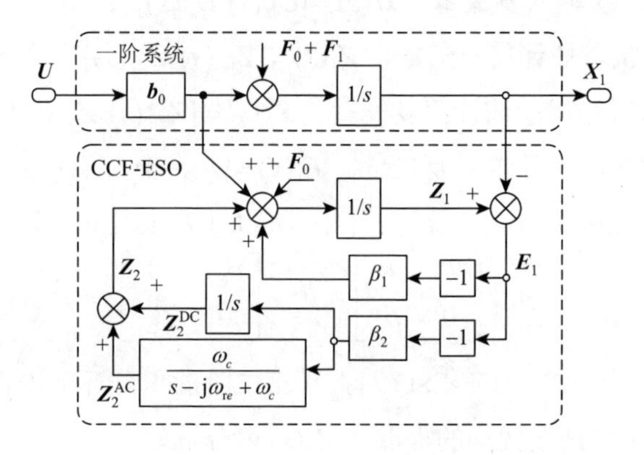

图 5.8　CCF-ESO 复矢量结构框图

根据式（5.26）和式（5.27），得到 dq 轴 CCF-ESO 的时域表达式为

$$\begin{cases} e_{1d}=z_{1d}-x_{1d} \\ \dot{z}_{1d}=z_{2d}+f_{0d}+b_{0d}u_d-\beta_{1d}e_{1d} \\ z_{2d}=z_{2d}^{\mathrm{DC}}+z_{2d}^{\mathrm{AC}} \\ \dot{z}_{2d}^{\mathrm{DC}}=-\beta_2 e_{1dd} \\ \dot{z}_{2d}^{\mathrm{AC}}=-\omega_c(z_{2d}^{\mathrm{AC}}+\beta_{2d}e_{1d})-\omega_{\mathrm{re}}z_{2q}^{\mathrm{AC}} \end{cases} \tag{5.28}$$

$$\begin{cases} e_{1q}=z_{1q}-x_{1q} \\ \dot{z}_{1q}=z_{2q}+f_{0q}+b_{0q}u_q-\beta_{1q}e_{1q} \\ z_{2q}=z_{2q}^{\mathrm{DC}}+z_{2q}^{\mathrm{AC}} \\ \dot{z}_{2q}^{\mathrm{DC}}=-\beta_{2q}e_{1q} \\ \dot{z}_{2q}^{\mathrm{AC}}=-\omega_c(z_{2q}^{\mathrm{AC}}+\beta_{2q}e_{1q})+\omega_{\mathrm{re}}z_{2d}^{\mathrm{AC}} \end{cases} \tag{5.29}$$

图 5.9 给出了 CCF-ESO 的标量结构框图，同传统 ESO 相比，增加了一个基于 CCF 的谐波扰动估计环节。

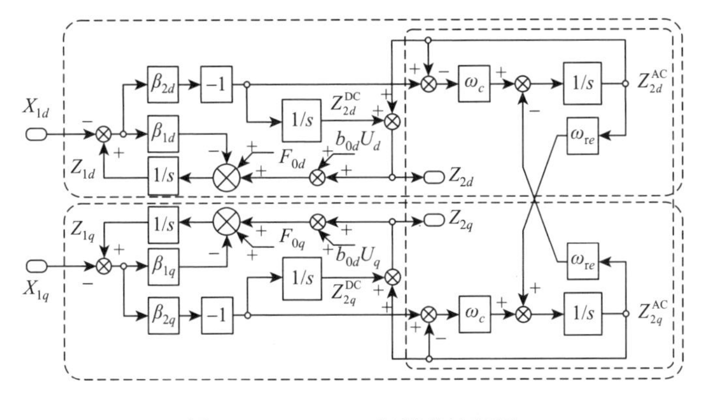

图 5.9　CCF-ESO 标量结构框图

5.3.3　谐波扰动估计误差分析

以 d 轴为例，通过分析扰动估计误差的传递函数 $G_{e_{2d}}(s)$，可评估 CCF-ESO 的谐波扰动估计精度。不同参数组合下 $G_{e_{2d}}(s)$ 的频率响应如图 5.10～图 5.12 所示。

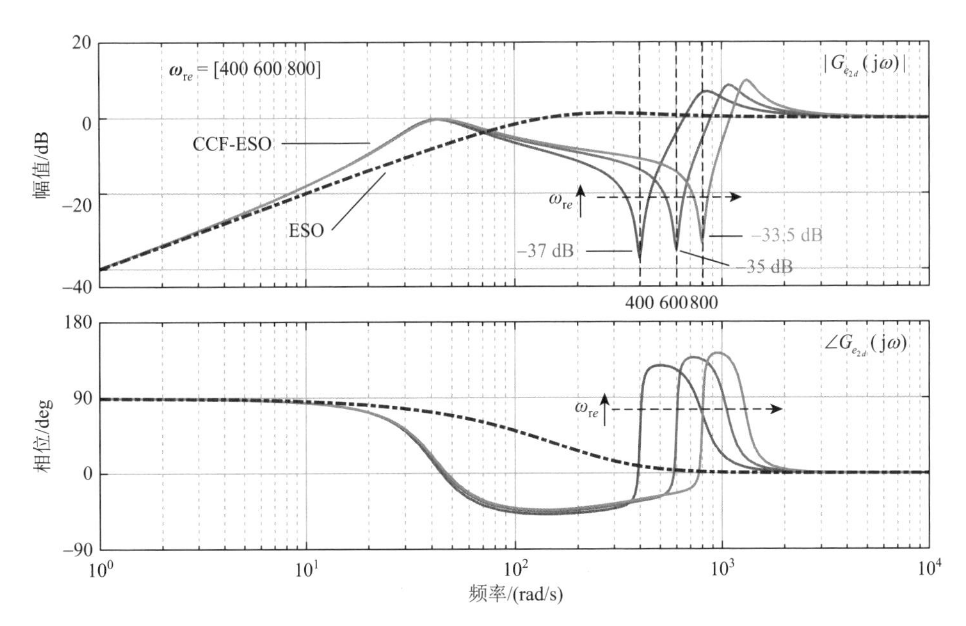

图 5.10　$G_{e_{2d}}(s)$ 的 Bode 图（$\sigma_c = 0.02$，$\omega_0 = 200$，$\boldsymbol{\omega}_{re} = [400\ \ 600\ \ 800]$）

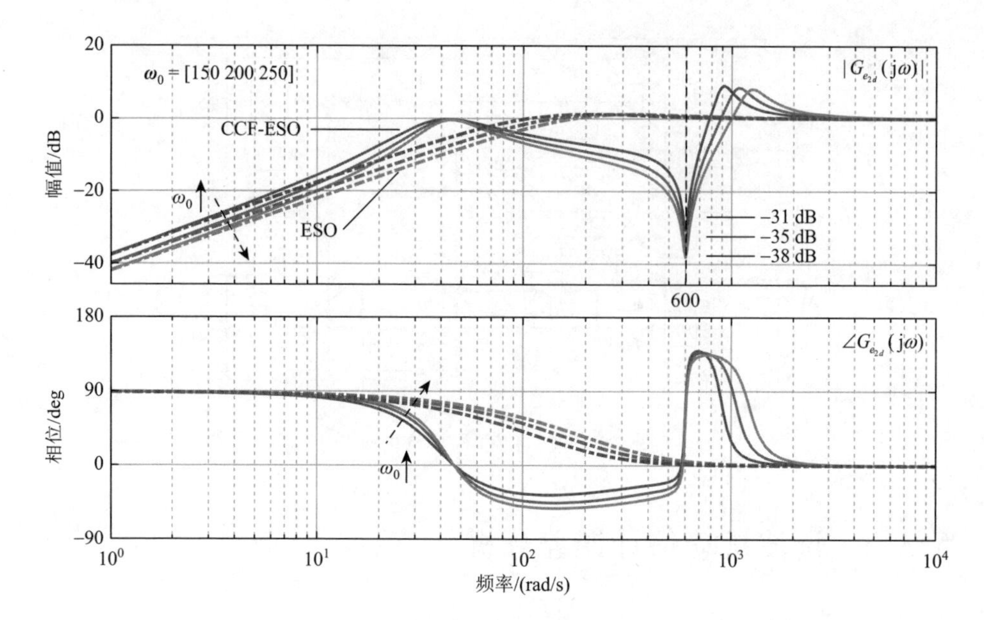

图 5.11　$G_{e_{2d}}(s)$ 的 Bode 图（$\sigma_c = 0.02$，$\omega_{\rm re} = 600$，$\boldsymbol{\omega}_0 = [150\ \ 200\ \ 250]$）

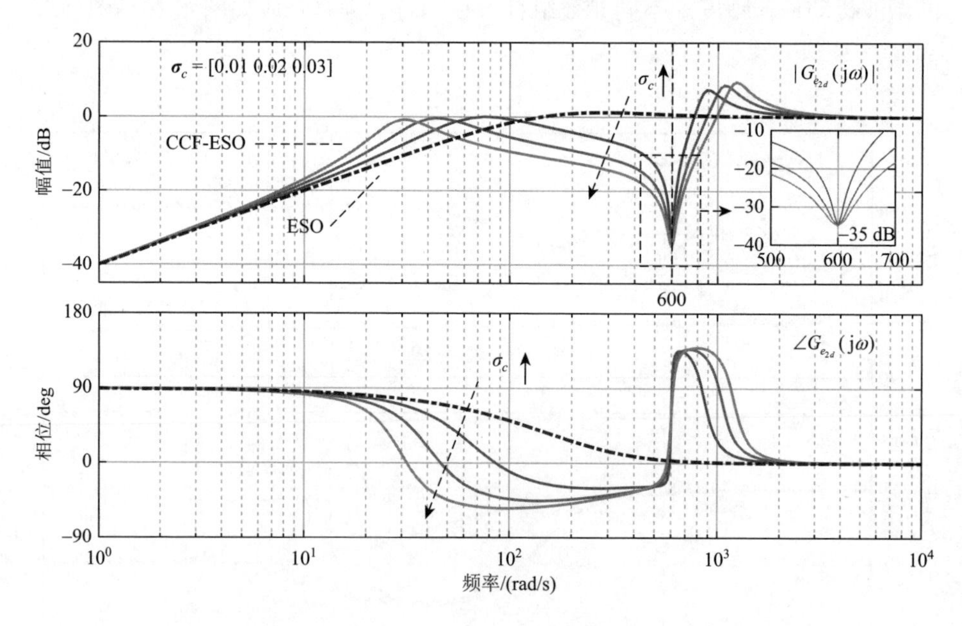

图 5.12　$G_{e_{2d}}(s)$ 的 Bode 图（$\omega_0 = 200$，$\omega_{\rm re} = 600$，$\boldsymbol{\sigma}_c = [0.01\ \ 0.02\ \ 0.03]$）

图 5.10 为不同中心频率下 $G_{e_{2d}}(s)$ 的 Bode 图。其中，$\omega_0 = 200$，$\sigma_c = 0.02$，

$\boldsymbol{\omega}_{re}=[400\ 600\ 800]$。作为对比，相同带宽下传统 ESO 扰动估计误差的频响曲线在图中以虚线标出。可以看出，在低频和高频区间，CCF-ESO 具备和传统 ESO 接近的频率特性，即对直流和缓慢变化的扰动具备较高的估计精度，而对高频扰动基本失去估计能力。然而，在中心频率 ω_{re} 处，CCF-ESO 的幅频曲线则表现出十分显著的衰减峰，且相移为零，这表明位于该频率的谐波扰动可以被 CCF-ESO 精确估计。由此可见，CCF-ESO 继承了 CCF 的选频特性，但又保留了传统 ESO 在其他频段的频率特性。

图 5.11 和图 5.12 分别为 $\omega_{re}=600$ 时，不同带宽 ω_0 和不同截止频率系数 σ_c 下的 $G_{e_{2d}}(s)$ 的 Bode 图。作为对比，传统 ESO 频率响应仍以虚线给出。可以看出，当 σ_c 不变时，随着 ω_0 增大，CCF-ESO 幅频曲线逐渐下移，意味着全频段扰动估计误差降低；而当 ω_0 不变时，随着 σ_c 减小，CCF-ESO 在 ω_{re} 处带宽变窄，选频能力增强，但峰值增益保持不变（–35 dB）。

5.4 复系数自抗扰控制器设计与分析

5.4.1 复系数自抗扰控制器设计

将传统自抗扰控制器的 ESO 替换为 CCF-ESO，得到 CCF-ADRC，其结构框图如图 5.13 所示。CCF-ADRC 的控制律设计为

$$\boldsymbol{U}(s)=\frac{\boldsymbol{k}[\boldsymbol{R}(s)-\boldsymbol{Z}_1(s)]+s\boldsymbol{R}(s)-[\boldsymbol{Z}_2(s)+\boldsymbol{F}_0(s)]}{\boldsymbol{b}_0} \tag{5.30}$$

式中：$\boldsymbol{k}$ 为控制器增益，$\boldsymbol{k}=\mathrm{diag}(k_d,k_q)$。

5.4.2 谐波扰动抑制能力分析

令 $\boldsymbol{\beta}_1=\mathrm{diag}(2\omega_0,2\omega_0)$，$\boldsymbol{\beta}_2=\mathrm{diag}(\omega_0^2,\omega_0^2)$，解得控制量 $\boldsymbol{U}(s)$ 的表达式为

$$\boldsymbol{U}(s)=\boldsymbol{L}_1(s)\boldsymbol{X}_1(s)+\boldsymbol{L}_2(s)\boldsymbol{R}(s)-\frac{\boldsymbol{F}_0(s)}{\boldsymbol{b}_0} \tag{5.31}$$

式中：

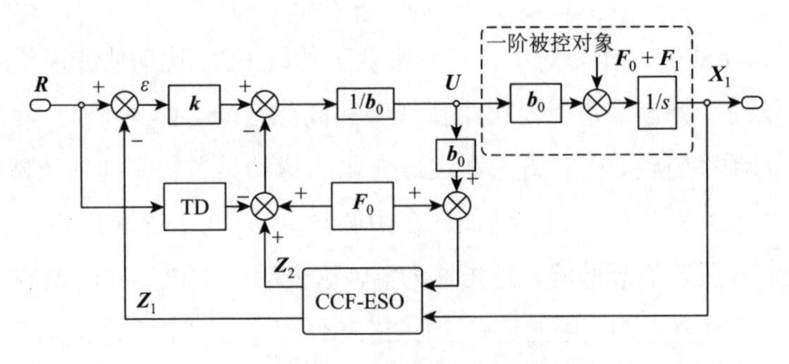

图 5.13　CCF-ADRC 复矢量结构框图

$$L_1(s)=-\frac{G_{\mathrm{CCF}}(s)\omega_0^2 s^2+[G_{\mathrm{CCF}}(s)\boldsymbol{k}\omega_0^2+\omega_0^2+2\boldsymbol{k}\omega_0]s+\boldsymbol{k}\omega_0^2}{\boldsymbol{b}_0 s(s+\boldsymbol{k}+2\omega_0)}$$

$$L_2(s)=\frac{[s^2+(G_{\mathrm{CCF}}\omega_0^2+2\omega_0)s+\omega_0^2](s+\boldsymbol{k})}{\boldsymbol{b}_0 s(s+\boldsymbol{k}+2\omega_0)}$$

进一步，根据式（5.31），将 CCF-ADRC 转化为如（5.32）所示的标准二自由度（2-DOF）控制器（图 5.14），各环节传递函数表示为

$$\begin{cases}\boldsymbol{P}(s)=\dfrac{\boldsymbol{b}_0}{s}\\ \boldsymbol{C}(s)=-\boldsymbol{L}_1(s)=\dfrac{G_{\mathrm{CCF}}(s)\omega_0^2 s^2+[G_{\mathrm{CCF}}(s)\boldsymbol{k}\omega_0^2+\omega_0^2+2\boldsymbol{k}\omega_0]s+\boldsymbol{k}\omega_0^2}{\boldsymbol{b}_0 s(s+\boldsymbol{k}+2\omega_0)}\\ \boldsymbol{H}(s)=-\dfrac{\boldsymbol{L}_2(s)}{\boldsymbol{L}_1(s)}=\dfrac{[s^2+(G_{\mathrm{CCF}}\omega_0^2+2\omega_0)s+\omega_0^2](s+\boldsymbol{k})}{G_{\mathrm{CCF}}(s)\omega_0^2 s^2+[G_{\mathrm{CCF}}(s)\boldsymbol{k}\omega_0^2+\omega_0^2+2\boldsymbol{k}\omega_0]s+\boldsymbol{k}\omega_0^2}\end{cases} \tag{5.32}$$

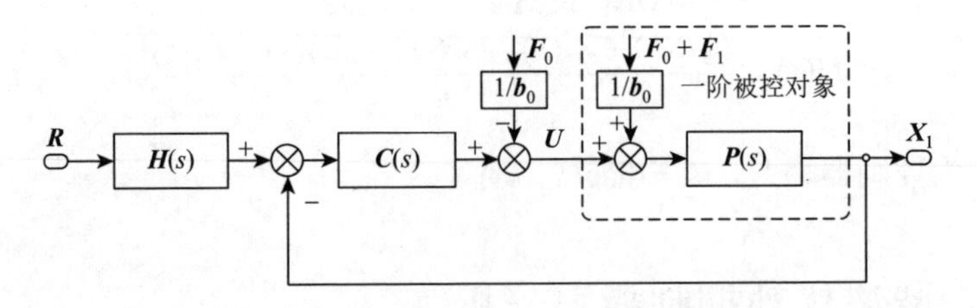

图 5.14　CCF-ADRC 的二自由度等效模型

谐波扰动在 ADRC 中被归类为未知扰动，根据式（5.32），得到系统输出 $\boldsymbol{X}_1$ 对未知扰动 $\boldsymbol{F}_1$ 的传递函数为

$$G_{F_1}(s)=\frac{\boldsymbol{X}_1(s)}{\boldsymbol{F}_1(s)}=\frac{\boldsymbol{P}(s)/\boldsymbol{b}_0}{1+\boldsymbol{C}(s)\boldsymbol{P}(s)} \tag{5.33}$$

式中：$\boldsymbol{G}_{F_1}(s)=\mathrm{diag}(G_{F_{1d}}(s),G_{F_{1q}}(s))$，$G_{F_{1d}}(s)=\dfrac{X_{1d}(s)}{F_{1d}(s)}$，$G_{F_{1q}}(s)=\dfrac{X_{1q}(s)}{F_{1q}(s)}$。

以 d 轴为例，通过分析 $G_{F_{1d}}(s)$ 的频率响应，可评估 CCF-ADRC 对谐波扰动的抑制能力。$G_{F_{1d}}(s)$ 表达式整理如下：

$$G_{F_{1d}}(s)=\frac{s(s+k_d+2\omega_0)}{s^3+[G_{\mathrm{CCF}}(s)\omega_0^2+2\omega_0+k_d]s^2+[G_{\mathrm{CCF}}(s)k\omega_0^2+\omega_0^2+2k_d\omega_0]s+k_d\omega_0^2} \tag{5.34}$$

图 5.15 为不同中心频率下 $G_{F_{1d}}(s)$ 的 Bode 图。其中，$\omega_0=200$，$\sigma_c=0.02$，$k_d=50$，$\omega_{\mathrm{re}}=[400\ 600\ 800]$。作为对比，相同带宽下传统 ADRC 的输出对未知扰动的幅频响应曲线以虚线标出。可以看出，在低频和高频区间，CCF-ADRC 具备和传统 ADRC 接近的频率特性。然而，在中心频率 ω_{re} 附近，CCF-ADRC 的幅值衰减远大于传统 ADRC，三种 ω_{re} 对应的衰减峰分别达到–88.6 dB、–90.2 dB、–90.9 dB，这表明谐波扰动得到了很大程度的抑制。

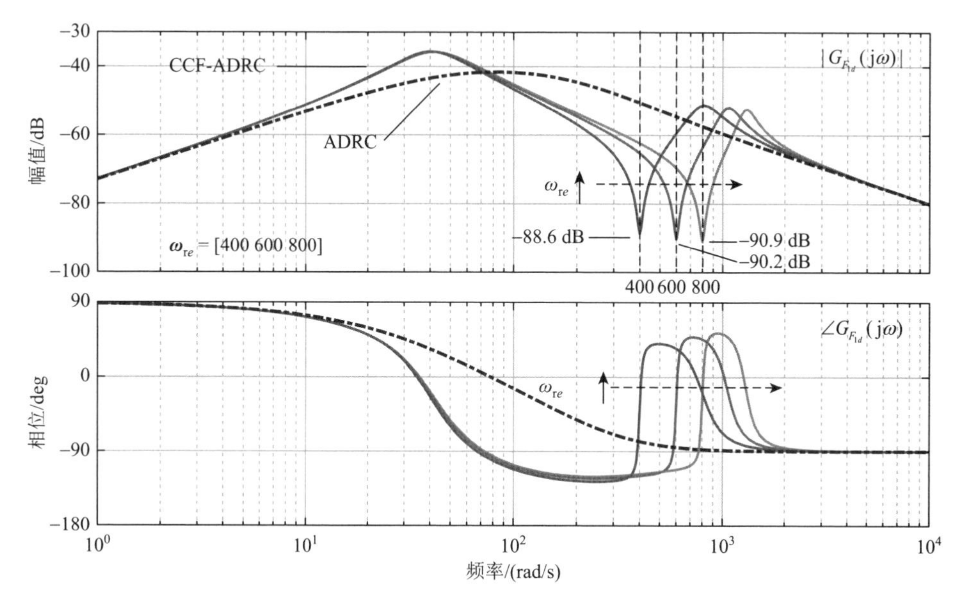

图 5.15　$G_{F_{1d}}(s)$ 的 Bode 图（$\sigma_c=0.02$，$\omega_0=200$，$k_d=50$，$\boldsymbol{\omega}_{\mathrm{re}}=[400\ 600\ 800]$）

图 5.16 和图 5.17 分别为 $\omega_{\mathrm{re}}=600$ 时，不同带宽 ω_0 和不同比例系数 k_d 下的 $G_{F_{1d}}(s)$ 的 Bode 图。作为对比，传统 ADRC 的输出对未知扰动的幅频响应以虚

线标出。可以看出，当k_d不变时，随着ω_0增大，$G_{F_{1d}}(s)$的幅频曲线逐渐下移，意味着全频段抗扰性能提升；而当ω_0不变时，随着k_d增大，低频段抗扰能力增强，但中高频段基本不变，特别是中心频率处的幅值衰减几乎没有变化。

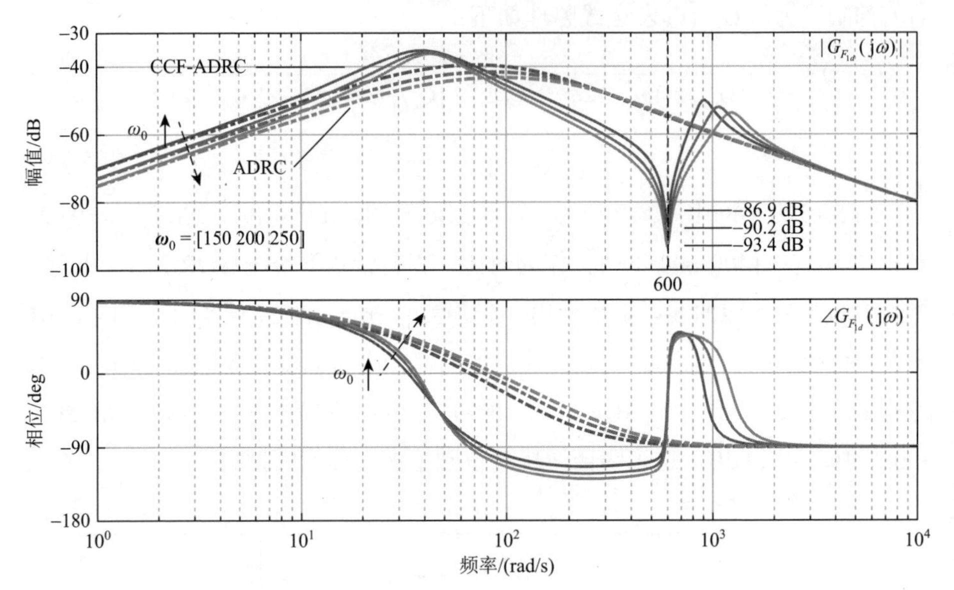

图 5.16　$G_{F_{1d}}(s)$ 的 Bode 图（$\sigma_c = 0.02$，$\omega_{re} = 600$，$k_d = 50$，$\boldsymbol{\omega}_0 = [150\ \ 200\ \ 250]$）

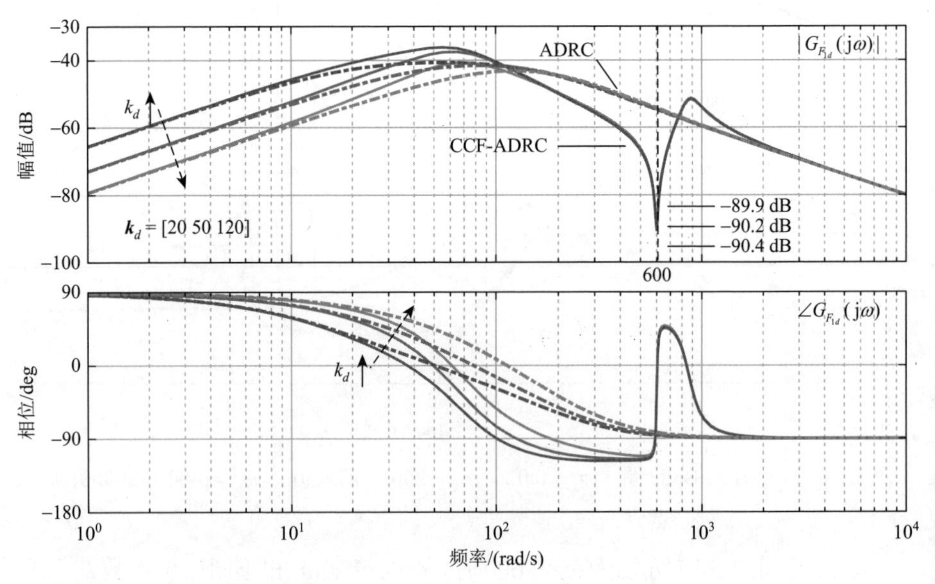

图 5.17　$G_{F_{1d}}(s)$ 的 Bode 图（$\sigma_c = 0.02$，$\omega_{re} = 600$，$\omega_0 = 200$，$\boldsymbol{k}_d = [20\ \ 50\ \ 120]$）

图 5.18 为不同截止频率系数下的 $G_{F_{1d}}(s)$ 的 Bode 图。可以看出，随着 σ_c 减小，$G_{F_{1d}}(s)$ 在中心频率 ω_{re} 处带宽变窄，选频能力增强，但增益保持不变（−90.2 dB）。事实上，σ_c 决定着 CCF-ADRC 对谐波扰动频率波动的宽容度。若 σ_c 过小，则系统对谐波扰动频率的波动将变得非常敏感，较小的频率偏移就可能造成系统抗扰性能急剧下降。然而优点在于，σ_c 越小，Bode 图的其他频段畸变程度也越小。因此，σ_c 需根据实际需求进行设计。特别地，若 σ_c 趋近于 0，则 CCF 将转变为如下理想形式：

$$G_{\mathrm{CCF}}(s)=\frac{1}{s-\mathrm{j}\omega_{re}} \tag{5.35}$$

计算出 $G_{F_{1d}}(s)$ 在中心频率 ω_{re} 处的频率响应为

$$G_{F_{1d}}(\mathrm{j}\omega_{re})=0 \tag{5.36}$$

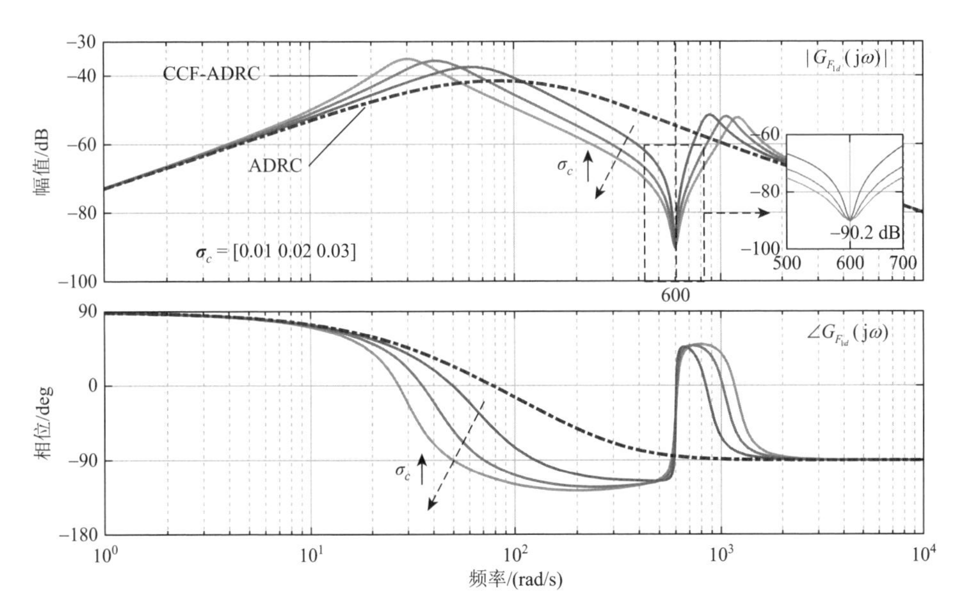

图 5.18　$G_{F_{1d}}(s)$ 的 Bode 图（$\omega_0=200$，$\omega_{re}=600$，$k_d=50$，$\sigma_c=[0.01\ 0.02\ 0.03]$）

对应到 Bode 图，在 ω_{re} 处的幅值衰减为负无穷分贝，相位滞后为零。可见，在采用理想 CCF 后，系统能够完全抑制频率为 ω_{re} 的谐波扰动。

综上，CCF-ADRC 能够显著抑制特定频率的谐波扰动。此外，改变 ω_0 或 k_d

对 CCF-ADRC 的影响与传统 ADRC 是一致的，而改变 σ_c 也仅仅影响中心频率附近的频宽。由此可见，CCF-ADRC 继承了传统 ADRC 的全频段抗扰特性和 CCF 的选频特性，其有效性得到了验证。

5.4.3 指令跟踪能力分析

同样可以得到系统输出 $\boldsymbol{X}_1$ 对指令 $\boldsymbol{R}$ 的传递函数为

$$G_{\boldsymbol{R}}(s)=\frac{\boldsymbol{X}_1(s)}{\boldsymbol{R}(s)}=\frac{\boldsymbol{H}(s)\mathbf{C}(s)\boldsymbol{P}(s)}{1+\boldsymbol{C}(s)\boldsymbol{P}(s)}=\frac{\boldsymbol{L}_2(s)\boldsymbol{P}(s)}{1-\boldsymbol{L}_1(s)\boldsymbol{P}(s)}=1 \tag{5.37}$$

可见，CCF-ADRC 完全继承了传统 ADRC 对指令信号的无差跟踪能力，同时也表明，本章的设计仅对系统抗扰性能做出了改进，并不影响其跟踪性能。

5.5 基于复系数自抗扰控制器的谐波扰动抑制

根据前面的分析，电机控制系统的谐波扰动是由系统各环节的非理想特性引起的，无论是反电势非正弦、逆变器非线性，还是三相不平衡，都会在 dq 轴电流环产生低次谐波，造成转矩波动，影响系统正常运行。通过分析可知，根据来源的不同，谐波频次包含 –2 次和 ±6 次。因此，只对某一频次谐波扰动具备抑制能力的单中心频率 CCF-ADRC 难以满足实际需求。本节将对 CCF-ADRC 的功能做进一步延伸，以使其具备对多个频次谐波扰动的抑制能力。

5.5.1 基于复系数自抗扰控制器的电流环设计

基于多中心频率 CCF-ADRC 的电流环结构框图如图 5.19 所示。其中，CCF-ESO 的 CCF 环节被替换为三个不同中心频率 CCF 的组合，以实现对不同频次谐波扰动的统一估计。各个 CCF 的中心频率跟随当前电机电频率自适应改变：

$$[\omega_{re}^{-2\text{nd}}\ \ \omega_{re}^{+6\text{th}}\ \ \omega_{re}^{-6\text{th}}]=[-2\ \ 6\ \ -6]\omega_e \tag{5.38}$$

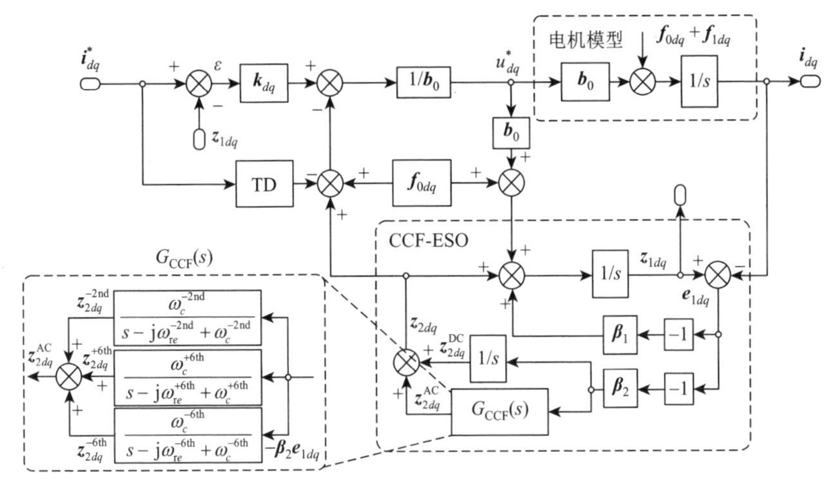

图 5.19　基于多中心频率 CCF-ADRC 的电流环结构框图

三个 CCF 的传递函数组合如式（5.39）所示，其标量结构框图如图 5.20 所示。

$$
\begin{aligned}
G_{\mathrm{CCF}}(s) &= G_{\mathrm{CCF}}^{-2\mathrm{nd}}(s)+G_{\mathrm{CCF}}^{+6\mathrm{th}}(s)+G_{\mathrm{CCF}}^{6\mathrm{th}}(s) \\
&= \frac{\omega_c^{-2\mathrm{nd}}}{s-\mathrm{j}\omega_{\mathrm{re}}^{-2\mathrm{nd}}+\omega_c^{-2\mathrm{nd}}}+\frac{\omega_c^{+6\mathrm{th}}}{s-\mathrm{j}\omega_{\mathrm{re}}^{+6\mathrm{th}}+\omega_c^{+6\mathrm{th}}}+\frac{\omega_c^{-6\mathrm{th}}}{s-\mathrm{j}\omega_{\mathrm{re}}^{-6\mathrm{th}}+\omega_c^{-6\mathrm{th}}}
\end{aligned}
\tag{5.39}
$$

式中：$\omega_c^{-2\mathrm{nd}}=2|\omega_e|\sigma_c^{2\mathrm{nd}}$，$\omega_c^{+6\mathrm{th}}=\omega_c^{-6\mathrm{th}}=6|\omega_e|\sigma_c^{6\mathrm{th}}$。

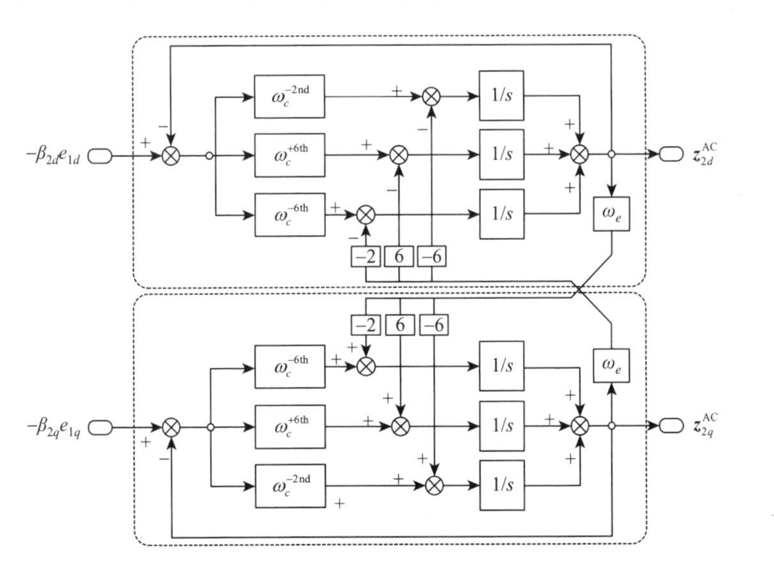

图 5.20　CCF 组合的标量结构框图

5.5.2 谐波扰动抑制能力分析

以d轴为例，可以得到多中心频率 CCF-ADRC 的输出关于未知扰动的传递函数$G_{F_{1d}}(s)$。通过仿真，绘得$G_{F_{1d}}(s)$全频段 Bode 图如图 5.21 所示。其中，基频ω_e为 100 rad/s，截止频率系数σ_c取 0.01，CCF-ESO 的带宽ω_0取 200 rad/s。作为对比，传统 ADRC 幅频响应曲线以虚线标出。为清晰展示$G_{F_{1d}}(s)$在负频段的频率响应，仿真中的扫频起始值设定为负值。由图可见，$G_{F_{1d}}(s)$的幅频曲线存在−2 次、−6 次和 + 2 次三个衰减峰，峰值增益均低于−80 dB，这表明三种频率的谐波扰动均得到了有效抑制。在实际应用中，永磁同步电机驱动系统的谐波扰动成分更为复杂，但只要了解谐波的频次，通过 CCF 的组合便可为 CCF-ADRC 设计多个衰减峰，从而对各次谐波进行针对性地抑制。

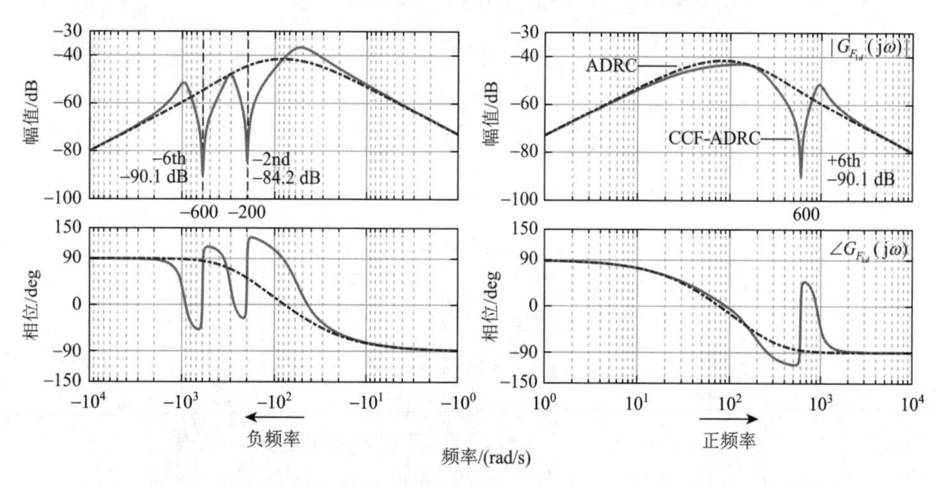

图 5.21 传递函数$G_{F_{1d}}(s)$全频段 Bode 图（$\sigma_c=0.01$，$\omega_0=150$）

5.5.3 相序区分能力分析

值得注意的是，本章引入的 CCF，其功能和 GI 类似，即具备选频特性，能在指定频率点产生谐振峰。理想 GI 的传递函数表示为

$$G_{\mathrm{GI}}(s)=\frac{2s}{s^2+\omega_{\mathrm{re}}^2}=\frac{1}{s+\mathrm{j}\omega_{\mathrm{re}}}+\frac{1}{s-\mathrm{j}\omega_{\mathrm{re}}} \tag{5.40}$$

由式（5.40）可见，GI 等效于两个中心频率相反的复积分器的叠加，而负积分器在引入带宽频率 ω_c 后便等效于 CCF。因此，若将本章设计的 CCF-ADRC 的 CCF 替换为 GI，理论上也可实现对特定频次谐波扰动的抑制。事实上，文献[4]已对该方法进行了研究和论证，并将其应用于并网逆变器的锁相环，以抑制相位估计值的低次谐波脉动。本小节将对两种方法的性能进行比较，并说明 CCF-ADRC 的优势所在。

图 5.22 给出了相同控制参数下 CCF-ADRC、GI-ADRC 和传统 ADRC 的 Bode 图对比。其中，$\omega_0=200$，$\omega_{\mathrm{re}}=600$，$k_d=50$，$\sigma_c=0.01$。由图可见，GI-ADRC 在中心频率 ω_{re} 处也具备显著的衰减峰，虽然衰减幅度略低于 CCF-ADRC，但是已足够将位于该频率的谐波扰动抑制到很低的水平。此外，在中频段，GI-ADRC 相对传统 ADRC 的幅值畸变较 CCF-ADRC 更小，但二者的最大幅值仅相差 3.4 dB，差异并不明显。综上可知，相同控制参数下，GI-ADRC 和 CCF-ADRC 的扰动抑制能力基本相同。

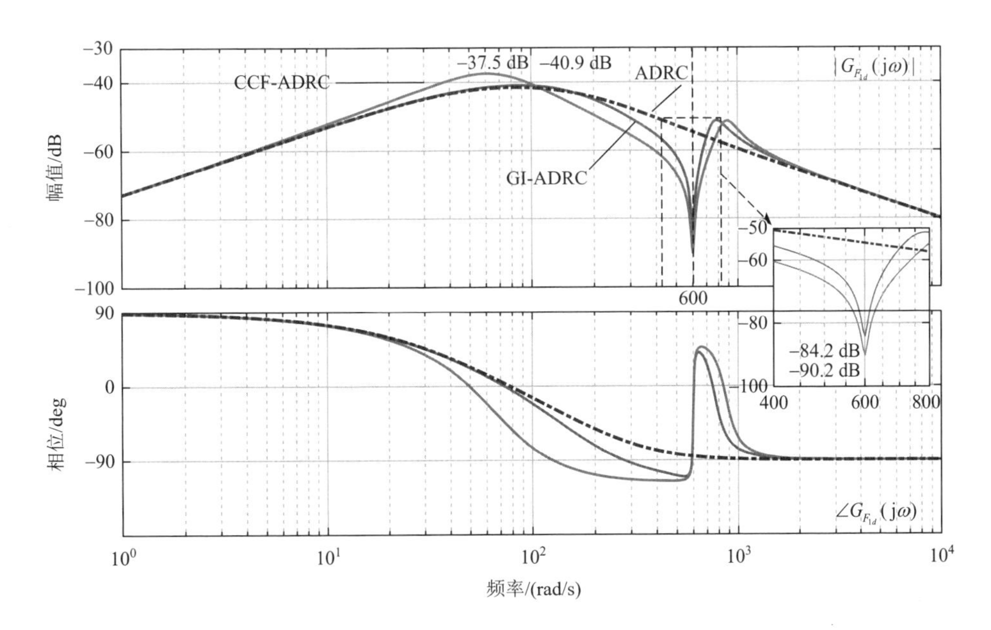

图 5.22　CCF-ADRC、GI-ADRC 和传统 ADRC 的 Bode 图对比

然而，GI-ADRC 并不具备相序区分能力。从式（5.40）可以看出，GI 的分母是平方项，无法区分频率的正负。因此，在抑制谐波扰动时，GI-ADRC 只能抑制特定次数的谐波，却无法对同频次不同相序的谐波进行区分。事实上，永磁同步电机驱动系统的谐波扰动不仅有频次之分，还有相序之分。由反电势非正弦或逆变器非线性造成的谐波扰动在 dq 坐标系下为 + 6 次，因此采用一个 GI（$\omega_{\mathrm{re}}=6\omega_e$）或两个 CCF（$\omega_{\mathrm{re}}^{+}=6\omega_e$，$\omega_{\mathrm{re}}^{-}=-6\omega_e$）是等价的，均能抑制 ±6 次谐波扰动。然而，对于三相不平衡造成的 –2 次谐波扰动而言，由于 GI 仅有选频特性，不具备相序区分能力，仍需要一个完整的 GI 方可抑制扰动。相比之下，CCF 则只需一个（$\omega_{\mathrm{re}}^{-}=-2\omega_e$），这使得系统阶数更低，结构更为简单。

除本章讨论的三类谐波扰动来源外，电机控制系统中还存在其他类型的谐波扰动，如齿槽效应[5-6]、电流采样误差等[7-8]。以电流采样误差为例，造成误差的潜在来源包括电流传感器零漂、传感器个体间频率特性差异，以及不同相采样放大电路频率特性差异等。受其影响，实际控制回路采得的三相电流将发生畸变，按波形特征可分为三类：①相电流存在直流偏置误差；②相电流幅值不对称；③相电流相位不对称。可以证明，在 dq 坐标系下，直流偏置会引入–1 次谐波，而幅值和相位不对称则会引入–2 次谐波。在面临此类负序谐波扰动时，相比 GI-ADRC、CCF-ADRC 能够以更低的阶数实现相同的谐波抑制功能。

从另一个角度来看，CCF-ADRC 具备低阶数优势得益于其 dq 轴控制器的交叉耦合特性，即充分利用了 dq 轴谐波扰动的正交性。如此一来，dq 轴部分中间变量的计算结果得以被 dq 轴同时利用，控制算法的时间和空间复杂度下降，硬件资源占用率也得到了改善，这无疑提高了该方法的工程应用价值。

5.6 结果与分析

本节将通过一系列对比实验来凸显 CCF-ADRC 较传统 ADRC 在谐波扰动

抑制能力方面的优势。实验分为对照组和实验组，其中，对照组的转速环和电流环均采用第 2 章设计的 ADRC，而实验组的电流环则改为 CCF-ADRC。相关控制参数设置如下：转速环 ADRC 输出限幅值 $T_{e\max}^{*}$ 为 6 N·m，LSEF 增益为 10π，ESO 带宽为 120π；dq 轴电流环 ADRC 的 LSEF 增益均为 200π，ESO 带宽均为 1200π；CCF-ADRC 的 LSEF 增益为 200π，ESO 带宽均为 1200π，$\sigma_c^{2\text{nd}}=0.002$，$\sigma_c^{6\text{th}}=0.0005$。此外，由于谐波扰动对电机运行性能的影响在低速下更为显著，实验中将电机设定在中低速运行。

5.6.1 稳态性能验证

图 5.23 为两种电流控制方式下，电机运行在 150 r/min、2 N·m 负载时的 i_d、i_q、i_{abc} 波形及其频谱分析对比。可见，传统 ADRC 控制下的 i_d、i_q 脉动峰峰

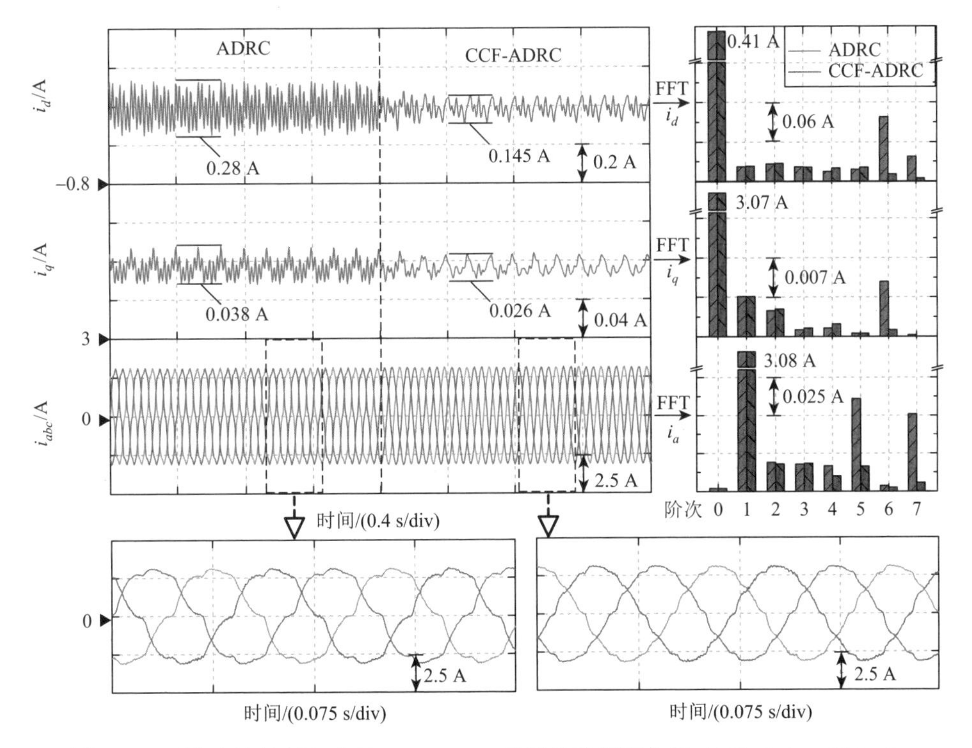

图 5.23 两种电流控制方式下 i_d、i_q、i_{abc} 波形及其频谱分析（150 r/min，2 N·m）

值分别达到 0.28 A、0.038 A，相电流畸变明显；在 CCF-ADRC 控制下，i_d、i_q 脉动峰峰值变为 0.145 A、0.026 A，分别降低了 48%、31.6%，相电流正弦度提升。观察频谱图可见（注意，频谱图无法区分谐波相序，n 次谐波含量实质上指 $\pm n$ 次谐波之和），i_d、i_q 的 6 次谐波成分在 CCF-ADRC 后显著减小，而直流分量不变，相电流的 5、7 次谐波也有明显降低。

对两种电流控制方式在其他工况的控制性能也进行了对比。图 5.24 为电机运行在 150 r/min、5 N·m 下的实验结果。可见，传统方法的 i_d、i_q 脉动峰峰值为 0.42 A、0.078 A，而 CCF-ADRC 控制下的 i_d、i_q 脉动峰峰值为 0.18 A、0.033 A，分别降低了 57%、58%。因此，重载下 CCF-ADRC 的谐波抑制效果比轻载工况更为明显，且 q 轴比 d 轴更为明显。

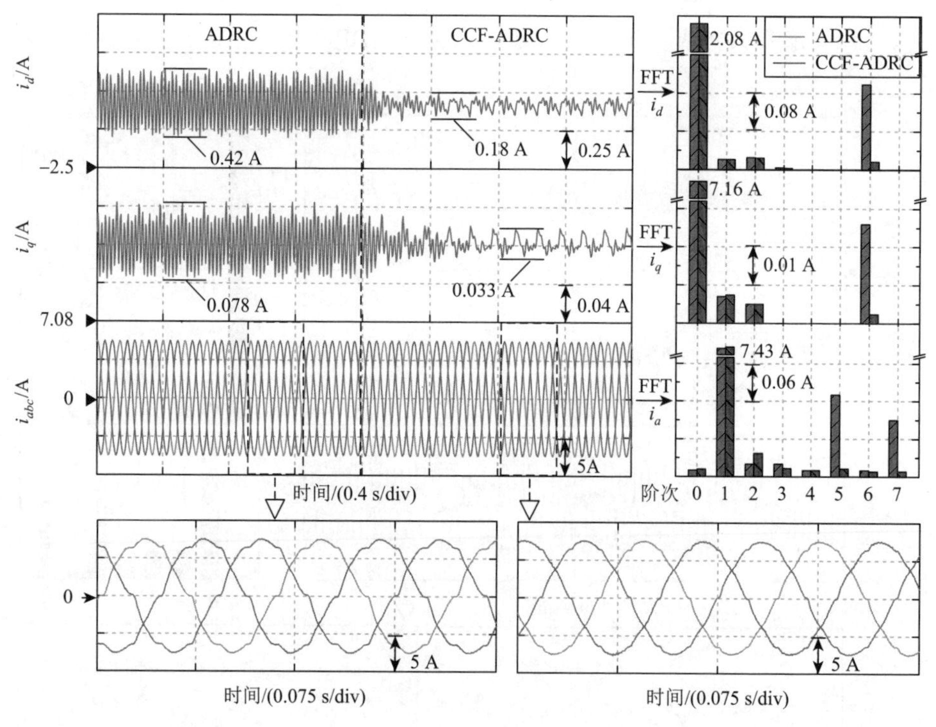

图 5.24　两种电流控制方式下 i_d、i_q、i_{abc} 波形及其频谱分析（150 r/min，5 N·m）

除 ±6 次谐波扰动外，三相不平衡还会向系统中引入−2 次谐波扰动。由于实验样机并未存在明显的三相不平衡，为凸显实验现象，在逆变器 A 相输出端

和电机 A 相输入端之间串入一个 0.15 Ω 功率电阻和一个 2.1 mH 电感。CCF 的中心频率设定为 $\omega_{\text{re}}^{+6\text{th}} = 6\omega_e$，$\omega_{\text{re}}^{-6\text{th}} = -6\omega_e$，$\omega_{\text{re}}^{-2\text{nd}} = -2\omega_e$。

图 5.25 为传统 ADRC，中心频率为±6 次的 CCF-ADRC，以及中心频率为±6 次、–2 次的 CCF-ADRC 在 600 rpm、5 N·m 工况下的实验波形及频谱分析。可以发现，传统 ADRC 控制下 i_d、i_q 均含有明显的 2 次和 6 次谐波，CCF-ADRC（±6 次）控制下 i_d、i_q 的 6 次谐波被抑制，而 CCF-ADRC（±6 次，–2 次）控制下 i_d、i_q 的 2 次和 6 次谐波同时被抑制。综上，CCF-ADRC 抑制多个频次谐波扰动的能力得到了验证。

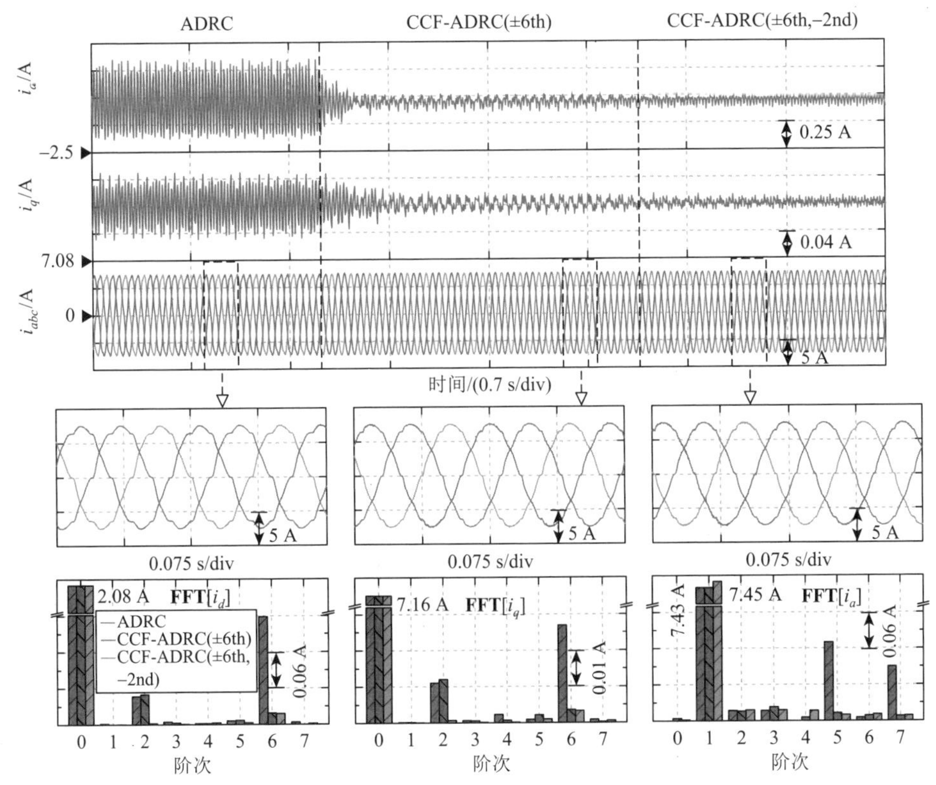

图 5.25 三种电流控制方式下 i_d、i_q、i_{abc} 波形及其频谱分析（600 r/min，5 N·m）

5.6.2 跟踪性能验证

为检验 CCF-ADRC 对电流指令的跟踪性能，将电机运行模式设置为电流单闭环控制。实验中，电机转速通过测功机维持在 150 r/min，dq 轴电流环 CCF-ADRC 的 LSEF 比例增益均为 200π，ESO 带宽均为 1200π，$\sigma_c^{2nd}=0.002$，$\sigma_c^{6th}=0.0005$，CCF 的中心频率设定为 $\omega_{re}^{+6th}=6\omega_e$，$\omega_{re}^{-6th}=-6\omega_e$，$\omega_{re}^{-2nd}=-2\omega_e$。

图 5.26 为两种控制方式下 i_d、i_q 对指令的跟踪波形，指令信号为两段阶跃信号和一段正弦信号，在图中以黑色虚线标注。由图可见，两种控制方式对应的电流指令跟踪性能几乎一致，验证了理论的正确性。

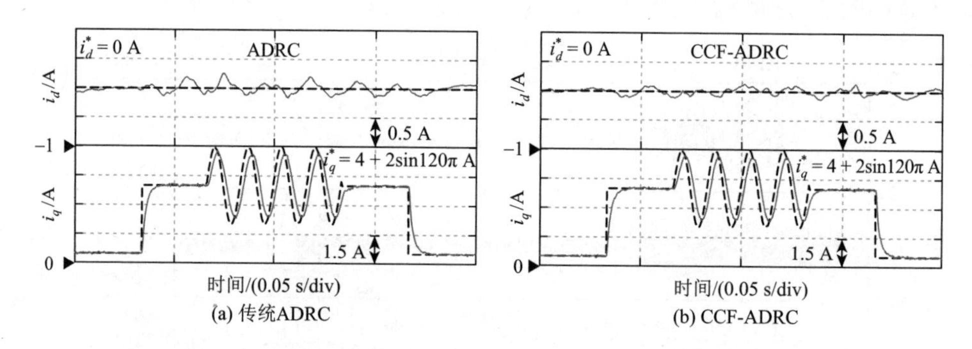

图 5.26　两种电流控制方式下 i_d、i_q 对电流指令的跟踪波形

5.6.3　鲁棒性验证

为检验 CCF-ADRC 对模型参数的鲁棒性，将控制器所使用的电阻、d 轴电感、q 轴电感三个参数分别设置 0.5 倍和 2 倍的偏差，并观察参数变化对控制性能的影响。实验中，被测电机工作在转速控制模式，转速设定为 150 r/min，负载为 5 N·m，相关控制参数与上一节实验一致。

图 5.27 给出了三种电参数在电机运行过程中发生变化时 i_d、i_q 的实验波形。可以发现，图 5.27（a）中，当电阻发生突变时，i_q 会出现明显波动，但迅速恢复到稳态，且参数变化前后电流的稳态波形基本一致，类似的现象也可在图 5.27（b）和（c）中观察到。综上，即便三种电参数出现 0.5～2 倍的显著变化，但 i_d、i_q 的稳态波形并没有明显差异，这表明 CCF-ADRC 具备较强的参数鲁棒性。

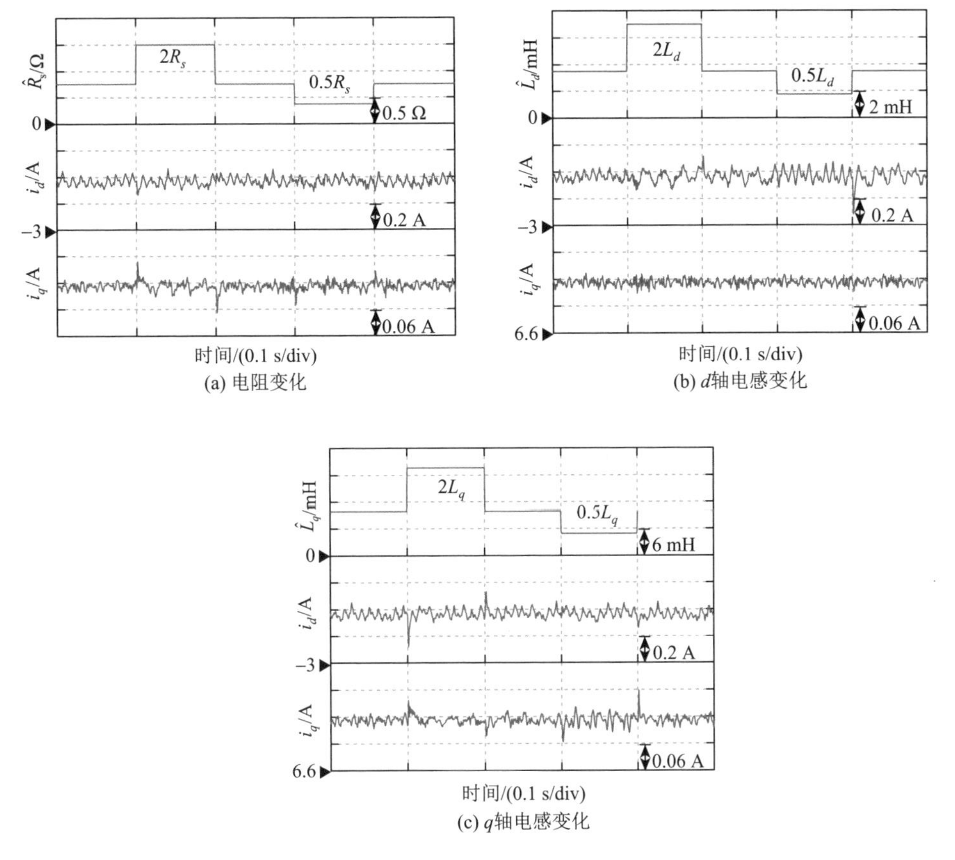

图 5.27 电阻、电感发生变化时 i_d、i_q 的实验波形

5.6.4 相序区分能力验证

前面已通过大量实验对 CCF-ADRC 的谐波扰动抑制能力进行了验证，但需要注意的是，在对实验波形进行频谱分析时，频谱图只给出了该波形各频次谐波分量的幅值，并未区分相序。以逆变器非线性导致的±6 次谐波为例，i_d、i_q 的频谱图将 −6 次和 +6 次合并为 6 次谐波。因此，在对比 CCF-ADRC 和传统 ADRC 的实验效果时，只能得知 −6 次和 +6 次谐波整体得到了抑制，却无法判断二者是否分别被抑制。为进一步探究 CCF-ADRC 对次数相同但相序不同的谐波的区分能力，本小节实验将 CCF-ADRC 的中心频率次数分别设置为 +6

次、±6 次、–6 次，并进行对比。在本实验中，电机三相不平衡问题暂不考虑，相关控制参数与上一节实验一致。

图 5.28 为传统 ADRC 与三种不同的 CCF-ADRC 在 150 r/min、5 N·m 运行工况下 i_d 、 z_{2d} 、 i_{abc} 的实验波形及其频谱分析。观察 i_d 波形可以发现，采用传统 ADRC 时，电流脉动最大；采用 CCF-ADRC（+6 次）或 CCF-ADRC（–6 次）时，电流脉动有所减小；而采用 CCF-ADRC（±6 次）时，电流脉动最小。进一步，观察相电流波形可以发现，采用 CCF-ADRC（±6 次）时，相电流正弦度最好，而其他三种电流控制方式下的相电流均含有不同程度的低次谐波。以上现象可通过分析 i_d 与 i_a 的频谱图进行解释。当采用 CCF-ADRC（+6 次）时，i_d 的 6 次谐波含量显著减小，i_a 的 7 次谐波显著减小，但 5 次基本不变；当采用 CCF-ADRC（–6 次）时，i_d 的 6 次谐波含量同样有所减小，然而 i_a 的谐波

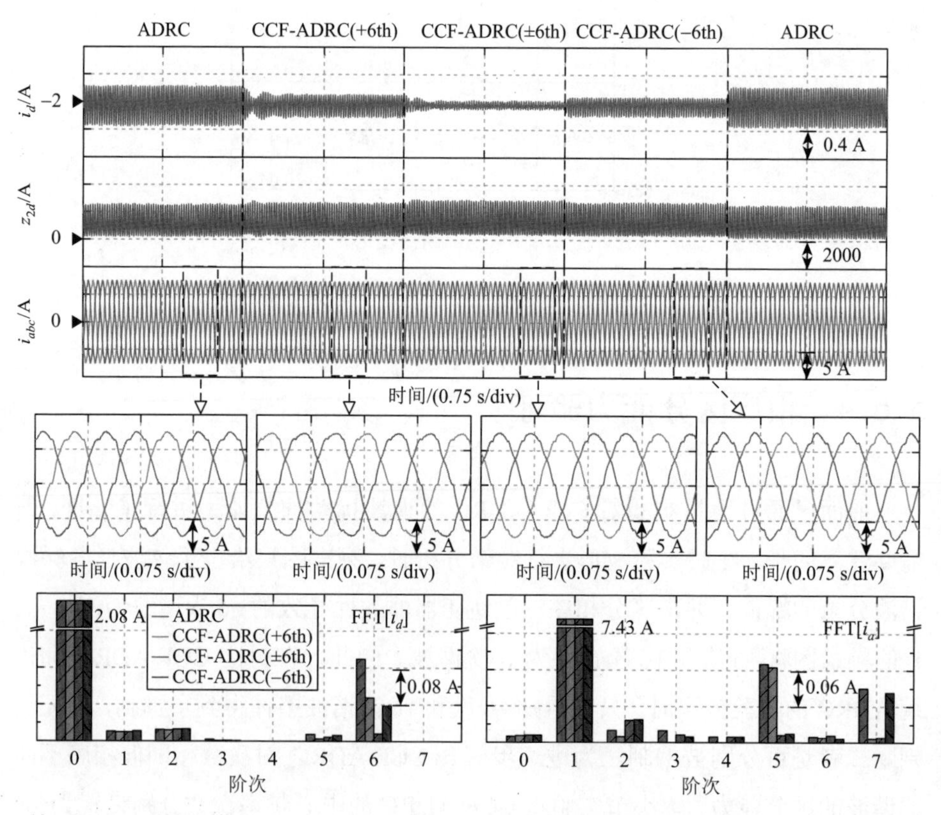

图 5.28　四种电流控制方式下 i_d 、 z_{2d} 、 i_{abc} 波形及其频谱分析（150 r/min，5 N·m）

成分却有所不同，5 次谐波显著减小，但 7 次基本不变，恰好相反。事实上，由 3.2 节的分析可知，i_d、i_q 中的 –6 次和 +6 次谐波分别是由相电流的 –5 次和 +7 次谐波引起的。因此，通过观察 i_a 频谱图的 5 次和 7 次谐波含量，可间接得知 i_d、i_q 的 –6 次和 +6 次谐波是否被抑制。以上分析说明，中心频率次数设置为 +6 次或 –6 次时，CCF-ADRC 所表现出的谐波抑制能力是完全不同的，这正体现了其区分相序的能力。

CCF-ADRC 的相序区分能力使得其在抑制由三相不平衡所引起的–2 次谐波扰动时较 GI-ADRC 具备明显的低阶次优势。这是因为三相不平衡只会在 i_d、i_q 中引入–2 次谐波，而不存在 + 2 次谐波。图 5.29 给出了 ADRC、CCF-ADRC（–2 次），以及 GI-ADRC 在 150 r/min、5 N·m 工况下的实验波形。由频谱图可见，CCF-ADRC（–2 次）和 GI-ADRC 对 i_d、i_q 的 2 次谐波抑制效果基本相同，然而前者的阶次却比后者低 1 阶，结构更为简单，这进一步验证了 CCF-ADRC 的优势。

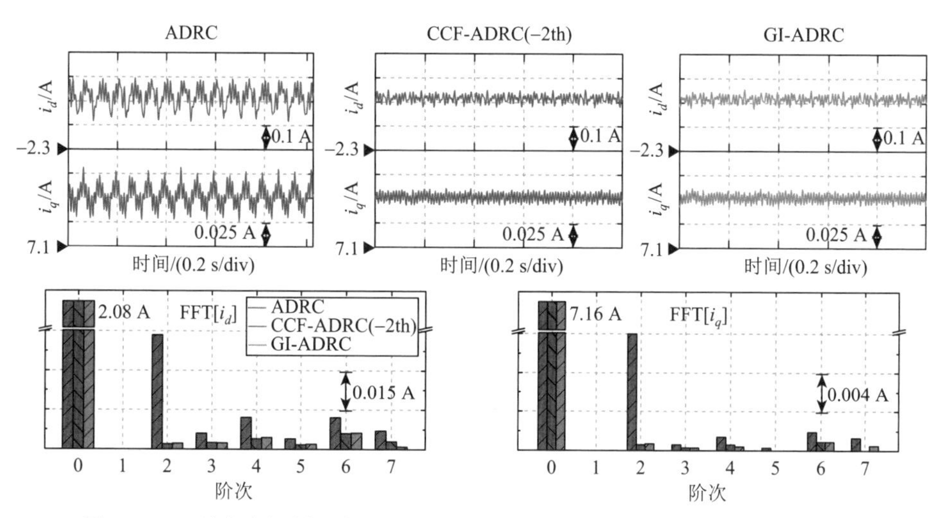

图 5.29　三种电流控制方式下 i_d、i_q 波形及其频谱分析（150 r/min，5 N·m）

参 考 文 献

[1] 李景灿，廖勇. 考虑饱和及转子磁场谐波的永磁同步电机模型[J]. 中国电机工程学报，2011，31（3）：60-66.

[2] 李帅，孙立志，刘兴亚，等. 永磁同步电机电流谐波抑制策略[J]. 电工技术学报，2019，34（A01）：87-96.

[3] 阚光强，陈蒙，邹训昊，等. 不平衡传输线阻抗下的永磁同步电机矢量控制策略[J]. 微电机，2017，50（3）：22-26.

[4] GUO B，BACHA S，ALAMIR M，et al. Generalized integrator-extended state observer with applications to grid-connected converters in the presence of disturbances[J]. IEEE Transactions on Control Systems Technology，2020，29（2）：744-755.

[5] NAM K T，KIM H，LEE S J，et al. Observer-based rejection of cogging torque disturbance for permanent magnet motors[J]. Applied Sciences，2017，7（9）：867.

[6] 李志雄. 无刷直流电机优化电流控制技术研究[D]. 武汉：华中科技大学，2021.

[7] YOO M S，PARK S W，LEE H J，et al. Offline compensation method for current scaling gains in AC motor drive systems with three-phase current sensors[J]. IEEE Transactions on Industrial Electronics，2020，68（6）：4760-4768.

[8] HAN J，KIM B H，SUL S. Effect of current measurement error in angle estimation of permanent magnet AC motor sensorless control[C]//2017 IEEE 3rd International Future Energy Electronics Conference and ECCE Asia（IFEEC 2017-ECCE Asia）. Kao hsiung：IEEE，2017：2171-2176.

第 6 章

自抗扰控制在无位置传感器控制系统中的应用

前面对永磁同步电机 ADRC 进行了详细的研究，并构建了完善的理论体系。事实上，前面所论述的电机控制系统仍归属于矢量控制框架，而准确的转子位置信息在矢量控制中是实现励磁电流和转矩电流解耦的关键，不可或缺。传统方案依赖安装于电机转子轴端的位置传感器获取位置信号，不仅会增加系统成本和复杂度，还会降低工业现场的运行可靠性。有调研表明，位置传感器故障已成为电机驱动系统的主要故障源[1]。为摆脱对位置传感器的依赖，无位置传感器控制技术正得到越来越多的研究和应用。

实际应用中，无位置传感器控制系统同样会遭遇各类扰动。虽然一些针对有感系统的扰动抑制方法也适用于无感系统，但并不能从根本上提升后者的抗扰性能。原因在于，无感系统的转速和位置是估算得到的，而电流采样噪声、逆变器非线性、数字控制延迟等非理想因素将给估算环节带来各类干扰，为滤除这些干扰，保障转速估计值的平滑性，转速估计环节的动态性能必然会受到限制。因此，即便具备相同结构的转速/电流控制器和相同的控制参数，无感系统的抗扰性能也无法匹敌有感系统。

如何强化无感系统的抗扰性能，并兼顾稳态精度，是永磁同步电机无位置传感器控制领域亟待解决的难题。对此，本章以基于反电势观测的永磁同步电机无位置传感器控制方法为研究对象，将 ADRC 的相关思路引入其中，探讨抗扰性能的提升方法。

6.1 面向无位置传感器控制的永磁同步电机等效反电势模型

利用反电势观测器来估算电机反电势，进而获取转速和位置信息，是永磁

同步电机无位置传感器控制的一种典型思路。首先，需要建立电机的反电势模型，列写出永磁同步电机的电压方程为

$$\boldsymbol{u}_{\alpha\beta} = R_s \boldsymbol{i}_{\alpha\beta} + p(\boldsymbol{L}_{\alpha\beta}\boldsymbol{i}_{\alpha\beta}) + \boldsymbol{e}_{\alpha\beta} \tag{6.1}$$

式中：$\boldsymbol{e}_{\alpha\beta}$ 为反电势矢量，$\boldsymbol{e}_{\alpha\beta} = [e_\alpha \quad e_\beta]^{\mathrm{T}} = \omega_e \psi_f [-\sin\theta_e \quad \cos\theta_e]^{\mathrm{T}}$；

$\boldsymbol{L}_{\alpha\beta}$ 为电感矩阵，$\boldsymbol{L}_{\alpha\beta} = \begin{bmatrix} L_{\alpha\alpha} & L_{\alpha\beta} \\ L_{\beta\alpha} & L_{\beta\beta} \end{bmatrix} = \begin{bmatrix} L_0 + L_1\cos(2\theta_e) & L_1\sin(2\theta_e) \\ L_1\sin(2\theta_e) & L_0 - L_1\cos(2\theta_e) \end{bmatrix}$。

对于 SPMSM，$L_0 = L_s$，$L_1 = 0$，电压方程可简化为

$$\boldsymbol{u}_{\alpha\beta} = R_s \boldsymbol{i}_{\alpha\beta} + L_s p \boldsymbol{i}_{\alpha\beta} + \boldsymbol{e}_{\alpha\beta} \tag{6.2}$$

由于 SPMSM 的电感矩阵是常数，转子位置信息 θ_e 仅存在于反电势矢量 $\boldsymbol{e}_{\alpha\beta}$ 内。然而，对于 IPMSM，$L_1 \neq 0$，$\boldsymbol{L}_{\alpha\beta}$ 包含时变参数 θ_e，电压方程不是线性定常方程，且 α 和 β 轴各自的电压方程存在耦合，十分不利于观测器设计。为此，Liu 等[2]提出“等效反电势”概念，该方法在借助有效磁链理论的基础上[3]，将 $\alpha\beta$ 坐标系下 IPMSM 的电压方程重构为形如 SPMSM 的形式，消除了电感矩阵的时变元素，实现了凸极电机模型的“隐极化”，从而方便后续反电势观测器的设计。下面给出等效反电势的推导步骤。

首先，列写出 IPMSM 在 dq 坐标系下的电压方程：

$$\begin{bmatrix} u_d \\ u_q \end{bmatrix} = \begin{bmatrix} R_s + L_d p & -\omega_e L_q \\ \omega_e L_d & R_s + L_q p \end{bmatrix} \begin{bmatrix} i_d \\ i_q \end{bmatrix} + \begin{bmatrix} 0 \\ \omega_e \psi_f \end{bmatrix} \tag{6.3}$$

分离阻抗矩阵中的 L_d，式（6.3）变为

$$\begin{bmatrix} u_d \\ u_q \end{bmatrix} = \begin{bmatrix} R_s + L_q p & -\omega_e L_q \\ \omega_e L_q & R_s + L_q p \end{bmatrix} \begin{bmatrix} i_d \\ i_q \end{bmatrix} + \begin{bmatrix} (L_d - L_q) p i_d \\ (L_d - L_q)\omega_e p i_d \end{bmatrix} + \begin{bmatrix} 0 \\ \omega_e \psi_f \end{bmatrix} \tag{6.4}$$

对式（6.4）进行 Park 逆变换：$\boldsymbol{u}_{dq} = C_{\alpha\beta/dq}\boldsymbol{u}_{\alpha\beta}$，$\boldsymbol{i}_{dq} = C_{\alpha\beta/dq}\boldsymbol{i}_{\alpha\beta}$，得到

$$\begin{bmatrix} u_\alpha \\ u_\beta \end{bmatrix} = \begin{bmatrix} R_s + L_q p & 0 \\ 0 & R_s + L_q p \end{bmatrix} \begin{bmatrix} i_\alpha \\ i_\beta \end{bmatrix} + p\left\{ [(L_d - L_q) i_d + \psi_f] \begin{bmatrix} \cos\theta_e \\ \sin\theta_e \end{bmatrix} \right\} \tag{6.5}$$

定义有效磁链为

$$\boldsymbol{\psi}_{\alpha\beta}^a = \begin{bmatrix} \boldsymbol{\psi}_\alpha^a \\ \boldsymbol{\psi}_\beta^a \end{bmatrix} = [(L_d - L_q) i_d + \psi_f] \begin{bmatrix} \cos\theta_e \\ \sin\theta_e \end{bmatrix} \tag{6.6}$$

定义等效反电势为

$$\boldsymbol{e}_{\alpha\beta}^{a}=p\boldsymbol{\psi}_{\alpha\beta}^{a}=(L_d-L_q)\begin{bmatrix}\cos\theta_e\\ \sin\theta_e\end{bmatrix}pi_d+\omega_e[(L_d-L_q)i_d+\psi_f]\begin{bmatrix}-\sin\theta_e\\ \cos\theta_e\end{bmatrix} \tag{6.7}$$

基于反电势观测的无位置传感器控制方法一般应用于中高速场合，因此在式（6.7）中，$\omega_e[(L_d-L_q)i_d+\psi_f]\gg(L_d-L_q)pi_d$，后者可忽略。于是，式（6.7）可简化为

$$\boldsymbol{e}_{\alpha\beta}^{a}=\omega_e[(L_d-L_q)i_d+\psi_f]\begin{bmatrix}-\sin\theta_e\\ \cos\theta_e\end{bmatrix} \tag{6.8}$$

进一步，IPMSM 在 $\alpha\beta$ 坐标系下的电压方程可变换为如下形式：

$$\begin{bmatrix}u_\alpha\\ u_\beta\end{bmatrix}=\begin{bmatrix}R_s+L_q p & 0\\ 0 & R_s+L_q p\end{bmatrix}\begin{bmatrix}i_\alpha\\ i_\beta\end{bmatrix}+\begin{bmatrix}e_\alpha^a\\ e_\beta^a\end{bmatrix} \tag{6.9}$$

对比式（6.2）和式（6.9）可见，变换后的 IPMSM 电压方程，其系数矩阵不再包含转子位置信息，α 和 β 轴各自的电压方程也不存在相互耦合，利于观测器设计。同时，该系数矩阵和 SPMSM 的系数矩阵十分类似，仅是将 L_s 替换为 L_q。因此，实现了凸极电机的“隐极化”。得益于该特点，现有的针对 SPMSM 的无位置传感器控制方法不必做过多改动，即可移植到 IPMSM，加速了相关方法的部署和应用。

6.2 基于扩张状态观测器的永磁同步电机无位置传感器控制

等效反电势模型实现了凸极电机的“隐极化”。本节以 SPMSM 为例开展对无位置传感器控制策略的研究，相关研究方法同样适用于 IPMSM。

6.2.1 基于扩张状态观测器的反电势估计

根据式（6.2），以电流为状态变量，列写出 SPMSM 的状态方程为

$$\dot{\boldsymbol{i}}_{\alpha\beta}=-\frac{R_s}{L_s}\boldsymbol{i}_{\alpha\beta}+\frac{1}{L_s}\boldsymbol{u}_{\alpha\beta}-\frac{1}{L_s}\boldsymbol{e}_{\alpha\beta} \tag{6.10}$$

针对式（6.10），类比 ADRC 的设计思想，将 $\boldsymbol{u}_{\alpha\beta}$ 视为系统输入，$1/L_{\mathrm{s}}$ 视为特性增益，$\boldsymbol{i}_{\alpha\beta}$ 和 $\boldsymbol{e}_{\alpha\beta}$ 分别视为已知扰动和未知扰动，即

$$\begin{cases} b_0\boldsymbol{u} = \boldsymbol{u}_{\alpha\beta}/L_{\mathrm{s}} \\ \boldsymbol{f}_0 = -R_{\mathrm{s}}\boldsymbol{i}_{\alpha\beta}/L_{\mathrm{s}} \\ \boldsymbol{f}_1 = -\boldsymbol{e}_{\alpha\beta}/L_{\mathrm{s}} \end{cases} \tag{6.11}$$

式中：b_0 为特性增益，$b_0 = 1/L_{\mathrm{s}}$；$\boldsymbol{f}_0$ 为已知扰动矢量，$\boldsymbol{f}_0 = [f_{0\alpha} \quad f_{0\beta}]^{\mathrm{T}}$；$\boldsymbol{f}_1$ 为未知扰动矢量，$\boldsymbol{f}_1 = [f_{1\alpha} \quad f_{1\beta}]^{\mathrm{T}}$。

在此基础上，将未知扰动扩张为新状态，令 $\boldsymbol{x}_1 = \boldsymbol{i}_{\alpha\beta}$，$\boldsymbol{x}_2 = \boldsymbol{f}_1$，式（6.10）重写为

$$\begin{cases} \dot{\boldsymbol{x}}_1 = \boldsymbol{x}_2 + \boldsymbol{f}_0 + \boldsymbol{f}_1 + b_0\boldsymbol{u} \\ \dot{\boldsymbol{x}}_2 = \dot{\boldsymbol{f}}_1 \end{cases} \tag{6.12}$$

从而，设计如下 ESO，对未知扰动 $\boldsymbol{f}_1$ 进行估计：

$$\begin{cases} \boldsymbol{\varepsilon} = \boldsymbol{z}_1 - \boldsymbol{x}_1 \\ \dot{\boldsymbol{z}}_1 = \boldsymbol{z}_2 + \boldsymbol{f}_0 + b_0\boldsymbol{u} - \beta_1\boldsymbol{\varepsilon} \\ \dot{\boldsymbol{z}}_2 = -\beta_2\boldsymbol{\varepsilon} \end{cases} \tag{6.13}$$

式中：$\boldsymbol{z}_1$ 为 $\boldsymbol{i}_{\alpha\beta}$ 的观测值，$\boldsymbol{z}_1 = [z_{1\alpha} \quad z_{1\beta}]^{\mathrm{T}}$；$\boldsymbol{z}_2$ 为 $\boldsymbol{f}_1$ 的观测值，$\boldsymbol{z}_2 = [z_{2\alpha} \quad z_{2\beta}]^{\mathrm{T}}$；$\boldsymbol{\varepsilon}$ 为观测误差，$\boldsymbol{\varepsilon} = \boldsymbol{z}_1 - \boldsymbol{i}_{\alpha\beta} = [\varepsilon_\alpha \quad \varepsilon_\beta]^{\mathrm{T}}$；$\beta_1$、$\beta_2$ 为 ESO 的增益系数，按“带宽法”进行整定，有 $[\beta_1 \quad \beta_2]^{\mathrm{T}} = [2\omega_0 \quad \omega_0^2]^{\mathrm{T}}$。于是，$\hat{\boldsymbol{e}}_{\alpha\beta}$ 可根据 $\boldsymbol{z}_2$ 计算得到：

$$\hat{\boldsymbol{e}}_{\alpha\beta} = -L_s\boldsymbol{z}_2 \tag{6.14}$$

6.2.2 误差分析

根据式（6.12）和式（6.13），得 ESO 的误差方程为

$$\ddot{\boldsymbol{\varepsilon}} = -\beta_1\dot{\boldsymbol{\varepsilon}} - \beta_2\boldsymbol{\varepsilon} - \dot{\boldsymbol{f}}_1 \tag{6.15}$$

考虑到 α 轴和 β 轴误差方程对称且系数一致，不失一般性，以 α 轴为例开展误差分析。对式（6.15）进行 Laplace 变换，得观测误差 $\varepsilon_\alpha(s)$ 对未知扰动微分 $\dot{F}_{1\alpha}(s)$ 的传递函数为

$$\frac{\varepsilon_\alpha(s)}{\dot{F}_{1\alpha}(s)}=\frac{-1}{s^2+\beta_1 s+\beta_2}=\frac{-1}{(s+\omega_0)^2} \tag{6.16}$$

进一步，求得式（6.16）的幅频响应为

$$\left|\frac{\varepsilon_\alpha(\mathrm{j}\omega)}{\dot{F}_{1\alpha}(\mathrm{j}\omega)}\right|=\frac{1}{\omega^2+\omega_0^2} \tag{6.17}$$

则观测误差幅值可表示为

$$|\varepsilon_\alpha(\mathrm{j}\omega)|=\frac{1}{\omega^2+\omega_0^2}|\dot{F}_{1\alpha}(\mathrm{j}\omega)|\leqslant\frac{1}{\omega_0^2}|\dot{F}_{1\alpha}(\mathrm{j}\omega)| \tag{6.18}$$

在实际系统中，扰动的微分是有限的，从而 $\boldsymbol{f}_1$ 满足 Lipschitz 条件（即 $\dot{\boldsymbol{f}}_1$ 有界）。定义 $\dot{\boldsymbol{f}}_1$ 的上界为 $\boldsymbol{h}_1$，即 $|\dot{\boldsymbol{f}}_1|\leqslant\boldsymbol{h}_1$，$\boldsymbol{h}_1=[h_{1\alpha}\ \ h_{1\beta}]^{\mathrm{T}}$。从而，观测误差在时域满足：

$$|\varepsilon_\alpha(t)|\leqslant\frac{h_{1\alpha}}{\omega_0^2} \tag{6.19}$$

需要注意的是，式（6.18）是频域描述，$|\varepsilon_\alpha(\mathrm{j}\omega)|$ 表示 $\varepsilon_\alpha(s)$ 在正弦稳态响应下的幅值；而式（6.19）则是时域描述，$|\varepsilon_\alpha(t)|$ 表示 t 时刻误差的绝对值。由此可见，观测误差在任意时刻的绝对值均不会超过 $h_{1\alpha}/\omega_0^2$。同样，对 β 轴而言也存在相同结论。综上，有

$$|\boldsymbol{\varepsilon}(t)|\leqslant\frac{\boldsymbol{h}_1}{\omega_0^2} \tag{6.20}$$

另外，$\boldsymbol{f}_1$ 可表示为

$$\boldsymbol{f}_1=\begin{bmatrix}f_{1\alpha}\\ f_{1\beta}\end{bmatrix}=-\frac{\omega_e\psi_f}{L_{\mathrm{s}}}\begin{bmatrix}-\sin\theta_e\\ \cos\theta_e\end{bmatrix} \tag{6.21}$$

$\boldsymbol{f}_1$ 的微分可表示为

$$\dot{\boldsymbol{f}}_1=\begin{bmatrix}\dot{f}_{1\alpha}\\ \dot{f}_{1\beta}\end{bmatrix}=\frac{\omega_e^2\psi_f}{L_{\mathrm{s}}}\begin{bmatrix}\cos\theta_e\\ \sin\theta_e\end{bmatrix} \tag{6.22}$$

定义 $\dot{\boldsymbol{f}}_1$ 的上界 $\boldsymbol{h}_1$ 为

$$\boldsymbol{h}_1=\begin{bmatrix}h_{1\alpha}\\ h_{1\beta}\end{bmatrix}=\frac{\omega_e^2\psi_f}{L_{\mathrm{s}}} \tag{6.23}$$

将式（6.23）代入式（6.20），得

$$|\varepsilon_\alpha(t)|\leqslant\frac{\omega_e^2\psi_f}{\omega_0^2 L_{\mathrm{s}}},\qquad|\varepsilon_\beta(t)|\leqslant\frac{\omega_e^2\psi_f}{\omega_0^2 L_{\mathrm{s}}} \tag{6.24}$$

由式（6.24）可知，在带宽 ω_0 恒定前提下，ESO 的最大观测误差正比于电频率 ω_e。换言之，其观测精度将随转速的增加而显著下降。因此，若要使得 ESO 始终维持较高的精度和较好的噪声抑制能力，全速度范围使用固定的带宽是难以满足要求的。

6.2.3 带宽自适应律设计

根据式（6.24），既然最大观测误差和电频率 ω_e 成正比，与带宽 ω_0 成反比，那么就可以将 ω_0 设计成频率自适应形式，以确保观测误差在宽转速范围内的一致性。ω_0 的自适应律可设计如下：

$$\omega_0 = \sqrt{\frac{\psi_f}{L_s \varepsilon_{\max}}} \omega_e \tag{6.25}$$

定义 $\varepsilon_{\max}$ 为最大可接受观测误差，该参数根据实际需求而定。考虑到无位置系统 ω_e 未知，可用其估计值 $\hat{\omega}_e$ 代替。此外，ω_0 应设置上、下限，以确保系统的稳定性。从而，带宽自适应律最终设计为

$$\begin{cases} \omega_0 = \sqrt{\dfrac{\psi_f}{L_s \varepsilon_{\max}}} \hat{\omega}_e \\ \omega_{0\max} \leqslant \omega_0 \leqslant \omega_{0\max} \end{cases} \tag{6.26}$$

图 6.1 为带宽自适应律的图形化描述。需要指出的是，实际应用中，如果全转速范围都采用一个固定的高带宽，理论上也可以保证足够的观测精度，即便不存在精度一致性。此举的问题在于，噪声是实际应用中无法避免的问题，低速下反电势幅值小，ESO 带宽过高会使得估计反电势的信噪比下降。因此，从该角度而言，带宽自适应策略保障了估计反电势信噪比的一致性。

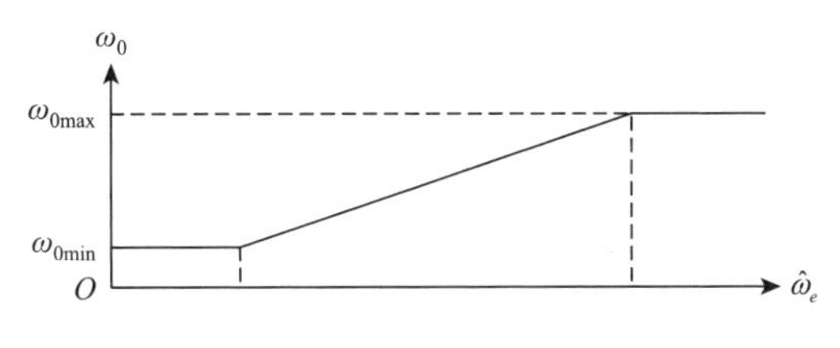

图 6.1　ESO 带宽自适应律示意图

6.2.4 基于正交锁相环的转速和位置提取

α 和 β 轴反电势包含了转子位置信息，利用反正切函数，可提取转子位置信息：

$$\begin{cases} \hat{\theta}_e = -\arctan\dfrac{\hat{e}_\alpha}{\hat{e}_\beta} \\ \hat{\omega}_e = \dfrac{\mathrm{d}\hat{\theta}_e}{\mathrm{d}t} \end{cases} \tag{6.27}$$

该方法虽然简便，但还存在一些不足：其一，$\hat{e}_\beta$ 存在周期性过零点行为，反正切函数曲线的非线性特征使得其数值精度在 $\hat{e}_\beta$ 过零时急剧下降；其二，转速是通过对位置求导得到的，容易引入噪声。

相较而言，正交锁相环（quadrature phase locked loop，QPLL）是一种更为优越的方法。QPLL 结构简单，抗噪声能力强，参数整定便捷，已被广泛应用于永磁同步电机无位置传感器控制领域。一个典型的 QPLL 由三部分组成：鉴相器（phase detector，PD）、环路滤波器（loop filter，LF）和压控振荡器（voltage-controlled oscillator，VCO），结构如图 6.2 所示。其原理为 PD 检测输入信号和参考信号的相位差，该差值经由 LF 进行调节，生成参考频率，再通过 VCO 生成参考相位。QPLL 通过闭环反馈，使得稳态下的参考相位以零误差跟踪输入信号的相位，以此实现对原始信号频率和相位的提取。

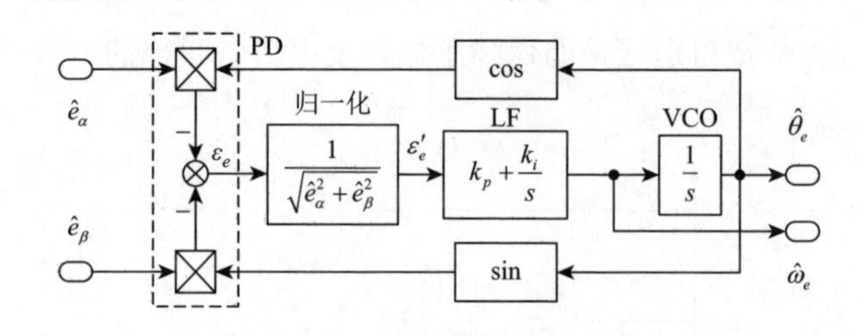

图 6.2　QPLL 结构框图

$\hat{e}_\alpha$、$\hat{e}_\beta$ 包含转子位置信息，可构建如下 PD，获取原始信号和参考信号的相位差：

$$\varepsilon_e = -\hat{e}_\alpha \cos\hat{\theta}_e - \hat{e}_\beta \sin\hat{\theta}_e = \hat{E}_f \sin(\theta_e - \hat{\theta}_e) \approx \hat{E}_f(\theta_e - \hat{\theta}_e) \tag{6.28}$$

式中：$\hat{E}_f$ 为反电势矢量的幅值，$\hat{E}_f = \sqrt{\hat{e}_\alpha^2 + \hat{e}_\beta^2}$。考虑到反电势幅值和转速成正比，若 ε_e 直接输入 LF，则 QPLL 的频率响应特性将随转速发生改变。因此，需对 ε_e 进行归一化处理，以保证 QPLL 的频响特性在宽速度范围下的一致性[4]：

$$\varepsilon_e' \approx \frac{\hat{E}_f}{\sqrt{\hat{e}_\alpha^2 + \hat{e}_\beta^2}}(\theta_e - \hat{\theta}_e) = \theta_e - \hat{\theta}_e \tag{6.29}$$

归一化处理后，QPLL 的闭环传递函数可写为

$$G_{\text{QPLL}}(s) = \frac{\hat{\omega}_e(s)}{\omega_e(s)} = \frac{\hat{\theta}_e(s)}{\theta_e(s)} = \frac{k_p s + k_i}{s^2 + k_p s + k_i} \tag{6.30}$$

式中：k_p 和 k_i 为 LF 的 PI 参数。

根据极点配置法，将 $G_{\text{QPLL}}(s)$ 的极点设置为复平面的二重实极点，PI 参数可设计为

$$[k_p \ \ k_i] = [2\sigma \ \ \sigma^2] \tag{6.31}$$

式中：σ 定义为 QPLL 的带宽。

6.2.5 位置信号的修正

稳态运行下，受 PI 型 LF 的闭环调节作用，QPLL 的鉴相误差可忽略不计，因此其输出的转速和位置估计值可以精确跟踪反电势估计值的频率和相位。然而，反电势的估计值和真实值却存在无法被忽略的相位偏差，这是由 ESO 自身的相频特性决定的。该相位偏差将导致位置估计值和实际值存在静态误差，因此有必要做出修正。对式（6.13）进行 Laplace 变换，得

$$G_{\boldsymbol{E}_{\alpha\beta}}(s) = \frac{\hat{\boldsymbol{E}}_{\alpha\beta}(s)}{\boldsymbol{E}_{\alpha\beta}(s)} = \frac{\boldsymbol{z}_2(s)}{\boldsymbol{F}_1(s)} = \frac{\beta_2}{s^2 + \beta_1 s + \beta_2} \tag{6.32}$$

$G_{\boldsymbol{E}_{\alpha\beta}}(s)$ 的相频特性表示为

$$\angle G_{E_{\alpha\beta}}(\mathrm{j}\omega)=\arctan\frac{2\omega_0\omega}{\omega_0^2-\omega^2} \tag{6.33}$$

式（6.33）反映了反电势实际值和估计值在频率为ω时的相位差，将该相位差补偿至 QPLL 的输出侧，得到修正后的位置估计值为

$$\hat{\theta}_e'=\hat{\theta}_e+\arctan\frac{2\omega_0\hat{\omega}_e}{\omega_0^2-\hat{\omega}_e^2} \tag{6.34}$$

式（6.34）中：由于实际转速ω_e不可获取，只能使用估计转速$\hat{\omega}_e$进行相位修正，但这并不会影响实际效果。原因在于，稳态下反电势的估计值和真实值，二者虽存在相位偏差，但频率始终保持一致，因此 QPLL 输出的转速估计结果是准确的。修正后的 QPLL 结构框图如图 6.3 所示。

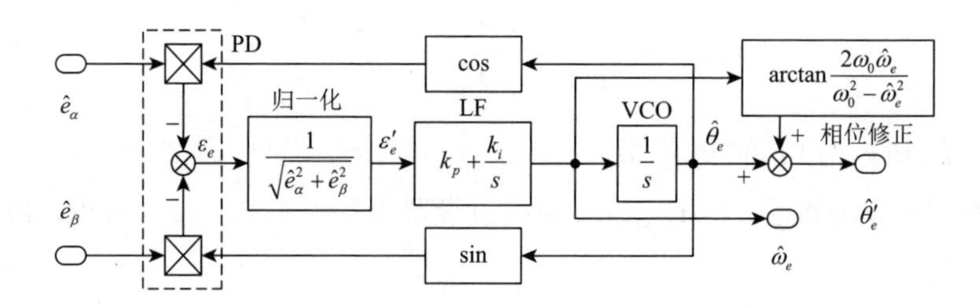

图 6.3　带相位修正的 QPLL 结构框图

6.3　转速估计补偿策略

QPLL 在抑制环路噪声的同时能给出准确的转速和位置估计，简易的参数设计和强健的收敛性更奠定了其工程应用价值。然而，QPLL 并非没有缺陷。由式（6.30）可知，QPLL 的闭环传递函数等效为二阶 LPF。对于稳态运行工况，转速为直流量，$G_{\mathrm{QPLL}}(s)$无相位滞后和幅值衰减，故 QPLL 能给出准确的转速和位置估计。

然而，当电机面临大负载扰动时，因电流环控制带宽有限，转矩响应无法实时跟踪负载转矩变化，这会迫使电机运动状态脱离平衡点，转速出现波动。通常，为获取平滑的转速估计结果，一般选取较低的 QPLL 带宽。此时，若电

机因负载扰动而出现剧烈的转速波动，则 QPLL 将难以给出准确的转速估计，这将导致系统抗扰性能恶化。相反，若设置较高的 QPLL 带宽以追求抗扰性能，则势必会引入噪声，牺牲稳态精度。可见，单纯地调节 QPLL 带宽是无法兼顾系统稳态精度和抗扰性能的，只能权衡折中。因此，有必要从新的角度寻求解决办法。

6.3.1 负载扰动下的转速误差分析

受负载扰动影响，电机不可避免会出现转速波动，在常见运行工况下，负载突变导致的转速波动最为明显。图 6.4 为负载突增时的转速动态变化过程。采用小信号分析方法，将该动态过程分解为多个离散时刻：$t[k], t[k+1], t[k+2], \cdots, t[k+n]$。$t[k]$ 时刻前，系统处于稳态运行，对应的运动方程可写为

$$T_{e0} - T_{L0} - B\omega_{r0} = 0 \tag{6.35}$$

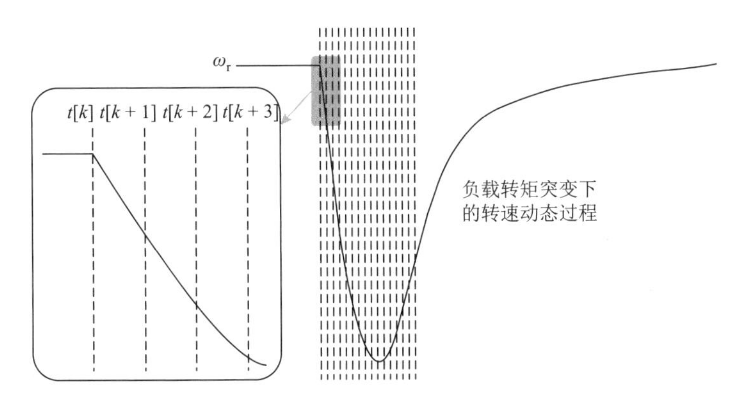

图 6.4 负载转矩突增时的转速动态过程（$t[k]$ 时刻突加负载）

$t[k]$ 时刻开始加载，转速出现波动，式（6.35）不再成立。从 $t[k]$ 到 $t[k+1]$ 的微小时间区间，受电流闭环调节作用，负载转矩偏离平衡点的增量（记为 ΔT_{L1}）将引起电磁转矩同方向的增量（记为 ΔT_{e1}），该增量将迫使电机运动状态恢复到平衡点。然而，数字控制系统中，电流环控制带宽有限，转矩响应存在延迟。因此，在该微小时间区间内，系统仅能产生恢复到平衡点的趋势，而无法立刻回到平衡点。$t[k+1]$ 时刻，电机运动方程可表示为

$$\underbrace{(T_{e0}+\Delta T_{e1})}_{T_{e1}}-\underbrace{(T_{L0}+\Delta T_{L1})}_{T_{L1}}-B\underbrace{(\omega_{r0}+\Delta\omega_{r1})}_{\omega_{r1}}=J\underbrace{(0+\Delta\dot{\omega}_{r1})}_{\dot{\omega}_{r1}} \tag{6.36}$$

式(6.36)各变量由两部分组成，即稳态分量T_{e0}、T_{L0}、ω_{r0}和动态分量ΔT_{e1}、ΔT_{L1}、$\Delta\omega_{r1}$、$\Delta\dot{\omega}_{r1}$。将式（6.35）代入式（6.36），得$t[k]$到$t[k+1]$的转速扰动方程（perturbation equation）为

$$\Delta T_{e1}-\Delta T_{L1}-B\Delta\omega_{r1}=J\Delta\dot{\omega}_{r1} \tag{6.37}$$

从$t[k]$到$t[k+1]$，系统从稳态过渡到动态运行。然而，式（6.36）和式（6.37）仅适用于$t[k+1]$时刻。为继续开展小信号分析，引入伪稳态（pesudo-steady-state）概念，定义$t[k+1]$时刻的系统状态为$t[k+2]$时刻的伪稳态。于是，系统从$t[k+1]$时刻向$t[k+2]$时刻的过渡过程中，电流环持续起调节作用，负载转矩偏离伪平衡点（pesudo-equilibrium point）的增量（记为ΔT_{L2}）将引起电磁转矩同方向的增量（记为ΔT_{e2}），该增量将迫使系统运动状态恢复到伪平衡点，即回到$t[k+1]$时刻的状态。于是，$t[k+2]$时刻，电机运动方程可表示为

$$\underbrace{(T_{e1}+\Delta T_{e2})}_{T_{e2}}-\underbrace{(T_{L1}+\Delta T_{L2})}_{T_{L2}}-B\underbrace{(\omega_{r1}+\Delta\omega_{r2})}_{\omega_{r2}}=J\underbrace{(\dot{\omega}_{r1}+\Delta\dot{\omega}_{r2})}_{\dot{\omega}_{r2}} \tag{6.38}$$

式（6.38）各变量由两部分组成，即伪稳态分量T_{e1}、T_{L1}、ω_{r1}和动态分量ΔT_{e2}、ΔT_{L2}、$\Delta\omega_{r2}$、$\Delta\dot{\omega}_{r2}$。将式（6.36）代入式（6.38），得$t[k+2]$时刻转速扰动方程为

$$\Delta T_{e2}-\Delta T_{L2}-B\Delta\omega_{r2}=J\Delta\dot{\omega}_{r2} \tag{6.39}$$

类似地，定义$t[k+n-1]$时刻的系统状态为$t[k+n]$时刻的伪稳态，则$t[k+n]$时刻，电机运动方程可表示如下：

$$\underbrace{(T_{e(n-1)}+\Delta T_{en})}_{T_{en}}-\underbrace{(T_{L(n-1)}+\Delta T_{Ln})}_{T_{Ln}}-B\underbrace{(\omega_{r(n-1)}+\Delta\omega_{rn})}_{\omega_{rn}}=J\underbrace{(\dot{\omega}_{r(n-1)}+\Delta\dot{\omega}_{rn})}_{\dot{\omega}_{rn}} \tag{6.40}$$

从而，$t[k+n]$时刻的转速扰动方程为

$$\Delta T_{en}-\Delta T_{Ln}-B\Delta\omega_{rn}=J\Delta\dot{\omega}_{rn} \tag{6.41}$$

观察到转速扰动方程在各个时刻形式上的一致性，将方程综合为如下统一形式：

$$\Delta T_{e}-\Delta T_{L}-B\Delta\omega_{r}=J\Delta\dot{\omega}_{r} \tag{6.42}$$

根据以上小信号分析，在每个动态时刻，电磁转矩的增量都在试图克服负载转矩的增量，以迫使系统回到平衡点（或伪平衡点），达到稳态（或伪稳态）

运行。上面提到，数字控制系统的转矩响应存在滞后，这意味着电磁转矩的增量ΔT_e始终滞后于负载转矩的增量ΔT_L。对于有位置传感器控制系统，不妨将该滞后特性建模为一阶惯性环节：

$$\Delta T_e = \frac{1}{\tau_0 s + 1}\Delta T_L \tag{6.43}$$

式中：τ_0为描述转矩响应速度的时间常数。

对于无位置传感器控制系统，转速是通过QPLL估算得到的。由于QPLL的低通滤波特性，估算转速对比真实转速存在延迟，且该延迟必然大于有位置传感器系统直接通过传感器采样转速的延时。因此，无位置传感器系统转速反馈的实时性会低于有位置传感器系统。转速反馈的滞后影响将从转速外环传递到电流内环，最终导致转矩响应时间变长，系统抗扰性能下降。基于以上分析，无位置传感器系统的转矩响应特性可描述为

$$\Delta T_e = \frac{1}{(\tau_0 + \tau_t)s + 1}\Delta T_L \tag{6.44}$$

式中：τ_t定义为无传感器系统和有传感器系统转矩响应时间之差。该差值归因于两类系统转速获取方式上的差异。

进一步，对式（6.42）进行Laplace变换，得

$$\Delta T_e(s) - \Delta T_L(s) - B\Delta\omega_r(s) = sJ\Delta\omega_r(s) \tag{6.45}$$

将式（6.44）代入式（6.45），并将机械转速ω_r转换为电转速ω_e，得

$$\Delta\omega_e = -\frac{n_p(\tau_0 + \tau_t)\,\Delta T_e}{J}\frac{s}{s + B/J} \tag{6.46}$$

由式（6.46）可见，动态过程中，电磁转矩的扰动将引起转速的扰动，而负号表明二者的变化方向相反。进一步，定义：

$$p_\omega(\tau) = -\frac{n_p \tau \Delta T_e}{J}\frac{s}{s + B/J} \tag{6.47}$$

从而，式（6.46）可简写为如下形式：

$$\Delta\omega_e = p_\omega(\tau_0) + p_\omega(\tau_t) \tag{6.48}$$

由式（6.48）可见，无传感器系统受负载扰动影响产生的转速扰动由两部分构成，包括控制系统固有的转速扰动$p_\omega(\tau_0)$，以及因转速估计环节的迟滞性所带来的额外转速扰动$p_\omega(\tau_t)$。由此可见，无传感器系统的抗扰性能必然落后

于有感系统。理论上，提高 QPLL 的带宽以提高转速估计的实时性可改善系统抗扰性能，但此举会向转速反馈回路引入更多噪声，影响稳态控制精度。事实上，更优的方法应当是引入转速估计补偿策略。

6.3.2 基于转矩微分前馈转速估计补偿策略

根据式(6.48)，无位置传感器系统中，因转速估计环节的迟滞性所造成的额外转速扰动 $p_\omega(\tau_t)$ 表示为

$$p_\omega(\tau_t) = -\frac{n_p \tau_t \Delta T_e}{J} \frac{s}{s + B/J} \tag{6.49}$$

数字控制系统中，控制算法周期性地在中断服务函数（ISR）中执行，设中断周期为 T_s，则转矩扰动量 ΔT_e 可表示为

$$\Delta T_e = T_s \dot{T}_e \tag{6.50}$$

从而，式（6.49）可改写为

$$p_\omega(\tau_t) = -\frac{n_p \tau_t T_s}{J} \frac{s}{s + B/J} \dot{T}_e \tag{6.51}$$

式（6.51）表征了无传感器系统相比有传感器系统，动态过程中每个 T_s 时间段产生的额外转速扰动同当前电磁转矩微分的关系。其中，额外转速扰动指当前时刻的转速较上个时刻的增量。

式（6.51）还表明，电机在负载扰动影响下的转速扰动是可以预测的。于是，为提高动态过程中的转速估计精度，一个直观的思路便是利用该扰动值对 QPLL 输出的转速估计结果进行补偿。基于此思路，转速估计补偿策略可表示为

$$\begin{cases} \hat{p}_\omega(\tau_t) = -\dfrac{n_p \tau_t T_s}{\hat{J}} \dfrac{s}{s + \hat{B}/\hat{J}} \dot{\hat{T}}_e \\ \hat{\omega}_e' = \hat{\omega}_e + \hat{p}_\omega(\tau_t) \end{cases} \tag{6.52}$$

基于转矩微分前馈的转速估计补偿策略结构框图如图 6.5 所示。其中：$\hat{T}_e$ 可按转矩方程计算得到；$\hat{T}_e$ 的微分 $\dot{\hat{T}}_e$ 可利用 TD 得到；$\hat{J}$ 和 $\hat{B}$ 可通过离线测量或按本书提出的辨识方法得到。具体过程为补偿环节计算的 $\hat{p}_\omega(\tau_t)$ 前馈至 QPLL 环路滤波器的输出，得到补偿后的估计转速 $\hat{\omega}_e'$；对 $\hat{\omega}_e'$ 积分并进行相位修正，得到估计位置 $\hat{\theta}_e'$。

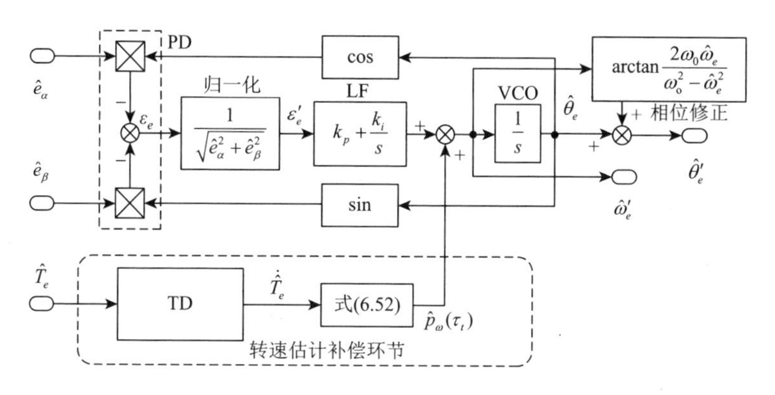

图 6.5 基于转矩微分前馈的转速估计补偿策略结构框图

在对稳态精度和抗扰性能均有一定要求的无感应用场合，所提补偿策略能够发挥出明显作用。其中，稳态精度由较低的 QPLL 带宽来保证，而抗扰性能则通过上述补偿策略来改善。观察式（6.52）容易发现，稳态运行下，转矩微分基本为零，故补偿环节不起作用（可通过设置滞环来避免转矩微分的噪声传递到后级），稳态性能不受影响；当出现负载扰动时，转矩微分迅速变大，补偿环节起作用，转速估计误差降低，系统抗扰性能得以改善。综上可见，所提补偿策略成功实现了转速补偿的“动稳分离”，使得无位置传感器系统可兼顾稳态精度和抗扰性能。

6.4 零速起动和低速到中高速切换运行策略

电机低速运行时，反电势幅值小，ESO 观测结果的信噪比低，而零速时反电势甚至不可观测，方法失效。为实现电机从低速到中高速运行的平稳过渡，本节采用 I-f 控制和双 dq 变换无扰切换策略相结合的方法。

6.4.1 I-f 零速起动

I-f 控制是一种转速开环、电流闭环的半开环控制策略。I-f 控制不依赖电机转子位置信息，适用于零速起动，且带载不超过额定值 30%的场合[5]。在 I-f

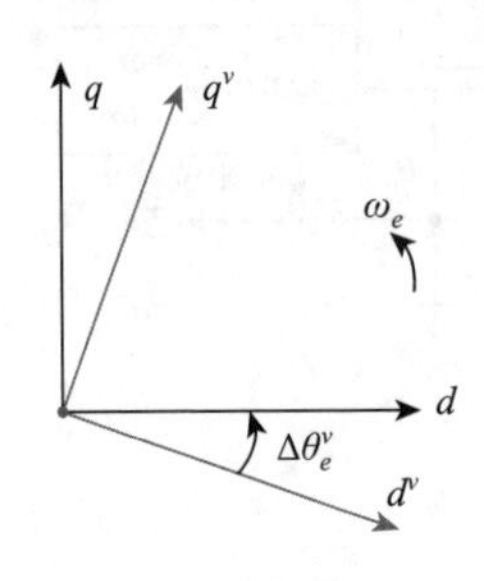

图 6.6　I-f 控制对应的虚拟 d^vq^v 坐标系和真实 dq 坐标系的相位关系

控制中，电流环使用虚拟位置角，由转速指令值积分得到。图 6.6 给出了 I-f 控制对应的虚拟 d^vq^v 坐标系和真实 dq 坐标系的相位关系。其中，dq 坐标系超前 d^vq^v 坐标系 $\Delta\theta_e^v$ 角度。

图 6.7 给出了 I-f 零速起动系统框图。其中，Park 变换所用角度为虚拟位置角 θ_e^v，由斜坡转速指令 ω_r^v 积分得到。同时，虚拟同步坐标系下的 d^v 轴电流指令值为 0，q^v 轴电流指令值为固定值 I_m，从而定子电流矢量幅值为 I_m，与 q^v 轴对齐。此时，电磁转矩可表示为

$$T_e = 1.5 n_p \psi_f I_m \cos \Delta\theta_e^v \tag{6.53}$$

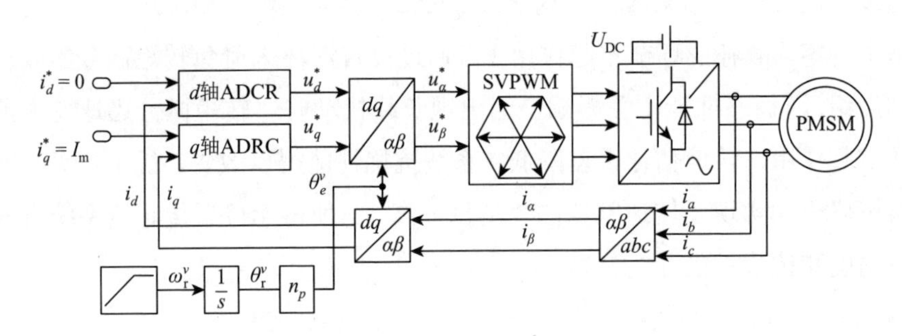

图 6.7　I-f 零速起动系统框图

分析式（6.53）可以发现，I-f 控制具备带载起动能力的关键在于可对定子电流矢量的相位进行调节，自动改变输出转矩，以平衡负载转矩。事实上，只要该电流幅值下的最大输出转矩超过负载转矩，电机就可稳定运行。I-f 控制本质上是基于同步电机的“转矩-功角自平衡”原理[6]。为保证 I-f 能顺利起动电机，一般将 i_q^* 设置为驱动器最大允许值。

6.4.2　低速到中高速的无扰切换

I-f 控制与基于 ESO 的无位置传感器控制之间的切换是实际应用中必须解决的问题。原因在于，I-f 控制生成的虚拟位置角 θ_e^v 与无传感器控制算法估算

的位置角 $\hat{\theta}_e$ 并不相等，因此虚拟 $d^v q^v$ 坐标系和估计 $\hat{d}\hat{q}$ 坐标系不重合，如图 6.8 所示。若在二者相差过大的情形下强制切换，则定子电压/电流矢量会发生突变，引发系统振荡，乃至失稳。

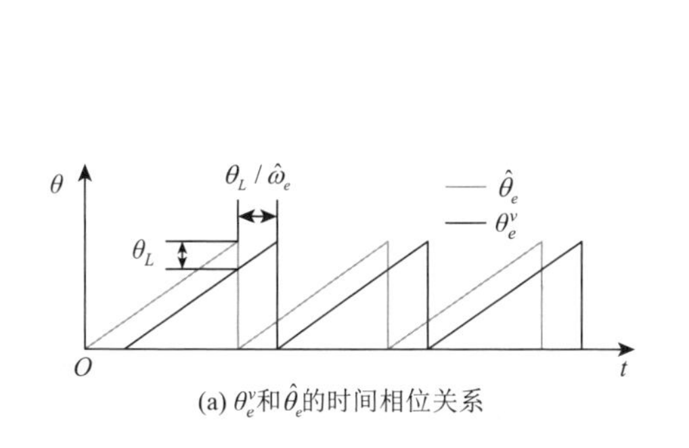

(a) θ_e^v和$\hat{\theta}_e$的时间相位关系

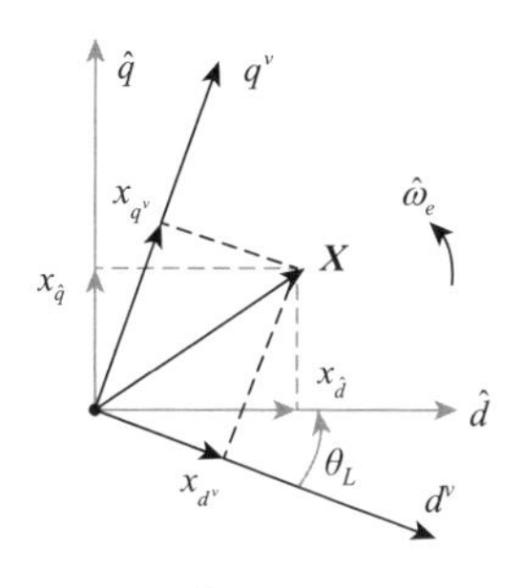

(b) $d^v q^v$轴和 $\hat{d}\hat{q}$ 轴的空间相位关系

图 6.8　虚拟同步坐标系和估计同步坐标系之间的关系

针对切换问题，文献[7]采用逐步调整虚拟位置角 θ_e^v 的方法，使之逼近估计位置角 $\hat{\theta}_e$，再进行切换。文献[6]和[8]逐步减小给定电流幅值，根据“转矩-功角自平衡”原理，虚拟位置角 θ_e^v 会自动逼近估计位置角 $\hat{\theta}_e$，完成切换。以上两种切换方法的切换时间较长，且均未能考虑切换过程中出现的负载扰动对系统的影响，因此存在切换失败的隐患。文献[5]提出了一种基于双 dq 变换的瞬时切换策略，无需耗时的位置角逼近和收敛过程，只需一个控制周期即可完成切换。该方法的基本原则是定子电压和电流矢量在切换前后幅值、相位均保持不变。基于该约束，电机的有功、无功、电磁转矩在切换前后也能保持不变，从而实现了无扰切换。本节将借鉴该方法。

图 6.8（b）给出了任意空间矢量 $\boldsymbol{X}$ 在 $d^v q^v$ 轴和 $\hat{d}\hat{q}$ 轴上的正交分量，两个轴系相位差为 $\theta_L = \hat{\theta}_e - \theta_e^v$。于是，$d^v q^v$ 轴电压、电流矢量投影到 $\hat{d}\hat{q}$ 轴的关系式为

$$\begin{bmatrix} i_{\hat{d}}^* \\ i_{\hat{q}}^* \end{bmatrix} = \begin{bmatrix} \cos\theta_L & \sin\theta_L \\ -\sin\theta_L & \cos\theta_L \end{bmatrix} \begin{bmatrix} 0 \\ I_{\mathrm{m}} \end{bmatrix} = \begin{bmatrix} I_{\mathrm{m}}\sin\theta_L \\ I_{\mathrm{m}}\cos\theta_L \end{bmatrix} \tag{6.54}$$

$$\begin{bmatrix} u_{\hat{d}}^* \\ u_{\hat{q}}^* \end{bmatrix} = \begin{bmatrix} \cos\theta_L & \sin\theta_L \\ -\sin\theta_L & \cos\theta_L \end{bmatrix} \begin{bmatrix} u_{d^v}^* \\ u_{q^v}^* \end{bmatrix} = \begin{bmatrix} u_{d^v}^*\cos\theta_L + u_{q^v}^*\sin\theta_L \\ -u_{d^v}^*\sin\theta_L + u_{q^v}^*\cos\theta_L \end{bmatrix} \tag{6.55}$$

式中：$i_{d^v}^*=0$，$i_{q^v}^*=I_{\mathrm{m}}$ 为给定电流的 d^v、q^v 轴分量；$u_{d^v}^*$、$u_{q^v}^*$ 为给定电压的 d^v、q^v 轴分量；$i_{\hat{d}}^*$、$i_{\hat{q}}^*$ 为给定电流的 $\hat{d}$、$\hat{q}$ 轴分量；$u_{\hat{d}}^*$、$u_{\hat{q}}^*$ 为给定电压的 $\hat{d}$、$\hat{q}$ 轴分量。

在切换瞬间，保证电压、电流空间矢量在切换前后不变，即可保证电机运行状态不变，从而实现无扰切换。切换策略框图如图 6.9 所示，具体实现过程如下。

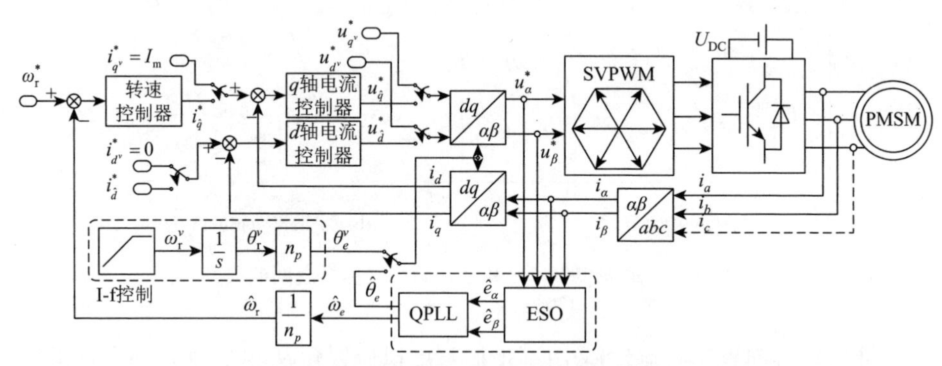

图 6.9　基于双 dq 变换的无扰切换策略框图

（1）I-f 控制电机开环起动：在电机加速至切换阈值（如 10%额定转速）或接收到上位机发出的主动切换指令时，立即锁存当前电流指令 $i_{d^v}^*$、$i_{q^v}^*$，电压指令 $u_{d^v}^*$、$u_{q^v}^*$，以及虚拟位置角度 θ_e^v 和估计位置角 $\hat{\theta}_e$。

（2）空间矢量重映射：根据 θ_e^v 和 $\hat{\theta}_e$ 求得 d^vq^v 和 $\hat{d}\hat{q}$ 坐标系间的相位差，再利用式（6.54）、式（6.55）计算出 $\hat{d}\hat{q}$ 坐标系下的电压、电流指令 $u_{\hat{d}}^*$、$u_{\hat{q}}^*$、$i_{\hat{d}}^*$、$i_{\hat{q}}^*$。

（3）执行切换，进入转速闭环运行：在下一个控制周期，将 Park 变换所需的位置角从 θ_e^v 切换至 $\hat{\theta}_e$，并将电流和电压指令初始化为 $i_{\hat{d}}^*$、$i_{\hat{q}}^*$ 和 $u_{\hat{d}}^*$、$u_{\hat{q}}^*$。此外，转速控制器介入闭环系统。之后，电机进入无位置传感器转速/电流双闭环运行模式。

需要注意的是，即便在低速下采用 I-f 控制，无位置控制算法仍全程伴随运行，只不过由该算法估计的位置和转速并未反馈至闭环系统，电机仅处于电流单闭环运行模式。在切换命令到来时，需要立刻锁存当前的虚拟位置角和估计位置角，以便计算角度差 θ_L。另外，在步骤（2）中，对电流和电压给定值进行初始化，实质上是初始化转速和电流控制器中具备记忆功能的积分环节，即改变积分初值。然而，积分环节的输出并不一定等于电流或电压给定值，这与控制器结构有关。对待不同类型的控制器，初始化操作有不同的实现方式。以 q 轴为例，列举如下三个例子供参考。

1. 无电压前馈解耦的 PI 控制器

无电压前馈解耦的 q 轴 PI 控制器结构框图如图 6.10 所示。在 I-f 起动阶段，i_q^* 设为恒定值，由于 PI 控制器对阶跃响应无静差，前向通道误差为零，积分环节的输出等于 u_q^*。因此，切换时，只需将积分环节的初值 I_{init} 重置为

$$I_{\text{init}} = u_{\hat{q}}^* \tag{6.56}$$

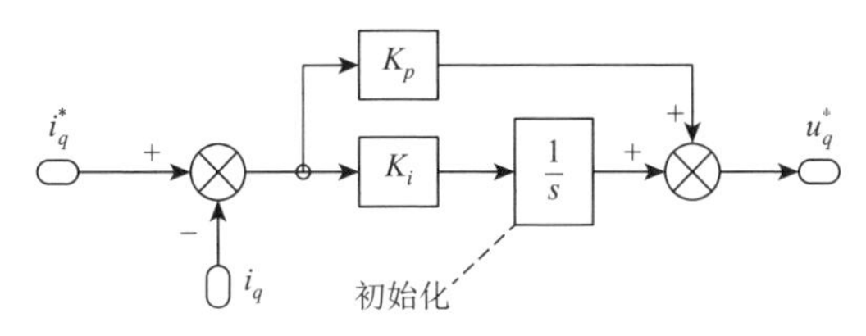

图 6.10　无电压前馈解耦的 q 轴 PI 控制器结构框图

2. 有电压前馈解耦的 PI 控制器

有电压前馈解耦的 q 轴 PI 控制器结构框图如图 6.11 所示。该结构和图 6.10 的不同点在于，积分环节的输出在经过电压前馈解耦后才等于 u_q^*。因此，切换时，应将积分环节的初值 I_{init} 重置为

$$I_{\text{init}} = u_{\hat{q}}^* - \omega_e(\hat{L}_d \hat{i}_d + \psi_f) \tag{6.57}$$

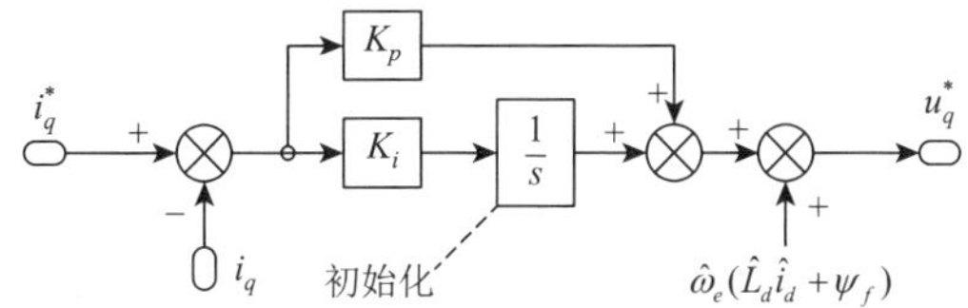

图 6.11　有电压前馈解耦的 q 轴 PI 控制器结构框图

3. 自抗扰控制器

ADRC 和 PI 控制器的结构大有不同，以 LADRC 为例，如图 6.12 所示。LESO 包含两个积分环节，在切换时均需要初始化。其中，积分环节 1 的输出

为 z_{1q}，为确保切换前后 LESO 的观测误差 e_{1q} 始终为零，应将积分环节 1 的初值重置为

$$I_{\text{init1}} = \hat{i}_q \tag{6.58}$$

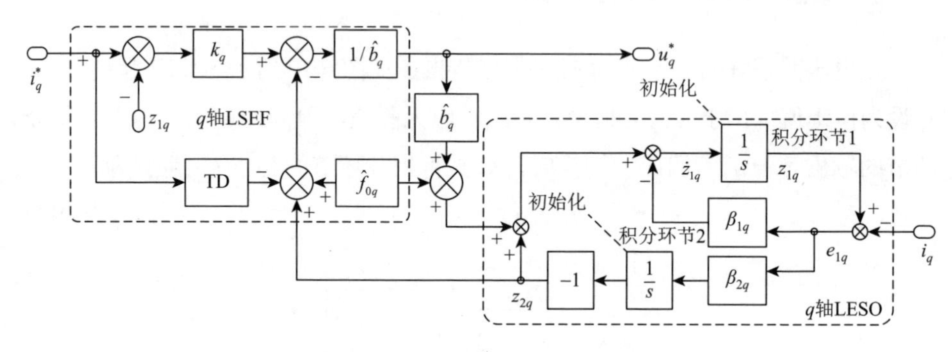

图 6.12　q 轴电流 LADRC 结构框图

对于积分环节 2，其输出和 u_q^* 存在关联，而 u_q^* 表示为

$$u_q^* = \frac{k_q(i_q^* - z_{1q}) + \dot{i}_q^* - (z_{2q} + \hat{f}_{0q})}{\hat{b}_q} \tag{6.59}$$

在切换前的 I-f 起动阶段，$\dot{i}_q^*$ 为零，同时电流观测误差为零，故 $u_q^* = -(z_{2q} + \hat{f}_{0q}) / \hat{b}_q$。因此，切换时，应将积分环节 2 的初值重置为

$$I_{\text{init2}} = \hat{b}_q u_{\hat{q}}^* + \hat{f}_{0q} = \frac{u_{\hat{q}}^* - \hat{R}_s \hat{i}_q - \hat{\omega}_e(\psi_f + \hat{i}_d \hat{L}_d)}{\hat{L}_q} \tag{6.60}$$

6.5　结果与分析

本节将通过实验验证所提方法的有效性。被测电机为一台 SPMSM，其参数如表 6.1 所示。实验过程中，电机全程工作于无位置传感器控制模式，安装于电机轴端的光电编码器仅用于和估计位置作对比，不参与闭环控制。电机零速起动阶段采用 I-f 控制，待速度提升至 100 r/min，切换到基于 ESO 的无位置传感器闭环控制，系统框图如图 6.13 所示。ESO 带宽设置为 $\omega_0 = 2000$，QPLL 的 PI 参数设置为 $k_p = 300$，$k_i = 2.25 \times 10^4$。

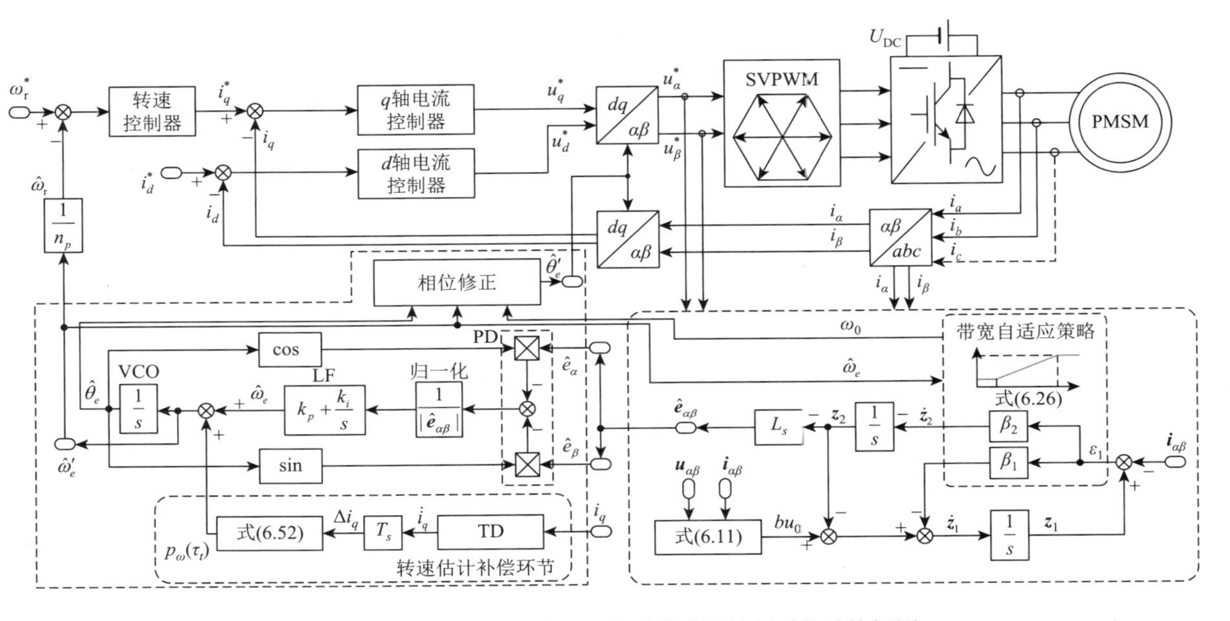

图 6.13 基于 ESO 的中高速无位置传感器控制系统结构框图

表 6.1 SPMSM 参数

参数	数值	参数	数值
额定功率 P_N	1.0 kW	定子电阻 R_s	1.8 Ω
额定转速 n_N	1500 r/min	定子电感 L_s	10.8 mH
额定电流 I_N	7 A	转动惯量 J	0.0145 kg·m^2
极对数 n_p	3	黏滞系数 B	0.0042 N·m·s/rad
永磁体磁链 ψ_f	0.191 V·s	额定转矩 T_N	6 N·m

6.5.1 I-f 起动和切换实验验证

零速起动阶段采用 I-f 控制，转速指令通过斜坡函数生成，目标值为 100 r/min，加速度为 1.67 r/s^2，测功机施加的负载转矩设为 1 N·m。虚拟 q 轴电流指令设定为 3 A，由式（6.53）可知，此时电机可输出的最大转矩为 2.58 N·m，大于负载转矩，满足“转矩-功角自平衡”条件，故电机可以顺利起动。待电机加速至 100 r/min 后，执行切换，进入无位置传感器闭环控制模型运行。

图 6.14 给出了电机零速起动到切换的实验波形。起动过程中，Park 变换采用 I-f 控制生成的虚拟位置角，在虚拟 $d^v q^v$ 坐标系下，i_{d^v}、i_{q^v} 均能准确跟踪其指令值，电机转速逐渐爬升，直至稳定运行于 100 r/min。在 4 s 时刻，执行切换，此时，基于 ESO 的无位置传感器控制算法估算的位置角 $\hat{\theta}_e$ 取代虚拟位置角 θ_e^v 参与 Park 变换，由于二者并不相等，从图中可见，位置角发生了跳变。为保证切换前后电压、电流矢量不跳变，切换后的电压、电流指令值被重新赋值。可以观察到，切换后，$u_{\hat{d}}$、$u_{\hat{q}}$ 和 $i_{\hat{d}}$、$i_{\hat{q}}$ 较前一时刻相比出现了跳变。然而，u_β 和 i_α、i_β 并无明显波动，这表明，切换前后电压/电流矢量的大小和相位是相等的，故电机输出转矩和功率是恒定不变的，从而切换过程是平滑无扰的。

从图 6.14 中还可观察到，切换后转速的脉动明显下降。这是因为 I-f 控制是电流单闭环控制，而基于 ESO 的无位置传感器控制则是转速电流双闭环控制，故转速稳态精度更高。此外，由于切换后 $i_{\hat{d}}$ 不为零，为实现零直轴电流控

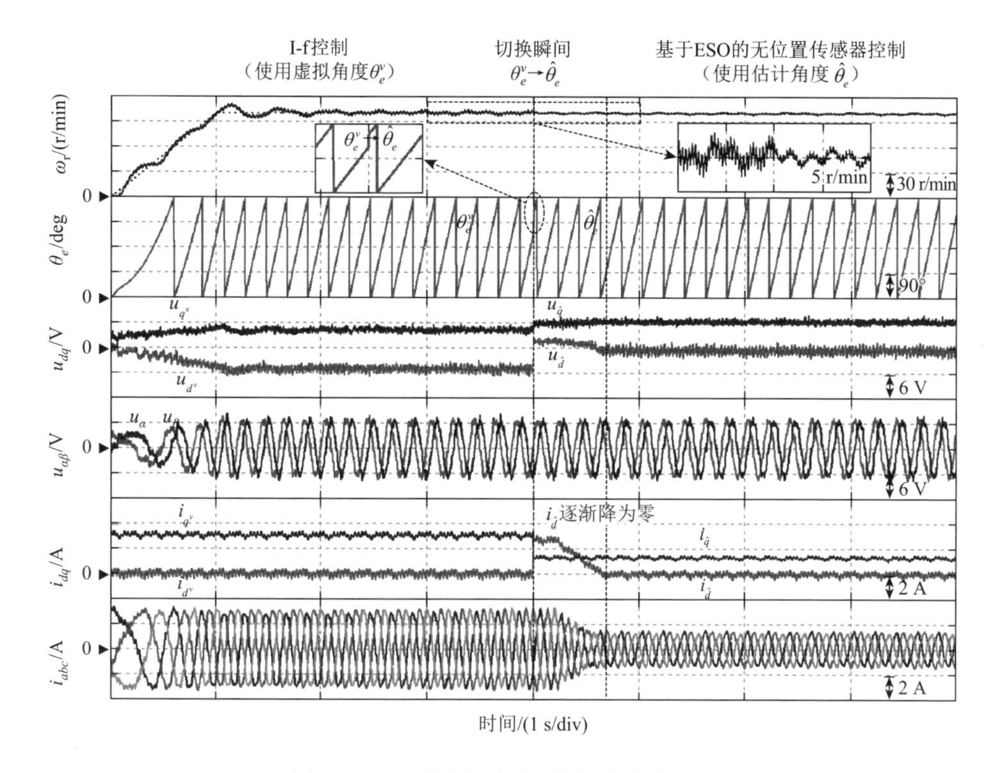

图 6.14　I-f 零速起动到切换的实验波形图

制，需将$i_{\hat{d}}$逐渐降为零。具体地，在切换后让指令电流$i_{\hat{d}}^*$保持 0.2 s，随后以−6 A/s 的斜率将其降为零。从图中可见，切换完成后相电流幅值显著降低，系统运行效率提高。值得一提的是，由于切换是瞬间完成的，不受负载大小影响，本方法具备较强的抗负载扰动能力。

6.5.2　基于扩张状态观测器的无位置传感器控制实验验证

本小节将通过实验验证基于 ESO 的无位置传感器控制策略的有效性。实验中，带宽自适应策略未使能。图 6.15（a）和（b）分别给出了 6 N·m 额定负载下，电机运行在 300 r/min 和 1500 r/min 的实验结果。由图可见，两种转速下，反电势估计值波形平滑，位置估计误差的平均值为零，但却叠加了明显的周期性脉动（以基频脉动和 6 次谐波脉动为主），且 300 r/min 的脉动幅度（±1.6°）显著高于 1500 r/min 的脉动幅度（±0.3°）。事实上，该周期性脉动归因于逆变器非线性特性[9]和电流传感器采样误差[10]，且上述因素在低速下对系统的影响比高速下更为明显。当前，诸多文献提出了各类应对方法，如自适应陷波滤波器（adaptive notch filter，ANF）[11]、自适应线性神经元（ADALINE）[12]、二阶广义积分器（second order generalized integrator，SOGI）[11, 13]等。此外，本书提出的 CCF-ESO 也可作为应对该问题的一个思路。考虑到本实验中，位置脉动幅度不大，对系统影响有限，故不对该问题做特别处理。

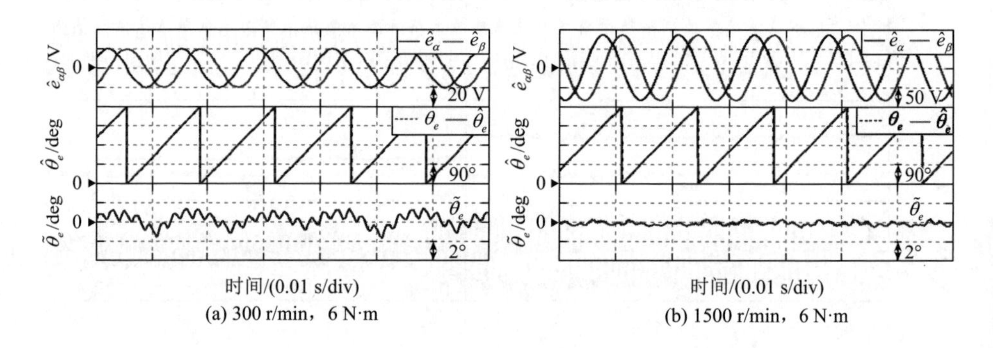

图 6.15　基于 ESO 的无位置传感器控制策略稳态实验结果

6.5.3　带宽自适应策略实验验证

在宽转速范围调速运行时，ESO 的观测精度将随转速的升高而下降，为保障其观测精度的全局一致性，有必要引入带宽自适应策略，本小节将对其有效性进行验证。带宽自适应策略相关参数设置如下：$\varepsilon_{\max}=0.04$，$\omega_{0\min}=2000$，$\omega_{0\max}=12\,000$。

图 6.16 给出了 3 N·m 负载下，电机在 300 r/min 到 1500 r/min 加减速运行中，基于固定带宽 ESO 和基于自适应带宽 ESO 的实验结果对比。可以发现，动态过程中，固定带宽 ESO 的转速估计误差 $\tilde{\omega}_r$ 达到了 10 r/min，位置估计误差 $\tilde{\theta}_e$ 达到了 8°。相比之下，带宽自适应 ESO 的转速和位置估计误差最大值分别 3.5 r/min 和 1.6°，有显著改善。值得注意的是，转速估计误差只存在于加减速过程的起始和结束阶段，而位置估计误差在这期间始终存在，这是由于位置是通过转速积分得到的。

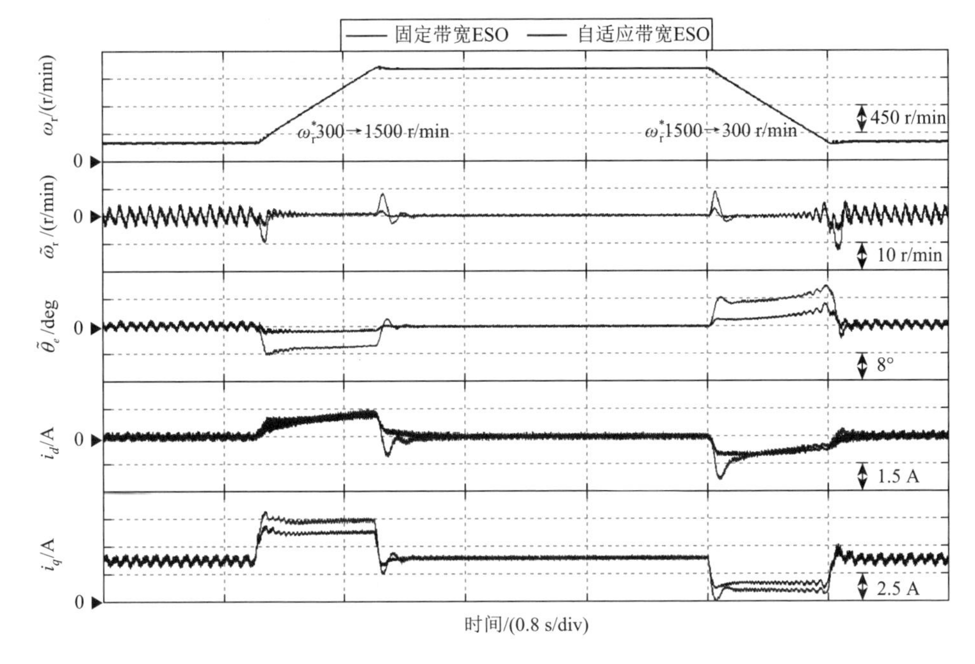

图 6.16　基于固定带宽 ESO 和基于自适应带宽 ESO 的无感控制加减速实验结果对比

进一步，观察i_d、i_q的波形易发现，基于自适应带宽 ESO 的无感控制，其电流响应更优。以i_q为例，在采用带宽自适应策略后，由于位置估算值更准确，加速阶段的电流从 7.45 A 降至 6.26 A，从而电机运行效率得到提升。

6.5.4　基于转矩微分前馈的转速估计补偿策略实验验证

基于转矩微分前馈的转速估计补偿策略，可在不改变QPLL带宽的前提下，通过补偿来提高 QPLL 动态过程中的转速估计精度，从而兼顾系统稳态精度和抗扰性能。本小节将验证该策略的有效性。实验中，补偿环节相关参数为$\tau_t = 0.2$，$r_0 = 1.5\times10^7$，$h = 0.016$，$\hat{J}$和$\hat{B}$等于真实值。

图 6.17（a）给出了电机在 300 r/min 运行时，无补偿策略和有补偿策略抗扰性能的实验对比。实验中，在 3 s 时刻突加负载，9 s 时刻突减负载。可以发现，无论是轻载还是负载工况，两种策略下电机稳态性能基本一致，这是因为稳态下转矩微分几乎为零，补偿环节不起作用。在负载突加的过程中，无补偿

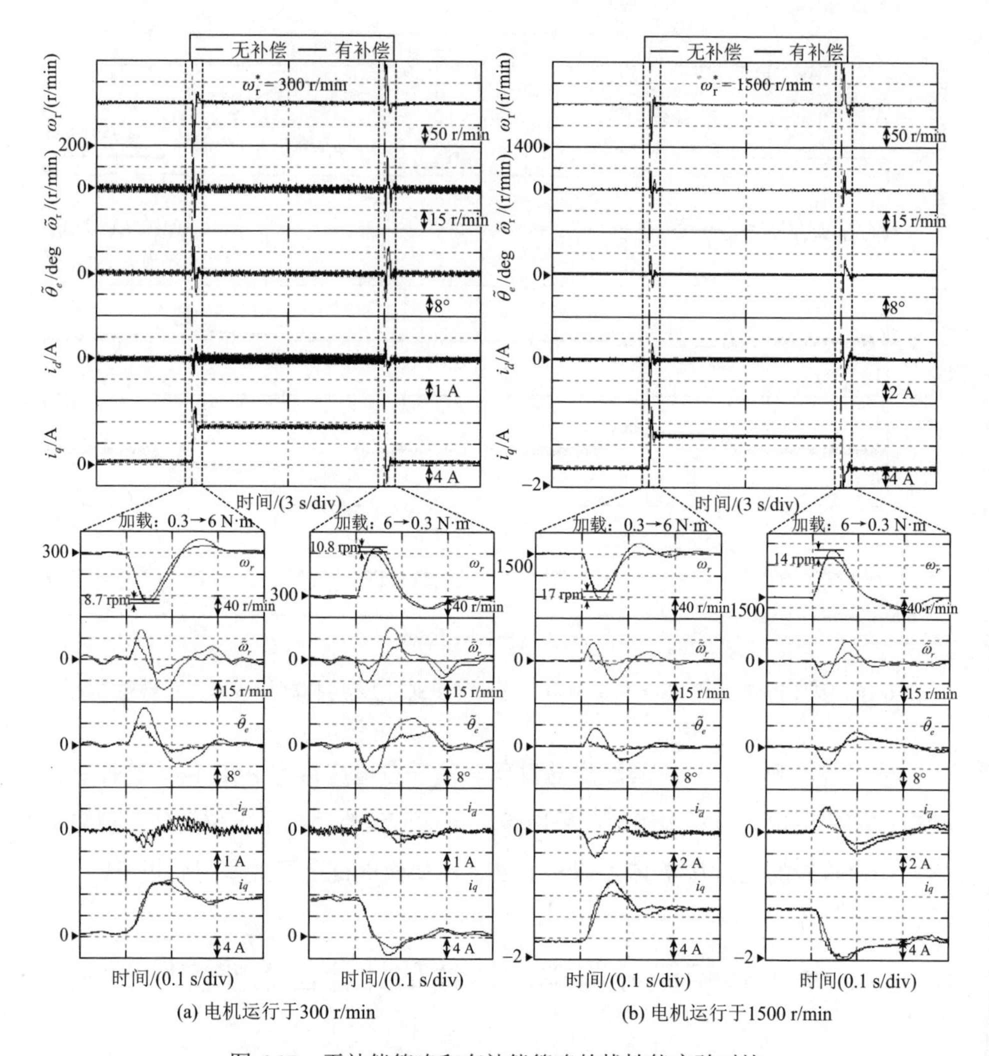

(a) 电机运行于300 r/min (b) 电机运行于1500 r/min

图 6.17 无补偿策略和有补偿策略的扰性能实验对比

策略的最大转速估计误差达到 21.2 r/min，最大位置估计误差达到 13.8°。相比之下，有补偿策略的最大转速和位置估计误差分别降至 11.8 r/min 和 6.9°，降低幅度分别达 44.3%和 50%。进一步，观察转速波形，相比无补偿策略，有补偿策略在加载期间实际转速跌落减少 8.7 r/min，恢复时间缩短 70 ms。

图 6.17（b）给出了电机在 1500 r/min 运行时两种方法的实验对比。可以发现，相比无补偿策略，有补偿策略在负载突加过程中的转速和位置估计误差均有所降低，转速跌落降低 17 r/min，恢复时间缩短 130 ms，抗扰性能提升明显。

进一步，本实验还对补偿策略的参数敏感性进行了分析。由式（6.52）可知，补偿策略依赖多个参数。例如：$\hat{J}$ 在实际应用中可能存在取值不准确，影响补偿效果；r_0 会影响 TD 的收敛速度，若收敛过慢，补偿效果也会有影响。

图 6.18 给出了不同 r_0 下的实验对比。其中，转速设定为 1500 r/min，$r_{0b}=1.5\times10^7$。可以发现，随着 r_0 的增大，负载突变期间转速跌落减小，系统抗扰能力变强。原因在于，r_0 越大，TD 收敛速度越快，从而转速估计补偿越及时，效果越好。然而，r_0 不宜太大，否则 TD 的输出噪声会造成系统振荡，降低系统稳定性。观察 $\tilde{\omega}_{\mathrm{r}}$ 的波形可见，当 $r_0=5r_{0b}$ 时，$\tilde{\omega}_{\mathrm{r}}$ 已经出现了振荡，虽然幅度不大，不至于影响系统闭环性能，但仍应当避免。

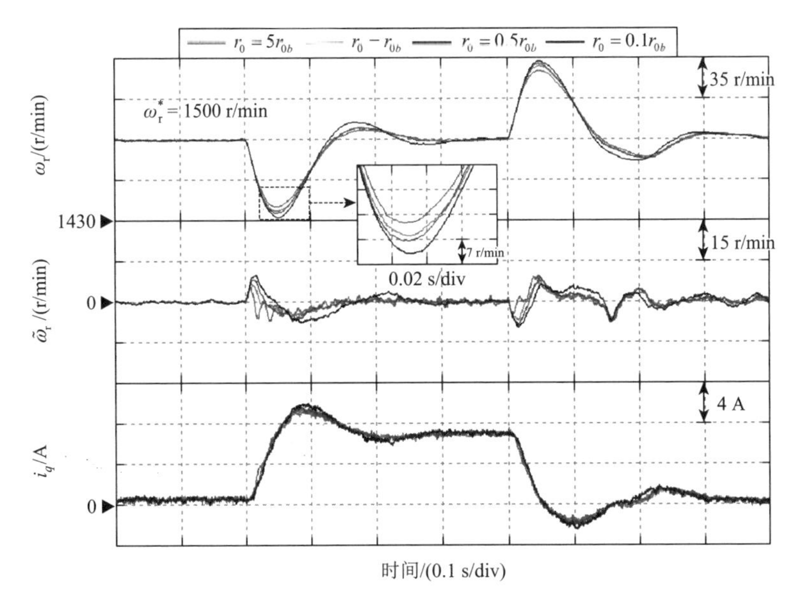

图 6.18　不同 r_0 下的实验对比

图 6.19 给出了不同 $\hat{J}$ 下的实验对比。可以发现，随着 $\hat{J}$ 的减小，补偿效果提升，抗扰性能有一定的增强，但 $\hat{J}$ 过小会造成系统振荡，影响稳定性。分析式（6.52）可知，由于 $\hat{J}$ 位于该式的分母，转速补偿值 $\hat{p}_{\omega}(\tau_t)$ 与 $\hat{J}$ 成反比。$\hat{J}$ 越大，$\hat{p}_{\omega}(\tau_t)$ 越小，补偿效果越不明显。然而，$\hat{J}$ 越小，$\hat{p}_{\omega}(\tau_t)$ 越大，并不意味着补偿效果一定越好，原因在于过大的 $\hat{p}_{\omega}(\tau_t)$ 会引起过补偿问题，反而会造成系统振荡。由图中可见，当 $\hat{J}=0.5J$ 时，转速已经出现轻微振荡，而当 $\hat{J}=0.1J$

时，系统不再稳定。综上，所提补偿策略对转动惯量不准确具备一定的鲁棒性。实际应用中，0.5～2 倍的偏离是可接受的，基本不会威胁系统稳定性。

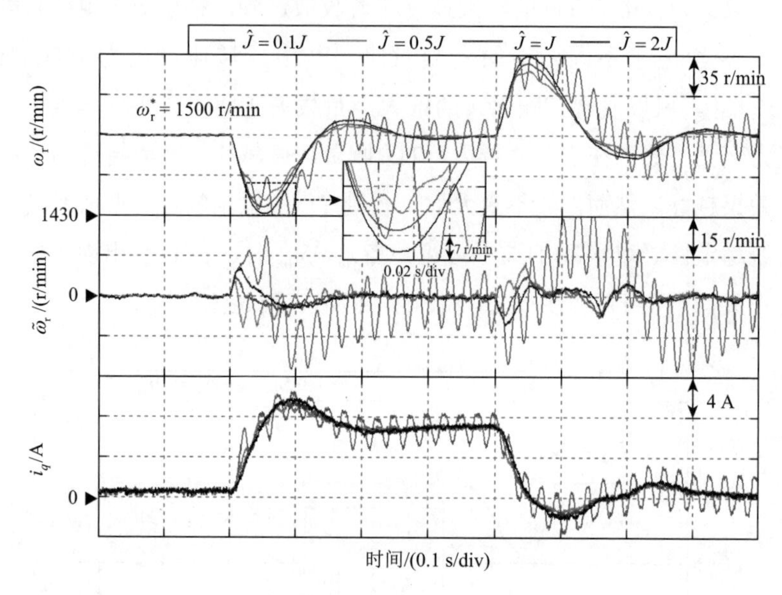

图 6.19　不同 $\hat{J}$ 下的实验对比

除 r_0 和 $\hat{J}$ 以外，补偿策略还受 τ_t 和 $\hat{B}$ 影响。τ_t 位于式（6.52）的分子，故其影响和 $\hat{J}$ 相反；$\hat{B}$ 和 $\hat{J}$ 在式（6.52）中构成了一个高通滤波环节，本实验中，其截止频率很低，约为 0.046 Hz，对整式的影响可忽略。综上，在实际应用中，应重点关注 $\hat{J}$ 不准确对系统性能的影响，并尽可能提高 $\hat{J}$ 的精度。

参 考 文 献

[1] 莫会成，闵琳. 现代高性能永磁交流伺服系统综述：传感装置与技术篇[J]. 电工技术学报，2015，30（6）：10-21.

[2] LIU J，NONDAHL T A，SCHMIDT P B，et al. Rotor position estimation for synchronous machines based on equivalent EMF[J]. IEEE Transactions on Industry Applications，2011，47（3）：1310-1318.

[3] BOLDEA I，PAICU M C，ANDREESCU G D. Active flux concept for motion-sensorless unified AC drives[J]. IEEE Transactions on Power Electronics，2008，23（5）：2612-2618.

[4] WANG G L，LI Z M，ZHANG G Q，et al. Quadrature PLL-based high-order sliding-mode observer for IPMSM sensorless control with online MTPA control strategy[J]. IEEE Transactions on Energy Conversion，2012，28（1）：214-224.

[5] 刘计龙，肖飞，麦志勤，等. 基于双 *dq* 空间的永磁同步电机无位置传感器起动策略[J]. 电工技术学报，2018，33（12）：2676-2684.

[6] 刘计龙，肖飞，麦志勤，等. IF 控制结合滑模观测器的永磁同步电机无位置传感器复合控制策略[J]. 电工技术学报，2018，33（4）：919-929.

[7] 张耀中，黄进，康敏. 永磁同步电机无传感器控制及其启动策略[J]. 电机与控制学报，2015，19（10）：1-6.

[8] WANG Z H，LU K Y，BLAABJERG F. A simple startup strategy based on current regulation for back-EMF-based sensorless control of PMSM[J]. IEEE Transactions on Power Electronics，2012，27（8）：3817-3825.

[9] JIANG F，YANG K，SUN S J，et al. Back-EMF based sensorless control of PMSM with an improved PLL for eliminating the position estimation fluctuation[C]//2019 22nd International Conference on Electrical Machines and Systems（ICEMS）. Harbin：IEEE，2019：1-4.

[10] HAN J，KIM B-H，SUL S-K. Effect of current measurement error in angle estimation of permanent magnet AC motor sensorless control[C]//2017 IEEE 3rd International Future Energy Electronics Conference and ECCE Asia（IFEEC 2017-ECCE Asia）. Kao hsiung：IEEE，2017：2171-2176.

[11] LIN T C，ZHU Z Q，LIU J M. Improved rotor position estimation in sensorless-controlled permanent-magnet synchronous machines having asymmetric-EMF with harmonic compensation[J]. IEEE Transactions on Industrial Electronics，2015，62（10）：6131-6139.

[12] ZHANG G Q，WANG G L，XU D G，et al. ADALINE-network-based PLL for position sensorless interior permanent magnet synchronous motor drives[J]. IEEE Transactions on Power Electronics，2015，31（2）：1450-1460.

[13] WANG G L，DING L，LI Z M，et al. Enhanced position observer using second-order generalized integrator for sensorless interior permanent magnet synchronous motor drives[J]. IEEE Transactions on Energy Conversion，2014，29（2）：486-495.